U0142476

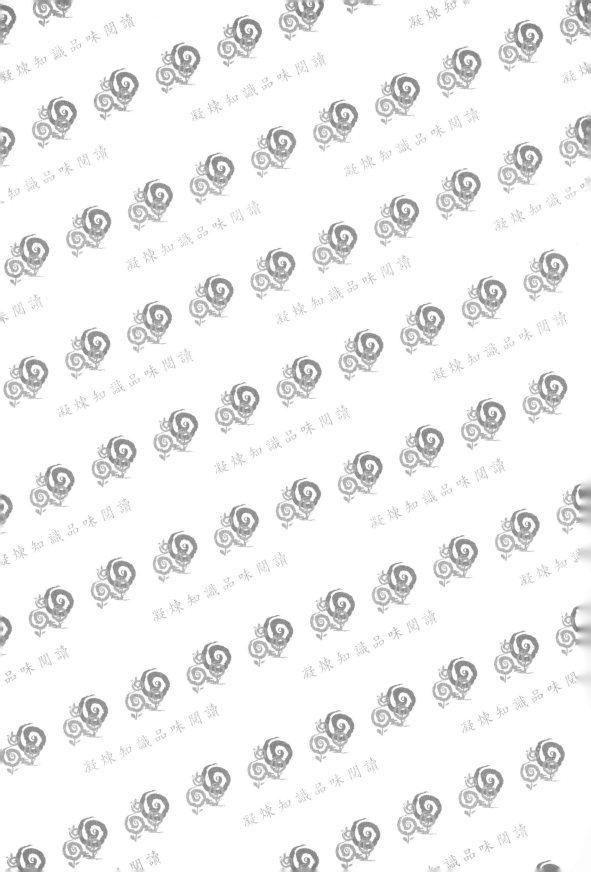

我國專利制度之研究

陳文吟 ——— 著

五南圖書出版公司 印行

謹以此書獻給

最敬愛的母親大人

林玉霞女士

七版序

　　專利法於民國102年迄103年歷經三次修正，爲提升審查品質暨效率，分別施行「發明專利加速審查作業方案」（AEP）、「專利審查高速公路計畫」（PPH）；並施行TW-SUPA方案以因應PPH。更設立財團法人專利檢索中心，辦理專利申請案前案檢索及分類。近期的修法包括1.民國106年1月18日公布、5月1日施行的修正專利法，及2.民國108年5月1日公布、11月1日施行的修正專利法。儘管修正條次不多，卻有若干修正重點：1.放寬優惠期之公開態樣；2.發明與新型專利之優惠期間延長爲一年；3.放寬發明與新型專利審定後分割之適用範圍暨期限；4.修正新型專利得申請更正之期間並改採實體審查；5.設計專利權期限延長爲十五年。就前揭1.暨2.之修正，僅考量發明人／創作人之權益而罔顧新穎性要件之立法意旨，有違專利制度提升產業科技水準之宗旨，實有未洽。

　　另囿於空間限制，民國108年修改專利法第143條，將專利檔案予以分類定期保存，無保存價值者定期銷毀。專利專責機關並修改「專利審查基準彙編」中諸多章，俾使專利制度更趨完善，如：民國109年8月1日修正施行第四篇新型專利審查基準，增訂第三章「新型專利技術報告」；並修正第三篇設計專利實體審查基準第一、二、三、七、八、九章，將於109年11月1日生效（本書將以此修正版介紹設計專利）。109年9月1日開始施行「發明專利申請案第三方意見作業要點」，強化相關領域產業公眾（即第三人）參與前案資訊的提供，以提升專利品質。另爲因應藥事法之西藥專利連結制度公告專利法第60-1條修正草案。然而，如本書結論，專利制度的修定仍應審慎評估我國產業環境：畢竟各國主客觀環境不同，制度的妥適與否應視各國自身的環境而定。

　　本書仍配合前揭法規與措施予以增修，並就其是否合宜，提出個人見解，供讀者參考。值此七版付梓之際，仍要感謝母親多年來的支持及家姐文惠的協助，使我得以持續學術研究的工作。也感謝五南圖書出版公司編輯同仁的細心校對，使本書得以順利出版。

陳文吟

民國109年9月

四版序

產業科技除攸關國內的產業暨經濟，亦與國際經貿發展息息相關。是以，提升產業科技水準係各國重要經濟政策之一。提升產業科技水準，固可倚賴自由競爭市場的開放，然而，最有效的方式莫過於智慧財產權的鼓勵與保護，其中尤以專利制度為然。國際經貿公約中，智慧財產權的規範已然成為不可或缺的項目。我國亟欲參與國際性經貿組織，希冀於國際經貿中崢嶸露角，世界貿易組織（WTO）便為一重要例證。民國83年、86年及90年，前後三次修正專利法均與GATT/WTO的TRIPs協定有關，其中86年修正內容迄91年1月1日我國加入WTO時始施行，由此可見。

今年（民國93年）7月1日又施行修正專利法，其修正仍以配合TRIPs協定為主，並參酌國外立法；主要修正內容有：廢除異議制、新型專利改採形式審查暨設立新型專利技術報告、廢除侵害新型專利暨新式樣專利之刑責規範。

專利制度的重要性，毋庸置疑。筆者以為專利法規的訂定，應兼顧國際趨勢與國內產業科技環境，權衡專利權人、產業與消費大眾的權益；除此，更應具有前瞻性。讀者循著本書對我國現行專利規範的探討，當可瞭解其修正內容對我國產業經濟發展之利與弊。

本版配合現行專利法的修正予以刪修，架構上亦略作更動；舊版中有關異議制及刑責部分，自本文中移除，惟考量其原於專利制度中所具有的重要性，將該些內容移列為附錄二及附錄三，供讀者參考。

值此修正四版付梓之際，雖然大恩不言謝，依舊要感謝母親和家姐文惠，母親給予的精神支持與家姐工作之餘的全力協助，使我得以全心全意從事學術研究工作。

另外，要感謝中正大學法律系法學組四年級林韋仲同學，林同學於大二時（九十一學年）選修我所任課的「商標專利法」，我並未指定同學閱讀本

書；惟，林同學逕自詳細閱讀本書，並將其中繕打上的錯誤逐字臚列交給我。該些錯誤勢必造成讀者閱讀上的困擾，為此對先前閱讀本書的讀者致歉；並特此感謝林同學的細心。

陳文吟

民國93年8月

三版序

　　本書自發行初版迄今，近七年光景，其間歷經專利相關事項的重大變革；如：民國88年，專利主管機關由經濟部中央標準局改制爲經濟部智慧財產局；民國91年，我國以「台、澎、金、馬關稅領域」正式成爲世界貿易組織（World Trade Organization，簡稱 'WTO'）的一員，必須遵守「與貿易有關之智慧財產權協定」（Agreement on Trade-related Intell-ectual Property Rights，簡稱 'TRIPs 協定'）相關規定。

　　我國專利法於民國83年即因應TRIPs協定做了大幅修正，但仍於90年10月及91年1月施行兩套修正本。前者包括採行國內優先權、早期公開制、廢除追加專利，及廢除發明專利侵害案件的刑責；後者主要爲廢除違反TRIPs協定不歧視原則的相關規定。凡此，其立法內容、目的及利弊爲何，均有探討的必要。

　　本版以不更動前次版本架構爲原則，因應前揭變革，作若干修正，希冀有助於讀者對專利議題的認識與瞭解。

　　本書於民國90年列爲國立中正大學法學叢書之一。感謝五南圖書出版公司的包容與尊重，使本書仍得以「我國專利制度之研究」爲名發行，也感謝責任編輯周美蓉小姐於修正二版及本版投入的辛勞。

　　多年來，母親的鼓勵與支持，是我學術研究生涯中最重要的精神支柱；家姐文惠的協助，使我得以順利完成諸多著作；感激之意，非筆墨所能形容。

陳文吟

民國91年9月

自 序

　　尖端科技的提升與應用，為發展經濟的主要因素；新的發明（無論物品或方法）也確實改變了資源的開發，及勞力的支配方式。因此，科技的提升和以自由競爭為原則的經濟制度是一國經貿發展的重要基礎；至於推展科技和自由貿易，使形成一套合法的程序，便是智慧財產法規的功能所在。何謂智慧財產？舉凡運用智慧之創作或發明均是，例如：物品或製造物品的方法、外觀的設計、商標圖樣、著作……等等。而由法律賦予其所有權（如專利權、商標專用權、著作權……等），即統稱為智慧財產權。

　　在極力保護智慧財產權的今日，普及社會大眾對智慧財產權的意義與保護真諦的認識，誠屬首要之務；如何有效執行保護措施，亦攸關智慧財產權保護的實質意義，使不致流於空泛的口號。再者，於執行保護措施之際，如何兼顧財產權人的權益及社會權益、並鼓勵發明創作，亦為艱深的課題。只是，國人探討智慧財產權時，多以著作權法為主，致使一般人忽略專利法與商標法等智慧財產權法規的重要性。

　　首部以專利、商標制度為主之國際公約為「保護工業財產權巴黎公約」，其內容原為多數國家所奉為圭臬。嗣於西元1986年，GATT烏拉圭回合談判中（已於西元1993年12月15日落幕），以美國為首的已開發國家極力主張列入的談判議題「與貿易有關之智慧財產權協定」（TRIPs協定），因已開發國家與開發中國家之歧見，而備受矚目。其重要性更有凌駕巴黎公約之勢，且為許多國家修改其本國智慧財產相關制度時所遵循。我國雖非WTO會員國（目前仍在諮商階段），惟為順利加入，已將相關法令配合巴黎公約與TRIPs協定作了若干修正，尤以現行法規為然。本書將探討我國專利制度暨法規，就起源、發展，以及重要法規的增修或刪修加以說明；並就現行法規中，其立法原意、如何運用，及適用上的爭議等等，予以討論並舉例說明，期有助於讀者對專利制度的認識。惟筆者才疏學淺，復以本書付梓

倉促，恐頗多疏漏，尚祈先進不吝指正。

　　作者藉此機會，感謝母親與家姐文惠；本書得以完成全賴母親的鼓勵、支持與協助，以及家姐文惠於工作之餘鼎力幫助。此外，亦感謝好友淑芳與菊英的多方協助，以及五南圖書出版公司編輯陳貞吟小姐的細心校對。

陳文吟

民國84年11月

目錄 | CONTENTS

第壹篇

緒　論

第一章 ｜ 專利制度的起源

專利者，專有某種權利或利益之謂；係指發明人或其合法承受人經由申請而取得專利，並且享有使用該項發明之排他性權利（exclusive rights）。

追溯專利制度的起源，首先，應探討 "letters patent" 乙詞的意義。"patent" 一詞源自拉丁文 "patere"——即「公開」之意；"letters patent" 為拉丁文 "litterae patent"，指公開的文件，上有官封蠟印（多為一圓形蠟塊，附著絲帶而成），不須撕去封印，即可得知文件內容。此類文件的頒予，多為賦予某種權利，例如：公司的成立、土地的權利特權以及因發明而取得的權利……等[1]。

早期英國否准外國業者於其境內經營事業，直至愛德華二世（西元1307年至1327年）及三世（西元1327年至1377年），始警覺其工業水準遠不及其他歐洲大陸國家；為了振興工業，並引進其他國家的工業技術，英王遂針對部分重要技術，允許並鼓勵外國技術人員入境經營，並予其獎勵及保護，排除他人從事相同營業行為；此即最早的letters patent。此後，更允許發明人享有同樣的特權。

遺憾的是，到了伊莉莎白女王（西元1558年至1603年）統治的時代，開始有濫用權利的情事發生；諸如：王室為增加收入而發 "letters patent"，准予已知技術特權……等等，導致人民極度不滿，女王乃於西元1601年到下議院，發表一篇演說，宣稱凡有不當之特權者，均應撤銷，人民得向法院訴請撤銷之[2]。

1　與 "letters patent" 相對的，為 "letters close"，即拉丁文的 "litterae claisae"，該類文件經摺疊後封印，必須開啟蠟印後，始得閱覽其內容，多用於私人或秘密通信；1 Peter Rosenberg, Patent Law Fundamentals §1.01（2d ed. rev. 2001）.目前多以 "patent" 或 "patent rights"，稱專利權人之專利權，而 "letters patent" 則用以稱專利權人所取得之專利證書。

2　西元1602年，著名的Darcy v. Allein一案，即撤銷原已准予的特權；原告Darcy為女王的大臣，擁有專有製造、販賣撲克牌的letters patent，被告Allein為坊間一名小販，除販賣雜貨外，亦製造販賣撲克牌。Darcy以Allein侵害其專利權為由，提起告訴。Allein主張製造販賣撲克牌，為一般商人所習於從事者，不應准予任何人獨佔之權利；須辛勤研究、為國內前所未有之發明，始得擁有專利之權。法院贊同Allein的主張，並判決Darcy的專利權應予

　　詹姆士一世（西元1603年至1625年）更於西元1610年頒發獎勵法規（The Book Bounty），確認當年伊利莎白女王的宣言；嗣於西元1623年頒布「防止壟斷條例」（Statute of Monopolies）[3]，成為世界首部成文專利法規。

　　「防止壟斷條例」的內容雖稍嫌粗略，惟已確立至今仍為世界各國所沿用的數項重要原則[4]，茲略述如下：

　　一、專利權人──須真正且首先完成發明者（true and first inventor）始獲准專利權。

　　二、專利權限──專利權人享有於國內專有之使用、製造的權利。

　　三、專利保護客體──專利之客體須無違反公序良俗、法律之情事，此即公益性。

　　四、專利期間──至多為十四年[5]。

撤銷。

3　多數作者將Statute of Monopolies稱為「專賣條例」，除monopolies有壟斷、獨佔之字義外，應係沿襲自日本，而將其譯為「專賣」；如：吉藤幸朔，特許法概說，頁14（十版，平成六年，西元1994年）。中山信弘，註解特許法，上冊，頁9（二版，平成元年，西元1989年）。

4　1 Stephen Ladas, Patents, Trademarks, and Related Rights, National and International Protection 5-6 (1975)；Rosenberg，同註1；吉藤幸朔，同註3，頁13～15。

5　同上。

第二章 ｜ 我國專利制度的沿革

我國現行專利法歷經多次增修，惟其整體架構係沿自於民國33年公布、民國38年施行之專利法，至於探討專利制度的起源，則應追溯至民國元年[1]。本章將以民國38年為界，就民國38年以前施行之章程、條例，與民國38年施行之專利法及其增修內容，分別說明之。

第一節　民國38年前施行之章程、條例

第一項　民國元年之暫行章程

民國元年，工商部[2]制定「獎勵工藝暫行章程」，俾鼓勵逐漸興起的工業。章程所訂重要事項如下。

一、工藝品的定義：發明或改良的製造品（第1條）。

二、不予獎勵的製造品：如，飲食品、醫藥品、妨害秩序風俗之發明或改良，以及有相同製品申請在先者（第2條）。

三、考驗程序：發明或改良的製品，須經工商部考驗合格者，始予以獎勵（第4條）。

四、獎勵方式：

　(一) 營業獎勵：自給予執照之日起五年內專賣該製品。

　(二) 名譽獎勵：給予褒狀（第4條）。

五、獎勵之限制或取消：具有軍事機密者，得不予獎勵，縱給予之，亦得加以限制或取消，不過應予其報酬（第5條）。

六、獎勵得予以轉讓（第7條）。

七、獎勵的消滅：發明執照發給後一年內未製造，或無故休業一年以上

1　或有作者認為我國專利制度起源於清光緒22年頒布之獎給商勳章程。何孝元，工業所有權之研究，頁9（重印三版，民國80年3月）。

2　工商部為目前經濟部的前身；其發展過程為：工商部→農工商部→實業部→經濟部。

者，該獎勵即消滅（第8條）。

八、刑責規範：科以刑責的行為有：

(一) 仿冒他人受獎勵之製品（第10條）。

(二) 虛偽標示其產品為受獎勵之製品（第11條）。

本章程已確立嗣後專利法數項基本原則，如：審查制度的採行，實施（使用）專利權的必要性，以及科以不實標示及仿冒者的刑責等。

第二項　民國12年之獎勵章程

民國12年，工商部又公布「工藝品獎勵章程」[3]，取代前揭民國元年前施行之章程。除了沿襲舊章程中之部分規定外，章程中新的規定事項如下。

一、工藝品的定義：須為首先發明或改良之物品或方法，或應用外國成法製造物品（第1條）。

二、獎勵對象：以中華民國人民為限（第2條）。

三、獎勵種類：

(一)專利：分三年及五年兩種，均自批准之日起算。

(二)褒狀：應用外國成法製造者（第3條）。

四、照費、褒獎費的繳納與發還（第8條）。

五、對於原發明之改良發明，給予另項專利（第11條）。

六、先申請主義：相同發明或改良之物品，先呈請者，享有專利權（第12條）。

七、專利權限：專利權人得禁止他人私自仿造或妨害其專利權（第14條）。

八、取消專利權之事由：除舊章程中所定未實施等消滅事由外，本章程復明定取消之事由，包括：輸入外國物品，充當自己專利品發行，及以詐欺方式取得核准等（第15條）。

九、過渡條款：依舊章程核准營業獎勵者，得於本章程執行三個月內換給執照（第18條）。

3　該章程並於同年12月經農工商部修正。

十、未列刑責規定。

本章程亦確立了數項專利法基本原則：首創性暨進步性的專利要件，方法專利的准予，再發明專利的核准以及先申請主義的採行。

第三項　民國17年之暫行條例

民國17年，國民政府公布「獎勵工業品暫行條例」，並廢止先前頒行的獎勵章程。條例中增訂事項如下。

一、專利期限：分十五年、十年、五年及三年四種，均自給照之日起算（第2條）。

二、發明或改良證件：呈請獎勵者，須繳交宣誓書，證明自己確為發明人或改良者（第6條）。

三、執照費分期繳納（第7條）。

四、執照領取的期限：申請人必須在核准通過後六個月內領取執照，否則無效；期限內，未領執照前，不得對抗第三人（第8條）。

五、故障的聲明：即不可抗力之謂（第8條）。

六、民事賠償：專利權人於權利受侵害時，得依民事請求賠償，並得請工商部禁止該行為暨沒收之（第13條）。

七、專利物品的標示：載明專利號數、核准日期，以及核准字樣（第14條）。

本條例確立了申請程序中宣誓書的繳交，年費的繳納，「故障」乙詞的適用，民事賠償，以及專利權標示的內容。

第四項　民國21年之暫行條例

民國21年9月，國民政府又公布「獎勵工業技術暫行條例」，主要增修內容如下。

一、獎勵標的：工業上之物品或方法的首先發明（第1條）。

二、專利期間：分十年及五年兩種（第2條）。

三、追加獎勵：此為對於再發明所頒給的獎勵，追加獎勵之專利期間至

原發明之專利期間屆滿為止。原發明之專利權被撤銷時，追加獎勵得視為獨立專利權（第5條、第20條）。

四、利用他人物品或方法之再發明，應給予原發明人補償金或協議合製（第6條）。

五、僱傭關係中，專利權之歸屬問題（第12條）。

六、審查確定後，發給證書，並自發證之日起算專利權期限（第14條）。

七、再審查：申請案經核駁時，申請人得呈請再審查（第15條）。

八、異議制度：發明經准予獎勵後須公告六個月，供利害關係人提起異議（第16條）。

九、專利權應撤銷之事由中，未實施製造或無故休業期限，由一年改為二年（第18條）。

十、專利權期間的延展：專利權得延展一次，所得延展的期間不得逾原專利權期間（第21條）。

十一、恢復刑責規定：偽造、仿造他人專利品，或明知為偽造或仿造之物品而販賣者，負刑事責任；以上均為告訴乃論（第23條至第26條）。

本條例首次揭示「審查確定」、「追加獎勵」以及追加得改為獨立的規定，並確定「先申請主義」、「再審查制度」、公眾審查的「異議制度」以及利用他人發明為再發明時應給付報酬的「授權制度」。

第五項　民國28年修正之暫行條例

民國28年及30年，先後對前揭條例作若干修正，主要有：

一、獎勵種類：分發明、新型及新式樣三種（第1條）。

二、專利期間：因發明、新型及新式樣而異，依序分別為五年或十年，五年或三年，以及五年。

三、不得以國旗、黨旗等為新型、新式樣創作內容（第3條）。

四、對再審查不服者，申請人得提起訴願（第18條）[4]。

五、延展以一次為限，不得逾五年（第22條）。

本修正條例首次揭示專利權種類分為發明、新型暨新式樣三種，並明定不服審定者得提起訴願。此外，其施行細則亦揭示若干現行專利法之規範事項，例如：

一、呈請書、說明書，一律採用中國文字（第2條）。

二、以發信地郵戳為憑，認定呈請日期（第3條）。

三、程序上，呈請人未於批定日起六個月內補呈必要文件者，呈請案無效（第5條）。

四、為審查之必要，專利審查委員得令呈請人當面考詢或實驗（第8條）。

五、異議程序中，呈請人逾限不答辯者，專利權不成立（第10條）。

六、異議案之審查，亦稱再審查（第11條）。

七、專利標記：專利權人必須在物品上或包裝上，標明物品或方法專利、專利年限、證書號數以及核准日期等事項。

八、專利權有應撤銷之情事者，任何人得提起舉發（第24條）。

九、專利權遭撤銷時，專利權人應將專利證書繳還經濟部註銷（第26條）。

至此，為早期有關保護、鼓勵發明之暫行章程及條例；姑且不問規範內容是否周延，其確已見專利法之雛形，並確立數項重要原則，如：先申請主義、實施（包括使用、製造等）專利權的強制性、公眾審查制（異議及舉發制度）等；此外，還有名詞的適用，如「再發明」、「追加獎勵」（即專利法中之追加專利）、「故障」[5]、「專利標記」……等等。

至於，與現行專利制度最大的區別為：前揭章程及條例所適用及保護的

---

4 民國19年，國民政府公布施行訴願法，是於民國28年修正條例時，增列「得提起訴願」之規定。

5 「故障」乙詞已於民國83年修正專利法第18條第2項中刪除，代之以斯時修正前施行細則第7條第2項之規定內容。

對象，以中華民國國民為限；換言之，只有具備中華民國國籍之人，得依前揭暫行章程或條例呈請專利；是以，我國國民得仿襲外國發明，而不構成對該外國發明人之權利的侵害。此有助於正處於萌芽階段的產業社會。不准外國人申請專利的另一主要原因為：專利證書的頒發，除了獎勵發明，亦得提升工業科技水準，而外國人常藉專利的取得，禁止他人製造該發明；並僅以輸入方式供應市場需要，或在我國境內從事小規模製造，甚至，僅輸入零件在我國裝配等情事，嚴重違反我國提升工業技術水準的宗旨，因此，將獎勵對象局限於具有中華民國國籍之人[6]。

第二節　現行專利法的沿革

　　完善的專利制度，足以激勵資源的開發及產業的提升；觀諸暫行章程或暫行條例，均屬臨時性質，不足以因應時勢。民國29年11月，經濟部組成工業專利辦法籌議委員會，著手研擬專利法規工作。經濟部參酌暫行章程暨條例，蒐集各國立法例，並考量我國國情，廣徵各界意見，終於民國31年完成草案，呈由行政院轉立法院審議，嗣於民國33年完成立法程序。國民政府爰於民國33年5月公布，並於民國38年施行專利法。此即為我國首部專利法。嗣經多次修正，現行法為民國103年1月22日修正公布，同年3月24日施行之專利法。茲依施行日期依序介紹歷次修正之專利法。

第一項　民國38年施行之專利法

　　民國33年公布之專利法，全文分發明、新型、新式樣及附則四章；其中第一章發明又分：通則、呈請、審查及再審查、專利權、實施、納費、侵害賠償與訴訟，以及罰則等八節；四章合計條文一百三十三條。民國36年9月，行政院公布專利法施行細則，計有五十一條。迄至民國38年1月1日，專利法暨施行細則始同時施行。

　　專利法不僅沿襲暫行章程及條例中之原則性規範，尤其重要者，其確立了沿用迄今的專利法架構。茲將其要點列舉如下：

6　秦宏濟，專利制度概論，頁19～20（民國34年）。

一、明定不予專利之發明（第4條）。

二、發明專利要件（第1條至第3條）：(一)首創性；(二)實用性；(三)新穎性。

三、發明專利期間自申請之日起算十五年（第6條）。

四、就原發明之再發明呈請追加專利（第8條）。

五、專利呈請權及專利權得讓與或繼承（第7條）。

六、發明涉及軍事機密或可供軍事、國營事業利用者，政府得收用或徵用之（第5條、第72條）。

七、專利呈請權與專利權之得為共有，以及共有人間之相關規定（第17條至第18條、第47條至第48條）。

八、先申請主義原則（第15條）。

九、一發明一申請原則（第21條至第22條）。

十、互惠原則（第14條）。

十一、專利局職員之得享有專利權利，以繼承者為限（第20條）。

十二、呈請日之認定（第23條至第25條）。

十三、審查委員應迴避之事由（第28條）。

十四、申請案之審查及再審查制（第27條、第29條至第31條）。

十五、不服再審查之審定者，得向經濟部呈請「最後核定」（第37條）。

十六、公眾審查異議及舉發程序暨事由（第32條至第33條、第60條至第61條）。

十七、專利權範圍（第42條及第43條）。

十八、專利權租與暨讓與相關規定（第45條至第49條）。

十九、受雇人發明之權利歸屬（第51條至第54條）。

二十、專利權因戰事得延展五年至十年的規定（第55條）。

二十一、專利說明書及圖式得更正之事由及程序（第36條及第56條）。

二十二、專利權消滅的事由（第59條）。

二十三、專利實施的相關規定（第67條至第71條）。

二十四、專利權之標記（第73條）。

二十五、專利年費之繳納（第76條至第79條）。

二十六、專利權受侵害之民事損害的禁止，以及刑事告訴（第81條至第91條、第93條）。

二十七、專利局職員洩密罪（第94條）。

二十八、新型暨新式樣專利各依其特質，在遵守前揭原則的前提下，有部分不同之規定；除此，則依第110條及第129條，有準用之規定。

第二項　民國68年修正施行之專利法

民國56年[7]間，經濟部鑑於經濟之迅速發展，工業上創作發明及專利權之保護日趨重要，而當時的法令已無法配合實際需要，遂著手從事專利法通盤檢討修正工作；經研擬修正原則後，於民國61年完成修正草案，迄民國68年4月公布施行。其修正要點如下：

一、修改申請專利要件，增列「進步性」要件，以杜絕申請人藉習用技術之轉用，申請專利權。

二、變更專利權期間之起算日，使專利權人享有完整專利權期間；並明定期間之上限，以防止申請人藉故延宕時日。

三、簡化專利審查程序，刪除經濟部之「最後核定」程序。

四、縮短審定公告期間，配合資訊的發達，將公告期間由六個月改為三個月。

五、刪除專利規費規定，授權行政院核定，使規費得視需要予以調整。

六、確定專利販賣權之合理保護範圍，以防止濫用之情事，造成壟斷市場的弊端。

七、改進專利權之實施制度，刪除「三年不實施」即予撤銷之規定。

八、修正罰則，提高罰金額度，以加強保護專利權人之權益。

第三項　民國75年修正施行之專利法

按專利法須配合工業與科技之發展，民國68年修訂之專利法，施行數年後，亦感無法因應社會經濟需求；專利主管機關遂復著手研修工作，嗣於民

7　經濟部於民國48年1月22日及49年5月12日，分別就互惠條款及部分條文，作文字修正。本文不予贅述。

國75年12月公布施行專利法修正條文。其修正重點如下。

一、檢討專利保護客體，開放醫藥品及化學品專利，並明定不予專利之事項。

二、建立專利代理人制度[8]。

三、釐清專利權之效力範圍。

四、增訂專利權人得選擇請求損害賠償的方法。

五、增訂未經認許之外國法人團體的訴訟及當事人能力。

六、增訂有關方法專利侵害案件，舉證責任轉換的規定。

七、增訂設立專利法庭的規定。

八、加重罰則。

第四項　民國83年修正施行之專利法

民國75年修正之專利法，公布施行後；又因面臨國內經濟轉型，國外工業國家屢次的諮商要求，及擬重返關稅暨貿易總協定[9]的壓力，再度研修專利法[10]。歷經數年研修，終於民國83年1月21日公布施行。其中涵蓋若干重要增修內容，茲臚列如下。

一、重新界定僱傭關係中受雇人發明、創作之歸屬（第7條至第10條）。

二、擴大專利保護客體，使及於飲食品、嗜好品、微生物新品種及物品新用途。

8　民國38年施行之專利法第13條即已明定申請人得委託代理人辦理專利申請案及相關事項，經濟部亦於民國42年公布「專利代理人規則」；惟「專利代理人」乙詞迄民國75年始明定於專利法中。專利法更明定專利代理人之資格及管理應以法律定之，以健全專利代理制度。惟92年發布專利代理人管理規則，迄96年始通過專利師法。

9　關稅暨貿易總協定（General Agreement on Tariffs and Trade，以下簡稱GATT），即現今「世界貿易組織」（World Trade Organization，以下簡稱WTO）的前身。GATT於西元1986年開始第八次回合談判——「烏拉圭回合」，至西元1993年方結束。該次談判之多項議題中包括「與貿易有關之智慧財產權協定」（Agreement on Trade-related Aspects of Intellectual Property Rights，以下簡稱「TRIPs協定」）。TRIPs協定所規範之內容涵蓋專利、商標、著作權等智慧財產權。WTO於西元1996年1月1日完全取代GATT的功能與地位。至於「關稅暨貿易總協定」與智慧財產權之關係，請參閱拙著「GATT與智慧財產權之保護」，新知選粹，頁5～37（民國80年12月）。

10　83年專利法修正案，法律案專輯，第179輯（上），頁3（民國84年8月）。

三、國際優先權制度之適用（第24條至第25條）。

四、發明專利權期限改為自申請日起算二十年屆滿（第50條）。

五、增訂醫藥品等專利權期間延長之規定（第51條）。

六、新型專利權期限改為自申請日起算十二年屆滿（第100條）。

七、新式權專利權期限改為自申請日起算十年屆滿（第109條）。

八、專利權利範圍擴及至進口權（第56條、第103條及第117條）。

九、刪修特許實施之事由（第78條）。

十、修改舉證責任轉換之反證規定，並保護被告營業秘密之合法權益（第91條）。

十一、刪除發明專利侵害案件刑責中之自由刑（第123條及第124條）。

此次修法整體架構雖大致沿襲民國38年施行的版本，惟於民國83年修法時，章節編排仍有相當幅度之更動：將適用於專利制度之通則性規定由原為第一章「發明」之第一節「通則」移列為專章，即第一章總則。茲列表比較如下：

83年修正前專利法	83年修正施行之專利法
	第一章　總則
第一章　發明	第二章　發明專利
第一節　通則	第一節　專利要件
第二節　申請	第二節　申請
第三節　審查及再審查	第三節　審查及再審查
第四節　專利權	第四節　專利權
第五節　實施	第五節　實施
第六節　納費	第六節　納費
第七節　損害賠償及訴訟	第七節　損害賠償及訴訟
第八節　罰則	
第二章　新型	第三章　新型專利
第三章　新式樣	第四章　新式樣專利
	第五章　罰則
第四章　附則	第六章　附則

第五項　民國90年修正施行之專利法

民國90年，爲因應下列事項通盤檢討並修改專利法：(一)擔任專利專責機關之經濟部中央標準局於民國88年1月26日改制爲智慧財產局；(二)信託法的制定；(三)立法院於83年通過專利法修正案附帶決議。一兩年內應導入國內優先權及早期公開制。嗣經立法院三讀通過，同年10月24日總統令公布施行。主要修正內容如下。

一、簡化多數當事人共同申請辦理一切程序必須連署的規定（修正條文第13條）。

二、修改「審查委員」爲「審查人員」，俾涵蓋所有擔任專利審查工作的人員（修正條文第16條、第17條、第36條、第37條、第38條、第43條及第52條）。

三、明定以法律擬制先申請案爲既有技術（修正條文第20-1條、第98-1條及第107-1條）。

四、刪除國際優先權之兼採屬人主義的限制（修正條文第24條）。

五、引進國內優先權制度、並廢除追加專利（修正條文第25-1條；刪除第28條、第33條、第53條及第75條）。

六、採行發明專利申請案之早期公開制（修正條文第36-1條至第36-5條）。

七、釐清新式樣專利之新穎性的規定（修正條文第107條）。

八、刪除申請新式樣專利須指定物品類別的規定（修正條文第114條）。

九、廢除發明專利侵害案件之刑罰規定（刪除第123條、第124條及第127條）。

十、修正侵害鑑定報告的規定（修正條文第131條及第131-1條）。

第六項　民國86年修正公布、91年施行之專利法

我國爲因應加入WTO，配合其TRIPs協定，於民國86修正公布專利法，以期符合國際規範。主要修正內容如下。

一、刪除專利法中不符合平等待遇原則之規定（修正第21條、第51條及

第56條）。

二、增訂善意被授權人須支付合理權利金之規定（修正第57條）。

三、增訂申請半導體技術專利特許實施之限制（修正第78條）。

四、擴大撤銷特許實施權之適用範圍（修正第79條）。

五、增訂特許實施中前後發明應具備之關係（修正第80條）。

六、增訂未標示專利證書號數之專利權得請求損害賠償之規定（修正第82條）。

七、增訂專利權人得請求銷燬仿冒品及從事侵害行為之原料、器具或為必要處置之規定（修正第88條）。

八、刪修舉證責任轉換規定中有關反證之規定（修正第91條）。

九、延長新式樣專利權期限為自申請日起算十二年屆滿（修正第109條）。

十、增訂新式樣專利權效力及於近似之新式樣專利物品（修正第170條）。

　　以上修正雖於民國86年5月7日經總統令公布，惟為配合我國實際加入WTO之生效日期始予施行，故修正第139條明定其施行日期由行政院訂定。我國嗣於民國90年12月2日確定將於民國91年1月1日正式成為WTO會員國[11]；行政院遂於90年12月11日令前揭修正條文於91年1月1日施行[12]。

第七項　民國92年修正公布、93年施行之專利法

　　我國於民國91年1月1日正式成為WTO會員，為因應國際趨勢，並兼顧國內產業發展、提升專利審查品質，經濟部又研擬專利法之修正。該修正條文於民國92年1月3日經立法院三讀通過、於2月6日總統令公布，並依行政院令[13]於民國93年7月1日施行。主要修正內容如下。

　　一、修正專利要件新穎性、進步性及創作性之規定（修正條文第22條、

11　有關我國加入WTO過程，請參閱經濟部國貿局，我國與WTO，https://www.trade.gov.tw/cwto/Pages/List.aspx?nodeID=330（最後瀏覽日期：民國109年9月1日）。

12　行政院民國90年12月11日台90經字第071409號令。

13　行政院民國93年6月8日院臺字第0930026128號令。

第94條及第100條）。

二、刪除繳納規費之為取得申請日之要件（修正條文第25條及第116條）。

三、明確列舉不予專利之法定事由（修正條文第24條、第97條及第120條）。

四、廢除異議程序（刪除現行條文第41條、第42條、第102條及第115條）。

五、刪除審定公告中專責機關依職權審查之規定（刪除現行條文第45條）。

六、修正核發專利權之時點——使申請案經核准審定，申請人便得即時繳納規費，取得專利權（修正條文第51條、第101條及第113條）。

七、增訂「為販賣之要約」為專利權利效力範圍（修正條文第56條、第106條及第123條）。

八、刪除專利權得分割之規定（刪除現行條文第68條）。

九、增訂舉發審查程序之規定（修正條文第69條至第72條）。

十、刪除專利物品之標示及刑罰規定（刪除現行條文第83條及第130條）（此修正部分自民國92年3月31日開始生效）。

十一、修正專利年費之減免規定（修正條文第83條）。

十二、增訂專利專責機關得優先審查涉侵權訴訟之舉發案（修正條文第90條）。

十三、新型專利改採形式審查（修正條文第97條至第99條）。

十四、增訂新型專利技術報告（修正條文第103條至第105條）。

十五、廢除新型專利及新式樣專利之刑罰規定（刪除現行條文第125條、第126條、第128條、第129條及第131條）（此修正部分自民國92年3月31日開始生效）。

十六、增訂過渡條款（修正條文第134條至第136條）。

十七、明定本法施行日期由行政院定之（修正條文第138條）。

第八項　民國100年修正公布、102年1月1日施行之專利法

民國99年為因應我國加入WTO，於第27條及第28條（主張國際優先

權）做文字修正，使與世界貿易組織（World Trade Organization，簡稱 'WTO'）會員有關之優先權主張，程序上更爲周延。該二修正條文於民國99年8月25日總統令修正公布、99年9月10日行政院令定自99年9月12日施行。

　　民國100年11月29日立法院三讀通過新修正專利法[14]，此次修法係基於下列因素：(一)提升我國經濟實力及產業競爭力，並推動與生物技術、綠色能源及精緻農業等至爲攸關之國內重要產業發展；(二)提升專利審查品質之需要；(三)與國際規範相調和，使具有國際性之專利制度，俾因應國內外產業競爭與全球化趨勢。該修正案於100年12月21日總統令公布，民國101年8月22日行政院令定於民國102年1月1日施行[15]。主要修正內容如下[16]。

一、變更新式樣專利名稱爲「設計專利」

　　茲爲符合產業界及國際間對於設計保護之通常概念，及明確表徵設計保護之標的，爰參考國際立法例，將現行「新式樣」一詞修正爲「設計」（修正條文第2條及第121條）。

二、增訂發明、新型及設計之「實施」之定義

　　「實施」包括「製造、爲販賣之要約、販賣、使用或爲上述目的而進口」等行爲，屬「使用」之上位概念，爲釐清「使用」與「實施」用詞之疑義，增訂實施之定義，並修正相關條文「實施」與「使用」之用語（修正條文第22條、第58條、第87條、第122條及第136條）。

---

14 此次修法於立法院一讀階段，原維持行政院版，開放動、植物專利，刪除專利法第24條第1款「動、植物及生產動、植物之主要生物學方法。但微生物學之生產方法，不在此限。」並增訂兩項因應措施：(1)修正案第62條——生物材料發明專利權之權利耗盡原則。(2)修正案第63條——植物繁殖材料專利權效力之限制，即留種自用。然而歷經立法院朝野協商（協商時間爲民國100年5月18日及100年10月25日），決定不開放動、植物專利，因此增訂專利法第24條第1款（亦即回復修正原所刪除之款次），並刪除修正案中因應開放動、植物專利所增訂之專利法第62條暨第63條。致使參看一讀之修正條文對照表與二、三讀通過之條文，於第62條之後條號不一（對照表之第64條爲二、三讀之第62條，依序差兩個條次）。

15 行政院民國101年8月22日院臺經字第1010139937號。

16 以下內容係參考專利法修正草案總說明。

三、修正優惠期之適用範圍並增訂其事由

擴大優惠期之適用範圍，使及於新穎性及進步性（在設計專利者，爲創作性）；並就得主張優惠期之事由，新增依己意於刊物發表者（修正條文第22條及第122條）。

四、將申請專利範圍及摘要獨立於說明書之外

配合國際立法趨勢，將現行說明書包含「申請專利範圍」及「摘要」，修正爲獨立於說明書之外（修正條文第23條及第25條）。

五、非因故意之復權規範

申請人或專利權人如非因故意而未於申請時主張優先權、視爲未主張或未依時繳納專利年費，致生失權之效果者，准其申請回復。又回復專利權之效力，不及於原專利權消滅後至准予回復專利權公告前，以善意實施或已完成必須之準備者（修正條文第29條、第52條、第59條及第70條）。

六、修正有關醫藥品或農藥品之專利權期間延長相關規定

放寬申請醫藥品或農藥品之專利權期間延長之規定，刪除修正前規定爲取得許可證無法實施發明之期間須於公告後二年以上之限制；增訂專利權屆滿時尚未審定者，其專利權期間視爲已延長；核准延長發明專利權期間之範圍，僅及於許可證所載之有效成分及用途所限定之範圍（修正條文第53條、第54條及第56條）。

七、增修專利權效力不及之事項

增修專利權效力不及之事項使包括：(1)非出於商業目的之未公開行爲；(2)專利權人依第70條第2項規定回復專利權效力並經公告前，以善意實施或已完成必須之準備者；(3)以取得藥事法所定藥物查驗登記許可或國外藥物上市許可爲目的，而從事之研究、試驗及其必要行爲，均爲專利權效力不及之事項；復按權利耗盡原則究採國際耗盡或國內耗盡原則，本屬立法政策，無從由法院依事實認定，本次修正明確採行國際耗盡原則（修正條文第

59條及第60條）。

八、修正舉發相關規定

有關舉發規定之修訂，包括：(1)廢除依職權審查之制度；(2)修正得提起舉發之事由，並明定其舉發事由依核准審定時之規定，例外則不依核准審定時之規定，如，因分割、改請或更正超出申請時所揭露之範圍，或更正實質擴大或變更公告時之專利權範圍者，因該等事由均屬本質事項，核准審定時舉發事由雖未規定，仍得舉發；(3)另就程序規定部分，增訂得就部分請求項提起舉發、舉發之審查得依職權審酌、合併審查、合併審定及舉發審定前得撤回等規定，並刪除依職權通知更正之規定（修正條文第71條、第73條、第75條、第78條至第82條）。

九、修正專利特許實施之規定

將「特許實施」名稱修正為「強制授權」，並修正其相關規定，包括申請事由、要件，專利專責機關於作成強制授權處分時，應同時核定補償金（修正條文第87條至第89條）。

十、增訂有關公共衛生議題之規定

配合WTO為協助開發中國家及低度開發國家取得所需專利醫藥品，以解決其國內公共衛生危機，強制授權生產所需之醫藥品，並明定適用本機制申請強制授權之範圍（修正條文第90條及第91條）。

十一、修正專利侵權相關規定

依據權利人民事救濟請求權之性質，明定損害賠償請求權及侵害排除防止請求權之規定；損害賠償之請求以侵權行為人主觀上有故意或過失為必要。增訂得以合理權利金作為損害賠償計算之方式，就權利人之損害設立法律上合理補償底限，並適度免除舉證責任之負擔。另為釐清專利標示規定之用意，刪除未附加標示者，不得請求損害賠償之規定（修正條文第96條至第98條）。

十二、新型專利制度整體配套規劃修正

　　就同一人於同日以相同創作，分別提出發明及新型專利申請者，增訂於發明核准審定前通知擇一之規定，選擇發明者，其新型專利自始不存在，選擇新型者，其發明不予專利；增訂新型修正明顯超出申請時之範圍者，作為不予專利之事由；修正新型專利權人行使權利應盡之注意義務；新型專利更正採行形式審查制，但與舉發案合併審查時，採實質審查並合併審定（修正條文第32條、第112條、第117條及第118條）。

十三、設計專利制度整體配套規劃修正

　　開放設計專利關於部分設計、電腦圖像及使用者圖形介面設計（Icons & GUI）、成組物品設計之申請；新增衍生設計制度，並廢止聯合新式樣制度（修正條文第121條、第127條及第129條）。

十四、增訂過渡條款

　　本次修正重點包括新增得主張優惠期之事由、發明專利初審核准審定後得提出分割申請、新型專利單純更正申請採形式審查、修正舉發、更正及設計專利相關規定等事項，皆屬專利制度重大變革，爰增訂新舊法律過渡期間規定，以資適用（修正條文第149條至第158條）。

十五、明定本法施行日期由行政院定之

　　因本次修正為全案修正，實務作業程序亦須配合調整修正，另增訂多項專利制度重大變革事項，須有足夠時間準備及因應，更有必要使各界有充分瞭解及適應修正後之制度運作，爰明定本法施行日期，由行政院定之（修正條文第159條）。

第九項　民國102年6月11日修正公布施行之專利法

　　立法院於民國102年5月31日通過部分條文修正案，針對同年元月1日甫施行之條文予以修正。嗣於民國102年6月11日總統華總一義字第10200112901號令修正公布第32、41、97、116、159條條文；並自公布日施

行。

　　依第195條第2項，修正條文自修正公布日施行。此次修法主要修正內容如下。

　　一、發明專利權與新型專利權之接續性──同日申請發明專利與新型專利者，新型專利權自發明專利公告之日消滅（第32條第2項）。

　　二、明定專利法第41條補償金和新型專利權損害賠償間擇一行使請求權（第41條第3項但書）。

　　三、恢復故意侵權行為之懲罰性損害賠償額（至多三倍）（第97條第2項）。

　　四、明定行使新型專利權時必須提示新型專利技術報告，否則不得進行警告（第116條）。

第十項　民國103年1月22日修正公布、3月24日施行之專利法

　　立法院於民國103年三讀通過「專利法部分條文修正案」，修正第143條文字及增訂第97-1～97-4條條文。並於民國103年1月22日經總統華總一義字第10300008991號令修正公布；行政院於民國103年3月24日以院臺經字第1030013303號令公布自民國103年3月24日開始施行。依前揭增訂文，倘專利權人認定他人進口之物有侵害其專利權之虞者，得提供擔保金向海關申請先予查扣之救濟機制。惟為顧及他方權益，被查扣人亦得提供反擔保金，申請廢止查扣。主要內容如下[17]。

　　一、查扣程序：申請人（專利權人）應向海關以書面釋明侵害之事實，並提供擔保金；海關受理查扣後應通知雙方當事人，並在不損及查扣物機密資料保護下，雙方得檢視其查扣物（第97-1條）。

　　二、廢止查扣：申請查扣後，有下列情之一，海關應廢止查扣：(1)申請人如未於十二日內提起侵權訴訟；(2)訴訟經駁回確定未侵權；(3)申請人主動撤回查扣或被查扣人提供反擔保。倘廢止查扣原因

17　以下內容參考智慧局102年12月25日法規公布「專利邊境保護措施條文 立院初審通過」http：//www.tipo.gov.tw/ct.asp?xItem=501907&ctNode=7452& mp=1（最後瀏覽日期：民國102年12月27日）。

可歸責於申請人時，申請人應負擔因查扣所產生的倉租、裝卸等費用（第97-2條）。

三、損害賠償：申請人申請查扣，倘嗣經法院確定判決沒有侵權時，應對於被查扣人因查扣所產生之損害負賠償責任，另外，對於擔保金或反擔保金，如雙方和解或他方同意時，得向海關申請返還（第97-3條）。

四、保證金之返還——申請人及被查扣人各得因特定事由，申請返還保證金（第97-3條第3項及第4項）。

第十一項　民國106年1月18日修正公布、5月1日施行之專利法

立法院於民國105年2月30日三讀通過「專利法部分條文修正案」。嗣於民國106年1月18日經總統華總一義字第10600005861號令修正公布第22、59、122、142條條文，及增訂第157-1條條文。並由行政院於民國106年4月6日以行政院院臺經字第1060009562號令發布定自106年5月1日施行。此次修正係針對新穎性與進步性之優惠期，重點如下：

一、延長發明及新型專利之優惠期期間——由本國申請日前六個月，延長為十二個月（專利法第22條第3項，第120條準用之）。

二、放寬優惠期之公開態樣——不限制如何公開，不問出於申請人本意或非出於其本意（專利法第22條第3項，第120條準用之，以及第122條第3項）。

三、申請人不須於申請時聲明主張優惠期（刪除修正前專利法第22條第4項暨專利法第122條第4項）。

四、此次修正將適用於106年5月1日當日及之後所提出之申請案（專利法第157-1條）。

第十二項　現行法——民國108年5月1日修正公布、11月1日施行之專利法

基於促進我國設計產業發展、提升專利救濟案件的審查效能，建立更完善的專利保護制度。立法院於民國108年4月16日通過「專利法部分條文修正

案」。嗣於民國108年5月1日經總統華總一經字第10800043871號令修正公布第29、34、46、57、71、73、74、77、107、118～120、135、143條條文；增訂第157-2～157-4條條文。並由行政院於民國108年7月31日以行政院院臺經字第1080023576號令發布定自108年11月1日施行。

　　此次修正重點如下[18]：

一、擴大核准審定後分割之適用範圍及期限：放寬發明專利申請案得於初審及再審查核准審定書送達後三個月內申請分割；新型專利申請案亦得於核准處分書送達後三個月內申請分割（專利法第34條第2項第2款、第107條第2項第2款）。

二、提升舉發審查效能：修正舉發人應於三個月內補提理由，逾期不予審酌；並規定舉發案件審查期間，專利權人得申請更正之期間（專利法第73條第4項）。

三、修正新型專利得申請更正案之期間及審查方式：為避免新型專利權利範圍事後透過更正程序任意更動，致影響第三人權益，故而修正新型專利得申請更正之時間點，並改採實體審查（專利法第118條）。

四、設計專利權期限十二年延長為十五年：參考工業設計海牙協定之設計專利權期限為十五年，強化對設計專利權之保護，將設計專利權期間由十二年延長為十五年，有助我國設計產業之發展（專利法第135條）。

五、解決專利檔案儲存空間不足之困擾：參考國際規範修正為分類定期保存，無保存價值者可定期銷毀，以解決檔案儲存空間不足之困境（專利法第143條）。

---

18 以下內容係參考專利法修正案總說明。

第貳篇

本　論

　　專利制度之設立目的為，藉鼓勵、保護發明人，達到提升產業科技水準的目的，此於世界各國皆然。我國專利法第1條亦揭示我國專利制度之立法宗旨：為鼓勵、保護、利用發明與新型及設計之創作，以促進產業發展，特制定本法。換言之，促進產業發展方為專利制度設立之宗旨，保護發明等創作僅為鼓勵研發、提升產業科技之手段或階段性目的。是以，倘專利權利的行使或保護與產業或公共法益有所衝突時，抑或專利法規的解釋或適用造成專利權利與產業利益之衝突時，應選擇有利於產業之解釋及適用。

　　目前，專利主管機關為經濟部，並由該部指定經濟部智慧財產局為專責機關[1]，辦理專利業務。

　　我國現行專利法為民國108年5月1日修正公布、同年11月1日施行者。本篇將依序介紹：專利權的種類、專利保護客體、專利之申請、申請日與優先權制度、專利要件、專利審查制度、專利權限、專利權之處分與公示制度、專利權之撤銷與消滅、專利權人之義務暨強制授權，以及專利權之侵害。

1　專利專責機關亦有若干異動。民國87年11月4日總統令公布「經濟部智慧財產局組織條例」，並於88年1月26日施行，同日，掌理商標專利業務的經濟部中央標準局改制為經濟部智慧財產局，掌理商標權、專利權、著作權、積體電路電路布局、營業秘密及其他智慧財產權等。因應前揭條例的施行及智局局的改制，民國89年2月2日總統令公布施行「專利審查官資格條例」；依此條例，凡編制內從事專利審查工作的人員，由過去「審查委員」改為審查官，並依其資格或工作年資分為專利高級審查官、專利審查官以及專利助理審查官。現行「經濟部智慧財產局組織條例」係於民國100年12月28日修正公布施行者。

第一章 | 專利權的種類

　　專利權的賦予，依其發明、創作內容之不同而異，可分為發明專利、新型專利及設計專利三種，其所受保護之內容及程度亦不相同[1]。發明專利與新型專利，又因其中數項發明或數項創作間有一共同之主要技術內容存在，而依其發明創作之先後，分為原專利權與再發明專利權。設計專利則因同一人所創作之數式樣構成近似，依其創作先後分原設計專利權與衍生設計專利權。

第一節　發明、新型暨設計專利

　　各國對於發明、新型及設計有給予專利保護者，如我國、德國、日本等；有僅予發明、設計專利保護者，如：美國；亦有僅就物品或方法之發明、創作給予專利權，而就物品外觀設計，則給予以著作權為基礎的設計權（design rights），如：英國等。我國之採發明、新型及設計三種專利，可溯至民國28年修訂公布之獎勵工業技術暫行條例，該條例首次將專利權分為此三種態樣。以至民國33年公布，38年施行之首部專利法，更確立日後採此三

1　除了發明專利、新型專利及設計專利外，主要尚有(一)「發明人證書」（inventors' certificates），此為發明人完成發明時，向政府申請取得。證書的取得僅具公示作用，使用權專屬政府所有，發明人可因此得到報償，原多屬前蘇聯、東歐瓦解前之共產國家所採行。曾採行此制度的國家有阿爾巴尼亞，阿爾及利亞，古巴，北韓，剛果，希臘，拉脫維亞，立陶宛，波蘭，中國大陸，捷克，突尼西亞，越南及薩伊等國。2 Baxter, World Patent Law and Practice §1.04, at 1-11~1-17 (1968 & Supp. 2002), 1 Stephen Ladas, Patents, Trademarks, and Related Rights, National and International Protection 380~382 (1975).目前仍有少數國家採行。WIPO, Glossary of terms concerning industrial property information and documentation (2013), https://www.wipo.int/export/sites/www/standards/en/tracked-changes/08-01-01_changes_2013.pdf（最後瀏覽日期：民國109年9月1日）。(二)「秘密專利」（secret patent），指與國防有關者而言，一旦列為秘密專利，審查程序雖仍繼續進行，但不得公開或公告，政府得徵用之，惟須給付補償金。此為多數國家均有的制度。Baxter, 同註，§1.06, at 1-17~1-35.此外，發明專利中亦因其發明為物品或製法而分別稱為物品專利（products patent）與製法專利（process patent）。

種專利權之保護。現行專利法並於第2條明定我國專利分發明、新型及設計三種專利。目前，將發明創作依其內容分爲三種不同專利權利之國家，已不復多見。

第一項　發明專利

何謂發明（invention）？觀諸各國立法例，多訂其發明專利之要件，鮮有就發明定義予以明定者，民國83年修正前專利法亦然 [2]。迄83年修法時，始於當時專利法第19條揭示其定義：「稱發明者，謂利用自然法則之技術思想之高度創作」[3]。在此定義明定前，行政法院便一再指明所謂新發明，係指利用自然法則之高度技術思想所爲的創作，甚且須具創作性暨進步性者而言 [4]。相反地，倘爲簡單自然法則的運用，則不具創作性 [5]。行政法院更闡釋「新發明」，其解決問題之手段原理上須全新，且從未以該手段解決該問題，及其技術上的效果須創新始可 [6]。換言之，倘欠缺新穎之創作性或必須藉人類推理力、記憶力始得實施，且技術水準較低者，不得謂專利法上之發明。

又因「高度創作」涉及主觀判斷，故於92年修法時刪除「高度」二字，

[2] 83年修正前專利法第1條僅規定，凡具有產業上利用價值之發明，得申請專利。

[3] 此項係參酌的日本特許法第2條第1項之發明定義。

[4] 行政法院指出：其申請專利之准否，應就其是否爲「新發明」及「具有產業上價值」併予審究。在審查層次上，必須先肯定其爲新發明，始有考慮其是否具有「產業上價值」之必要。至於何謂新發明，並無確切的文字規定，一般而言，發明係指利用自然法則所表現於技術思想上的獨創設計，其利用的程度與獨創的程度，均須具有高度性，非憑普通知識可推知者。倘申請案之技術內容，在利用自然法則所表現的利用暨獨創程度，並無高度性可言，則應不予專利。行政法院71年度判字第186號判決。另請參閱行政法院72年判字第30號、行政法院73年判字第398號、行政法院75年判字第1895號判決、行政法院77年判字第806號、行政法院77年判字第333號判決、行政法院77年判字第1332號判決、行政法院77年判字第1403號判決、行政法院78年判字第1803號判決、行政法院78年判字第990號、行政法院78年判字第1968號判決、行政法院81年判字第1383號判決、行政法院78年判字第2140號判決。若僅係物品形狀、構造或裝置予以改良，不符前揭新發明之條件，自應不予專利。行政法院71年度判字第621號判決。又請參閱83年專利法修正案，法律案專輯，第179輯（下），頁705～706（民國84年8月）（以下簡稱「83年專利法修正案」）。

[5] 行政法院79年判字第1914號判決。

[6] 行政法院77年判字第1106號判決。另請參閱行政法院77年判字第625號判決；行政法院77年判字第1115號判決。

於第21條明定發明係指「利用自然法則之技術思想之創作」。[7]

發明既爲利用自然法則之技術創作，是以舉凡製法或物品之發明[8]，符合前揭定義者，於具備法定專利要件之前提下，均得申請專利。

第二項 新型專利

「新型」一詞，係譯自其他國家立法例之 "new model"，亦有稱之 "utility model" 或 "petty patent"[9]。新型專利僅爲少數國家所採行，其著重於物品之形狀或構造的改變，且具有某特定功能者；是以，或謂其爲介於發明專利與設計專利間之專利[10]。

專利法第104條明定：新型係利用自然法則之技術思想，對物品之形狀、構造或組合之創作[11]。其中「利用自然法則之技術思想」係92年修法時

---

7 請參閱92年專利法修正案，立法院公報，第92卷，第5期，院會紀錄，第21條修正説明（民國92年1月15日）（以下簡稱「92年專利法修正案」）。

8 此揆諸專利法第58條第2項及第3項規定可知。溯自早期獎勵工藝品暫行章程，發明即被列爲獎勵暨保護之對象，並以製造品之發明或改良者爲限；進而以首先發明或改良工藝上之物品及方法爲獎勵對象；民國17年，將「工藝上」改爲「工業上」，擴充了獎勵範圍；民國21年，更刪除了「特別改良」得呈請獎勵的規定。至民國33年公布，民國38年施行之專利法第1條，始明定具有工業上價值之新發明得申請專利。至於何謂工業上價值，不易界定，故明定其價值之有無，以該發明無「不合實用」或「尚未達到工業上實施之階段」之情事爲準。民國68年修正爲凡具有產業上利用價值之新發明得申請專利，其修正理由爲，「工業」不足以涵蓋具有技術問題之農工礦業；此外，原「具有工業價值」，固有第3條就其作例外規定，惟仍常因審查委員本身不同的價值判斷而流於主觀，招致詬病。因此，修改爲「具有產業上利用價值」，俾鼓勵發明人從事發明並申請。孰料民國83年，又刪除「產業上利用價值」之「價值」二字，以及用以釐清其意義之「不合實用」、「尚未達到產業上實施階段」規定；理由以「價值」二字易生疑義，且「產業上利用」當然含有「合於實用」及「達到產業上實施階段」之意義。83年專利法修正案，同註4，頁709。此項修正係由行政機關所提出，按行政院送交立法院之專利法修正草案中，即已做如是之修正。時隔十五年，前後觀念兩極化，著實令人費解。

9 Baxter, 同註1，§1.10, at 1-51~1-66.另有稱之爲 "short term patent"。

10 同上。

11 新型之於我國，首見於民國28年修訂之獎勵工業技術暫行條例第1條，謂關於物品之形狀、構造或裝置，配合創作而合於實用之新型者，得呈請獎勵。民國38年施行之專利法第95條明定，凡對於物品之形狀、構造或裝置，首先創作合於實用之新型者，得依本法呈請專利。其中，除「呈請」二字於民國47年修改爲「申請」外，該條文沿用至民國83年，始於第97條修改爲「對物品之形狀、構造或裝置之創作或改良」。

所增訂，意在釐清新型與發明均屬利用自然法則之創作[12]；「組合」乙詞原為「裝置」，此次修法以新型包含為達到特定目的，將原具有單獨使用機能之多數獨立物品予以組合裝設者，如裝置、設備及器具等，故而修正為「組合」[13]。

　　新型專利所保護的內容，以有形的物品為限，揆諸條文甚明（不論民國28年的暫行條例，或至現行專利法），並以物品的形狀、構造或組合為具有實用性的創作為限。反之，抽象無形的創作，則非新型之標的[14]，如軟體程式[15]等。易言之，若為方法的更新或僅係平面圖案的改變，或雖涉及形狀、構造、組合的改變，但未達到利用價值者，仍無法申准專利。此為採行新型專利國家所共持的見解[16]，我國實務亦然[17]。

第三項　設計專利

　　「設計」一詞，指 "design"，102年修正前專利法係以「新式樣」稱

12　92年修法時另刪除「或改良」，蓋以「創作」乙詞已涵「改良」之意，故然。請參閱92年專利法修正案，同註7，頁232。

13　100年專利法修正案，立法院公報，第100卷，第81期，院會紀錄，第104條修正說明二（民國100年11月29日）（以下簡稱「100年專利法修正案」）。

14　行政法院77年判字第2219號判決。

15　行政法院78年判字第1879號判決。

16　Baxter, 同註1，§1.10, at 1-51~1-66.

17　以實務案例說明：

　　例一：申請人申請新型專利的內容為，以一9×10線之棋盤、七種不同的簡單圖案，以及分別代表七種不同身分的兩色棋子各十六個所組成，供二人對奕之棋具。按圖案非物品之形狀，與新型專利要件不符，自應不予其專利。行政法院78年度判字第1031號判決。

　　例二：申請人申請新型專利的內容，雖在數字上較有規律，惟其僅將原有日曆中的日期重作安排，屬於數字上的變更，例如將原來一週的天數，由七天變更為十天，並非對日曆的形狀（日曆並無一定的形狀）、構造（日曆以若干日為一月，若干日為一年，是一種編排而非構造）、裝置（日曆非機械，不能裝置）有任何新穎之創作，不屬於新型創作的範圍，自應不予其新型專利。行政法院70年度判字第410號判決。

　　例三：申請人申請新型專利，其內容為：丙烯酸脂、苯乙烯以及丙烯脂共聚物之鍍金製品，可作汽車、器具等之鍍金組件。姑且不問其方法已為業者所熟知；按新型專利所保護者，為物品之形狀、構造或裝置之創作，申請人以製造方法申請新型專利，顯有不合，自應不予新型專利。行政法院71年度判字第106號判決。

之，譯自國外相關立法例 "new design"；惟，亦有稱之 "industrial design" 者[18]。設計專利係以物品之形狀、花紋或色彩等外觀之設計爲保護對象，是以，雖同爲專利，卻與發明專利及新型專利之利用自然法則的科技創作不同；多數國家傾向以註冊制度予以保護，惟仍有少數國家以審查制度爲之，如我國、美國、德國、日本、南韓等國[19]。

專利法第121條第1項明定：設計，係指對物品之全部或部分形狀、花紋、色彩或其結合，透過視覺訴求之創作[20]。

設計專利所保護者，以物品爲限，此揆諸條文「……凡對於物品……」甚明；是以凡爲物品之形狀、花紋、色彩之創作者，即可申准專利。至於物品係以其外觀所表現的視覺效果，爲審查的內容，至於其內部不易察覺的隱藏部分，內部構件的設計變換，抑或材料的變更，不論能否衍生使用效益，均與准否設計專利無關[21]。又，依修正前專利法，倘就產品爲局部修飾變

---

18 Baxter, 同註1, §1.11, at 1-66~1-68.

19 同上。

20 「透過視覺訴求」乙詞係於民國90年10月修法時所增訂，目的在強調設計專利之著重視覺效果的增進；其意指創作藉由眼睛對外界之適當刺激所產生的感覺，至於聽覺、觸覺等視覺以外的感官作用則不屬之。90年10月修正專利法第106條修正說明理由。設計之於我國，首見於民國28年之獎勵工業技術暫行條例第1條：關於物品之形狀、色彩或其結合而創作，適於美感之新式樣，得呈請獎勵。民國38年施行之專利法第110條，增列「花紋」，而刪除「其結合」；其規定內容爲：凡對物品之形狀、花紋、色彩首先創作適於美感之新式樣者，得依本法呈請專利。民國47年修正「呈請」二字爲「申請」，83年刪除「首先創作適於美感」，修訂爲「或其結合之創作」。有關修正前「適於美感」之適用，於實務上有所爭議。行政法院謂美感之構成要件包括統一感、簡潔感、調和感、韻律感及平衡感。行政法院73年判字第932號判決；行政法院72年判字第925號判決。另謂是否適於美感取決於第一眼接觸時，有無予人視覺上特殊感受，而非經不斷分析、說明與比較爲衡量標準。行政法院76年判字第812號判決。又，產業上美的觀念不同於美學上美的觀念，其以所表現於物品外部的形象可使觀看者發生特殊審美感爲已足，不以具有高尚優美之美感爲必要。行政法院79年判字第209號判決。惟，行政法院於先前另案中卻以式樣之美感與否須經藝術或美學之學者專家客觀分析、說明與比較而定。行政法院72年判字第928號判決。

21 茲以實務案例說明：（以下新式樣專利即現行法之設計專利。）

　　例一：申請人申請新式樣專利之內容，係以其指定物品所附圓形飾框與單網之外觀輪廓爲主體，特徵爲除去單網後之內部構造，較一般揚聲器具美感。按新式樣是否爲首創，其考量重點爲產品的整體造形，而非內部不易察覺的隱藏部分。因此，若以不易察覺的部分爲特徵，而整體造形未見創新者，自應不予新式樣專利。行政法院76年度判字第158號判決。

化，縱具有經濟效益，而未予人視覺上特殊感受者，仍非設計之創作[22]。100年修法時，爲賦予設計專利周延保護，將設計由完整物品之外觀創作（整體設計），擴及部分物品之外觀創作[23]（部分設計）。過往，新式樣專利之保護限於有形物品之外觀設計，該次修法將設計專利擴及於具視覺效果，惟僅暫時顯現於電腦螢幕之二度空間圖像，亦即，物品所呈現之電腦圖像（computer-generated icons，簡稱icons）及圖形化使用者介面[24]（圖像設計）。筆者以爲此等創作以著作權法保護應已足，蓋以其僅係物品的螢幕所呈現的影像，而非物品眞正之形狀外觀等。

第四項　發明、新型及設計專利之區別

發明、新型及設計等三種專利之區別，主要在於保護內容、審查基準以及所賦予權利的不同。其中以發明與新型之間，以及新型與設計之間，較易造成混淆。

一、發明專利與新型專利之區別

(一) 保護內容

發明專利：凡爲物品或方法之發明，均可申請專利。

例二：申請人申請新式樣專利之內容係嬰兒車之前輪輪架裝置，屬於銜接車輪與車架之局部連接機構本體，僅爲嬰兒車之部分構件。其既非嬰兒車整體或全部成品，自無法獨立爲交易之物品，更無從使人就物品（嬰兒車）之外觀，作視覺上有效的觀察；缺乏「物品性」及「造形整體性」，自應不予新式樣專利。行政院78年度判字第812號判決。

例三：申請人申請新式樣專利之內容係以壓力閥設置於鍋蓋中心凹部，亦即蓋體內壁下方，與內層圓形蓋連接一起；此屬內部機能構件的設計變換，而非新式樣專利之保護範圍，自應不予新式樣專利。行政院78年度判字第1218號判決。

22 行政法院72年判字第42號判決。

23 依修正前專利法，倘設計包含多個新穎特徵，而他人只模仿其中一部分時，專利權人無從主張專利侵害。此次修法適可彌補前揭之不足，既可鼓勵傳統產業對於既有資源之創新設計，亦可因應國內產業界在成熟期產品開發設計之需求。100年專利法修正案，同註13，第121條修正說明二(二)。

24 此次修法以，電腦圖像與圖形化使用者介面與利用電子顯示之消費性產品、電腦資訊產品有密切關聯，而我國該等產業已趨於成熟，無論就配合國內產業政策或國際設計保護趨勢，均有予以保護之必要。100年專利法修正案，同註13，第121條修正說明四(二)。

新型專利：須為物品之形狀、構造或組合之創作。至於「方法」，則不屬於
　　　　　新型保護範疇。

(二) 創作性

發明專利：所應用的手段，在原理上必須全新，亦即未曾有以該手段解決該
　　　　　問題者。其創作性較高。

新型專利：所應用的手段，在空間型態上屬於創新即可，例如：以新手段解
　　　　　決舊問題，或以舊手段解決新問題均可。其創作性較發明為低。

(三) 專利要件 —— 進步性

發明專利：倘係運用申請前既有之技術或知識，且為熟習該項技術者所能輕
　　　　　易完成者，不問其有無功能之增進，均欠缺進步性。

新型專利：雖係運用申請前既有之技術或知識，且為熟習該項技術者所能輕
　　　　　易完成，惟其確有功效上之增進時，則仍具有進步性。足見其進
　　　　　步性之程度不若發明。

(四) 保護客體

發明專利：凡為第24條所列之物品或方法，包括妨害公序良俗之發明，均不
　　　　　予專利。

新型專利：違反公序良俗之新型，不予專利。

(五) 審查程序

發明專利：採申請實體審查並適用早期公開制。

新型專利：採形式審查，不適用早期公開制。

(六) 專利權期限

發明專利：自申請日起算二十年屆滿，例外有延長及延展之情事，前者延長
　　　　　至多五年，後者延展五年至十年。

新型專利：自申請日起算十年屆滿，無延長及延展規定之適用。

(七) 改請之規定

發明專利申請案得改請為新型專利申請案，新型亦得改請為發明，又依第108條改請者，得沿用原申請日。只是，實務上較少有新型專利申請案改請發明專利申請案之案例。

二、新型專利與設計專利之區別

(一) 保護內容

新型專利：物品之形狀、構造或組合係利用自然法則技術思想的創作。
設計專利：物品之全部或部分形狀、花紋、色彩或其結合，係透過視覺訴求之創作。

(二) 專利要件：進步性

新型專利：倘係運用申請前之先前技術，且為所屬技術領域中具通常知識者所能輕易完成時，則不具進步性。
設計專利：其既以物品外觀之設計創作為主，倘該設計為所屬技藝領域中具通常知識者依申請前之先前技藝所易於思及之創作，則不具創作性。其不若新型專利之著重創作的完成與功效的增進。

(三) 審查程序

新型專利：採形式審查。
設計專利：採實體審查。

(四) 專利權期限

新型專利：自申請日起算十年屆滿。
設計專利：自申請日起算十五年屆滿。

(五) 專利權範圍

新型專利：專利權人專有排除他人未經其同意而製造、為販賣之要約，販

賣、使用或進口其新型專利物品之權。

設計專利：專利權人就其指定設計或近似之設計所施予之物品，專有排除他
人未經其同意而製造，為販賣之要約、販賣、使用或進口其專利
設計物品之權。

(六) 改請之規定

　　新型專利申請案得改請為設計專利申請案，設計專利申請案亦得改請為
新型專利申請案。原則上，二者均得沿用原申請案之申請日。

　　至於發明專利與設計專利，不論保護之內容、審查基準……等皆相去甚
遠；並且，前者強調物品或方法的發明，後者則強調物品的外觀設計，不易
造成混淆[25]。

25　早期專利法除了發明與新型、新型與新式樣之間的界定，時有疑義（尤以前者為甚）外；
　　關於發明、新型與新式樣專利之名稱，亦有爭議：究竟新型及新式樣之「新」有無「首
　　創」、「創新」之意？按新型、新式樣分別源自國外的"new model"及"new design"。就國
　　外條文而言，二者之"new"固在強調「創新」；惟依我本國立法而言，則因時而異（如下
　　圖所示）：

民國28年修訂之獎勵工業技術暫行條例	民國38年施行之專利法
第1條　凡中華民國……	第1條　凡新發明……
一、關於……先發明者。	第95條　……首先創作合於實用之新型者。
二、關於……合於實用之造型者。	第111條　……首先創作者。
三、關於……適於美感之新式樣者。	

　　早期獎勵工業技術暫行條例中，新型及新式樣之「新」，確有「創新」之字意，以便與
「首先發明」一詞相呼應；至民國38年施行之專利法，則於「創作」一詞前冠以「首先」
二字，即第95條之「……首先創作合於實用之新型……」及第110條之「……首先創作適
於美感之新式樣……」，至此，其二者之新字自應不復含「創新」之意，否則，「首先創
作」將成贅詞。反觀當時發明專利，其於第1條及第2條訂有「新發明」一詞，應係斟酌早
期獎勵條例及國外條文所致。溯至民國21年以迄，各項獎勵章程或條例均稱「首先發
明」，旨在強調其「首創」之意；直到民國33年，為了配合「新型」、「新式樣」之字樣，
並參酌國外之"new invention"，將「首先發明」改為「新發明」。若完全配合另兩種專
利，則為「首先發明之發明」，用詞不順，若改為「首先創作之發明」，則因發明之技術
層次較高，鮮有以創作稱發明專利者，甚且，創作常作為發明專利與其他兩種專利之分
野；前揭兩種訂法皆有不當之處。總之，以修正前專利法觀之，新型、新式樣專利之
「新」字無特殊意義，而新發明之「新」則有「首創」之意。幸而，民國83年修正施行專
利法中已刪除「新發明」之「新」字，使延宕已久的疑義告一段落。

第二節 原發明創作與從屬發明創作

為鼓勵發明的改良與技術的提升，並兼顧發明人為及早取得專利，於發明未臻成熟之際便提出專利申請，致使日後針對該發明所作之改良無法申准專利（因為喪失新穎性）之情事；因此，自民國21年之「獎勵工業技術暫行條例」，即明定「再發明」及「追加獎勵」等事由[26]。民國33年公布、38年施行之專利法亦沿襲前揭相關規定，迄民國90年10月26日因應國內優先權的訂定而廢除追加專利，並至102年修正前專利法仍明定有從屬發明創作人非原發明創作人之「再發明專利」[27]。至於設計專利之與衍生設計專利，後者亦具從屬性質，惟著重於前後設計之近似。茲各別討論如下。

第一項 原發明專利與再發明專利

第三人得利用他人的發明或新型之主要技術內容以完成再發明，從而申請專利[28]，此即「再發明專利」（dependent patent or junior patent）。再發明專利權屬獨立之專利權，但技術內容為原發明之衍生技術。其與原發明專利權之關係如下。

一、原發明之衍生技術

再發明雖為原發明之衍生技術，技術上自有從屬關係；惟再發明專利仍為獨立的專利權，享有其獨立的專利權期間。

二、實施原發明專利權

再發明專利權人既係利用他人發明之主要技術內容為再發明，其於實施

---

26 暫行條例第5條、第6條及第20條。按追加專利係法國所創。民國28年修正時，配合獎勵內容之增訂新型與新式樣，而於第6條追加獎勵中一併增列新型與新式樣。該規定原立意應在於鼓勵原發明人就其發明繼續研究改良，俾有益於社會科技的提升；惟各國立法例將鼓勵、保護對象擴及第三人，致衍生原專利權與再發明專利權間之授權問題。

27 90年修正前第133條明定過渡規定：凡於民國90年10月26日前提出追加專利申請案尚未審查確定，或追加專利權仍存續者，依民國90年修正前有關追加專利之規定辦理。有關追加專利之詳述，請參閱本書第五版，頁30～32（民國99年）。

28 102年修正前專利法第78條第1項，第108條準用之。

再發明專利權時，勢必對原發明專利權構成侵害[29]，是以，102年修正前專利法明定，未得原發明專利權人之同意[30]，不得實施其發明。再發明專利權人與原發明專利權人間，並得協議交互授權實施（cross licensing）[31]，此爲民國83年修正專利法時所增訂。所謂交互授權，指後者授權前者使用其原發明專利權的同時，前者亦授權後者使用其再發明專利權；此爲德、法等國所採行，目的在顧及原發明專利權人之權益，使其於授權再發明專利權人的同時，仍能維持其市場上競爭能力。其結果應爲，二者皆使用再發明專利之再發明技術內容。

　　兩造無法達成協議時，依102年修正前專利法第78條第5項得申請特許實施，即現行法之強制授權；至於特許實施之申請人係指再發明專利權人而言。同項但書（民國90年修正之專利法）明定再發明須較原發明具「相當經濟意義之重要技術改良」始得申請特許實施。亦即，增加再發明專利權人申請特許實施應備的要件。姑不論其立法係源自於WTO/TRIPs協定第31條之規定，該要件的增訂加重再發明專利權人的舉證責任，使其較90年修正前不易取得授權以實施其專利權；此舉顯然與再發明專利之鼓勵改良發明創作的立法意旨相違背。

　　新型專利雖亦準用再發明專利之相關規定，諸如利用他人發明或新型之主要技術內容所完成之新型改良創作[32]，未得原專利權人同意、改良創作之新型專利權人不得實施其專利，以及原專利權人與改良創作新型專利權人間得協議交互授權等[33]。惟，雙方無法達成協議時，並無特許實施規定之適

---

29 縱令構成侵害，再發明專利權應僅負民事上之損害賠償責任。依83年修正前專利法第9條僅謂應給付相當補償金或協議合製，原發明專利權人無正理由不得拒絕，依當時罰則，並無處罰利用他人專利品主要結構再發明之罪，故再發明人縱未給付補償金逕予實施，亦無罰則之適用。按舊法之罰則只處罰偽造、仿造專利品罪，及販賣、陳列、輸入「偽造、仿造專利品」罪。高等法院85年度上易字第2442號裁判。

30 102年修正前專利法第78條第2項，第108條準用之。

31 102年修正前專利法第78條第4項，第108條準用之。按凡允許第三人就他人之原發明完成再發明者，均有交互授權之適用。

32 相對於「再發明」乙詞，本文以「改良創作」稱新型專利中利用他人發明或新型之主要技術內容所完成之創作。

33 102年修正前專利法第108條準用第78條第1項、第2項及第4項。

用[34]。

　　90年修正前專利法規定，原發明人與他人有同一之再發明，且同時申請專利時，應准予原發明人取得專利[35]，此無非以既依原發明、創作所爲之再發明，自應由原發明創作人優先取得，以資鼓勵。92年修法時則以專利法第31條第2項有關同日申請之規定已足以規範前揭情事而予以刪除[36]。

　　102年修法刪除原發明與再發明之相關規定，僅於強制授權事由中明定「專利權之實施，將侵害先權利人之專利權」乙節。並明定新型專利準用發明專利有關強制授權之規定。

第二項　設計專利與衍生設計專利

　　設計不同於發明與新型，其非屬利用自然法則之創作，對物品之設計著重於視覺述求，而與功能無涉；自不適用鼓勵改良發明創作之相關制度。

　　然而，102年修正前專利法以就一現存式樣予以改變設計，並無不准之道理，否則，經變更之式樣任由他人竊用，對創作人亦有欠公允；再者，變更後的近似式樣有確認原式樣專利範圍的功能（此即「確認說」）。是以，在兼顧保護創作人之權益，以及原式樣與變更後之式樣的近似，由不同人持有，對消費者有造成混淆之虞的前提下，專利法明定，僅新式樣之創作人得因襲其另一新式樣完成近似之創作，申請聯合新式樣[37]。

　　100年修法時刪除聯合新式樣專利，理由爲「聯合新式樣僅得以確認原式樣專利權利範圍，而不具實質保護之功用」[38]。同時，增訂衍生設計專利以因應產業經營的需求[39]。衍生設計係指與原設計近似之設計，依專利法第

34　按102年修正前專利法第108條並未準用第78條第5項有關申請特許實施之規定。

35　90年修正前專利法第30條，第105條準用之。

36　惟92年修正前專利法第30條之立法目的不在解決同日申請之問題，而係爲鼓勵原發明創作人從事再發明而定。按有關先申請主義暨同日申請之規範、以及同一之再發明由原發明人與第三人同時申請應由發明人取得權利之規定，可溯至民國38年施行之專利法，甚且追溯至民國21年之獎勵工業技術暫行條例；若同日申請之規定足以涵蓋同日申請再發明之情事，何以前揭規定仍施行數十年而未予刪除。僅因另有同日申請之相關規定存在，實不足以作爲刪除前揭規定之理由。

37　102年修正前專利法第109條第2項及第110條第5項。

38　100年專利法修正案，同註13，第121條修正說明三。

39　產業界在開發新產品時，常就同一設計概念發展出多個近似之產品設計，或於產品上市後

127條第1項，兩個以上近似之設計，得申請設計專利與衍生設計專利，惟，該等設計以屬同一人爲限。又，衍生設計既須與原設計近似，申請人自不得以僅與衍生設計近似，而與原設計不近似之設計申請衍生設計，此爲第127條第4項所明定。

衍生設計專利與設計專利之關係，說明如下。

一、申請衍生設計專利之時限

申請人得同時或先後申請原設計與衍生設計，惟(1)衍生設計之申請日不得早於原設計之申請日，且(2)原設計專利公告後，不得申請衍生設計[40]。蓋以原設計與衍生設計有主從權利關係，屬從權利之衍生設計自不得於主權利（原設計）尚未申請前先行提出申請；此爲前揭(1)之立法緣由。至前揭(2)，係基於原設計一旦公告便成爲後案之先前技藝，將使公告後始申請之衍生設計喪失新穎性或不具創作性[41]。

二、主從關係

衍生設計性質上與原設計有主從關係，是以，衍生設計專利之專利權期限並非自其申請日起算，而係與原設計專利權期限同時屆滿[42]。衍生設計專利權，應與其原設計專利權一併讓與、信託、繼承、授權或設定質權[43]。

然而，衍生設計專利權仍具有相當程度之獨立性，專利權人得據衍生設

因市場反應而從事改良之近似設計，基於同一設計概念下近似之設計，或是日後改良近似之設計具有與原設計同等之保護價值，故予同等之保護效果。100年專利法修正案，同註13，第127條修正說明三。

40　專利法第127條第2項及第3項。

41　請參閱100年專利法修正案，同註13，第127條修正說明五。此與修正前專利法不同，依102年修正前專利法第110條第5項，原式樣並非聯合新式樣之新穎性及創作性要件的先前技藝。

42　專利法第135條後段。102年修正前專利法第113條第3項後段亦明定聯合新式樣專利權期限與原專利權期限同時屆滿。

43　專利法第138條第1項。102年修正前專利法第126條但書亦明定聯合新式樣專利權不得單獨讓與、信託、授權或設定質權。

計專利單獨主張權利，並及於近似範圍[44]。倘有人使用近似於衍生設計之設計，專利權人得對其主張衍生設計專利之侵害。

又，原設計專利權因未繳專利年費或自行拋棄而消滅或撤銷確定者，其衍生設計專利權仍得存續，此揆諸專利法第138條第2項甚明[45]。蓋以：(1)除原設計專利外，專利權人須就其衍生設計專利另行繳納年費；已繳納年費之衍生設計專利權不因專利權人未繳納原設計專利之年費而消滅。(2)專利權人得選擇僅拋棄原設計專利權而保留衍生設計專利權。(3)依專利法第141條第1項之撤銷事由可知，除第2款及第3款之事由必然同時發生於原設計與衍生設計外[46]；第1款之事由（如不具專利要件等）便可能僅存在於原設計專利，而不存在於衍生設計專利。依前揭規定，倘有二個以上衍生設計專利權存續者，不得單獨讓與、信託、繼承、授權或設定質權；意指衍生設計專利權仍得存續，以及二個以上衍生設計專利權間之依附的關連性。

前揭規定並未規範僅有一衍生設計專利存續時，其效力為何？以及倘有數衍生設計專利存續，其衍生設計專利間未必為近似之設計。是以，前揭規定之疑義有二：(1)從權利已失所附麗——此數個衍生設計專利權原僅為依附於原設計專利之從權利，在主權利因消滅或撤銷而失效後，從權利何以存續？(2)同一設計之數個衍生設計間未必近似——設若各衍生設計專利並不近似，何以其權利之行使必須同時為之。筆者以為專利法應明定，此時倘有數個衍生設計專利權，彼此構成近似，應令專利權人擇一做為主權利，即設計專利，其餘為其衍生設計專利；倘彼此不構成近似，則應各別視為獨立之設計專利權，又倘僅有一衍生設計專利權存續，則可當然視為獨立之設計專利權[47]。至於專利權期限仍至原專利權期滿時為止，而非以其申請日重新計算其專利權期限。

44　專利法第137條。102年修正前專利法第124條第1項則明定聯合新式樣專利權從屬於原新式樣專利權，除不得單獨主張其權利，且不及於近似之範圍。

45　102年修正前專利法第124條第2項則明定原新式樣專利權撤銷或消滅者，聯合新式樣專利權應一併撤銷或消滅。

46　專利法第141條第1項第2款規定專利權人所屬國家不受理我國國民之專利申請案，同項第3款規定非由全體共有人共同提出專利之申請、或專利權人非專利申請權人之情事。

47　此可參酌民國90年修正前專利法第75條：發明專利權撤銷，其追加專利未撤銷者，視為獨立之專利權，另給證書，至原專利權期滿時為止。

三、設計專利與衍生設計專利之改請

　　原則上，設計專利申請案與衍生設計專利申請案得互為改請，亦即，申請設計專利後得改請衍生設計專利，或申請衍生設計專利後得改請設計專利者；並可以原申請案之申請日為改請案之申請日[48]。惟，改請之申請有下列情事之一者，不得為之[49]：(1)原申請案准予專利之審定書送達後——原申請案既已核准審定，便無改請之必要。(2)原申請案不予專利之審定書送達後逾二個月——原申請案經核駁，為兼顧申請人之權益使其有補救的機會、並得援用原申請案之申請日，以及行政效率；故而申請案經核駁後僅得於再審查程序中申請改請[50]。

　　又，改請後之設計或衍生設計，不得逾越原申請案申請時說明書或圖式所揭露之範圍[51]。蓋以既援用原申請案之申請日，改請案之申請設計範圍自須已揭露於原申請案中，故而不得逾越原申請案之範圍，否則違反援用原申請案之申請日的意旨。

48　專利法第131條第1項。
49　專利法第131條第2項。
50　依專利法第142條準用第48條，申請人不服核駁之審定得於審定書送達後二個月內申請再審查。
51　專利法第131條第3項。

第二章 | 專利保護客體

專利保護客體，指得否准予專利之物品或方法而言；其係因時而異，主要無非配合產業科技水準，以及國民生計等問題。各國立法例多未對新型、設計專利保護客體設限；惟於發明專利方面，對於涉及公共利益之技術或物品，如：飲食品、醫藥品、化學品等，應否給予專利保護，則各有不同的規定。專利制度固可藉由專利權的賦予，鼓勵研發，引進國外技術，以達提升國內的產業科技水準。然而，綜觀世界各國，科技越進步且國民生活水準越高的國家，專利保護客體就越多；反之，則越少。按決定發明應否為專利保護客體，應考量下列因素：(一)國內產業科技水準，如：有無開發該項科技的能力及可能性；(二)有無給予保護以鼓勵發明之必要性；(三)公共利益（public interest），如國民福祉、國民健康等。考量第(一)項因素須兼顧：(1)何人從事發明；(2)何人提出申請；(3)有無審查人力與能力……等；若一國科技尚在起步，則該國國民恐無法從事較高科技之發明，以致僅有外國人提出申請，壟斷其市場；又因從事該項科技研究之本國國民有限，致使審查作業上有人力不足之虞。專利制度固可引進國外技術，提升產業水準，惟對於科技較落後、欠缺基礎工業的國家，廣泛開放專利保護的結果，非但無法提升其產業水準，反將任由外國籍專利權人箝制國內產業，不利國內業者的科技發展，並增加消費者經濟負擔[1]。又，縱使國內產業科技已經達相當水準，仍須評估發明內容的重要性，有無賦予其專利以鼓勵其研究發明的必要；再者，基於公共利益的考量，應否不予其專利以維護全體國民權益，抑或應予其專利，鼓勵研發以增進國民福祉。我國歷次修正專利保護客體之內容，便足以說明前揭原則之適用。茲於「發明專利」乙節中予以說明。無論保護客體之多寡，各國立法方式多採除外規定，列舉不予專利的事項。我國專利法亦針對發明、新型及設計專利，分別明定不予專利保護之發明、創作及設計。

---

[1] 一旦開放專利，直接或間接由該專利製造之產品，其價格勢必超過其製造成本甚多，此因取得專利權，即享有排他性專利，在缺乏同業競爭的情況下，專利權人多提高價格以牟利。

第一節　發明專利

第一項　不予專利保護之客體

專利法第24條明定不予發明專利之客體。分別爲(1)動、植物及生產動、植物之主要生物學方法；(2)人類或動物之診斷、治療或外科手術方法；以及(3)妨害公共秩序或善良風俗者。茲分述如下[2]。

一、動、植物及生產動植物之主要生物學方法

動植物新品種向爲否准專利保護之客體，惟未曾於專利法中明定，徒增困擾，故於民國75年修法之際，明定之；其中動物新品種因技術問題，暫不考慮予以專利外[3]，植物新品種育成方法，實務上已有准其專利的案例，故准其爲專利保護的標的；至於植物新品種，則已於另法「植物品種及種苗法」中受到保護[4]，毋庸於專利法中保護之。惟，專利法僅將其列爲不予專

2　92年修法時，將當時專利法第21條第3、4、5款有關「科學原理或數學方法」、「遊戲規則或方法」及「其他須藉助人類推理力、記憶力始能執行之方法或計畫」等規定均予刪除。該三款規定係於民國75年修正專利法時所增訂，理由爲斯等不適於做爲專利保護之對象。75年專利法修正案，法律案專輯，第102輯，頁3（民國76年8月）（以下簡稱「75年專利法修正案」）。換言之，前揭技術內容之不予專利，係因不符發明利用自然法則之定義，而非政策性考量。是以，現行專利法雖不復有前揭規定，並不因此使該些方法得受專利制度之保護。92年專利法修正案，立法院公報，第92卷，第4期，院會紀錄，頁209～210（民國92年1月2日）。

3　美國於西元1988年核准全世界首件動物專利後（因其由哈佛大學受讓取得專利權，故通稱「哈佛老鼠」，"Harvard Mouse"），便急於促使各國對動物發明予以專利保護。美國與我國之智慧財產權諮商談判中，亦一再將其列爲討論重點。惟動物新品種之准否專利，須評估其利弊，國內科技水準，以及專利專責機關之審查人力……等等；在前揭客觀環境未臻健全前，自不宜貿然開放專利。有關核准動物專利之利弊，請參閱拙著，從美國核准動物專利之影響評估核准動物專利之利與弊，臺大法學論叢，第26卷，第4期，頁173～231（民國86年7月）。

4　此法原名爲植物種苗法，於民國77年12月5日公布施行，先前於民國75年專利法修法期間，該法仍在研擬中；斯時，各國對於植物新品種之保護，有採專利制度者，亦有採登記制度者，更有兼採前揭二種制度者。我國擬以單行之「植物種苗法」保護，故不另於專利法保護，而於專利法中明定，不予植物新品種專利。植物種苗法訂定後歷經兩次修正，嗣於民國93年4月21日總統令修正公布名稱及全文65條，並於94年6月30日施行。現行法爲民國99年8月25日修正公布、99年9月12日施行者；又101年2月3日行政院公告將第30條第3項

利保護之客體，恐有誤認植物新品種不受法律保護之虞，實宜於第24條第1款但書，或增訂第2項明定「植物新品種另以他法保護之」。

至於生產動、植物之方法，因其為主要生物學方法或生物學及微生物學方法[5]，而分別為否准及准予專利之技術。不准專利之主要生物學方法，係指以整個基因組的有性雜交及其後之選擇動物或植物為基礎，例如為育種而選擇具有某種特徵之動物，並將其集中在一起之雜交、種間育種或選擇性育種動物之方法。反之，倘為生物學或微生物學之生產方法，即使直接產物涉及法定不予專利之動、植物，仍得予以專利[6]。

二、人類或動物之診斷、治療或外科手術方法

依專利審查基準，此係指直接以有生命的人體或動物體為實施對象，以診斷、治療或外科手術處理人體或動物體之方法[7]。此規定源於民國75年修正專利法，以人體或動物疾病之診斷治療或手術方法無法供產業上利用，故明定否准其專利[8]；果真如此，專利專責機關得逕以其欠缺專利要件予以核駁，不待修正前專利法第21條規定。況且，以美國准予治療方法專利為例，前揭理由似有待商榷，筆者以為其真正立法目的在於公共利益的考量，顧及該方法涉及人體、動物之生命、健康福祉，不宜予以專利，俾使人類及動物得以普遍享有新穎、進步的治療方法[9]，民國102年新版之審查基準正可呼應

所列屬「行政院公平交易委員會」之權責事項，自101年2月6日起改由「公平交易委員會」管轄。民國100年修法時原擬開放動植物專利，並於95年5月19日舉行公聽會，由行政院送立法院審議之修正草案已將第24條第1款刪除。100年5月8日之立法院黨團協商版仍採開放動植物專利，100年8月12日智慧局又召開專利法修正草案（開放植物專利議題）公聽會，因各方意見分歧，又經同年10月25日立法院黨團協商決定暫緩開放動植物專利。

5　經濟部智慧財產局，專利審查基準彙編，第二篇「發明專利實體審查」，第二章「何謂發明」，第2.2點，頁2-2-8（民國102年）。

6　專利審查基準彙編，同註5，第2.2點，頁2-2-8；經濟部智慧財產局，專利法逐條釋義，頁67～68（民國103年9月）。

7　專利審查基準彙編，同註5，第2.3點，頁2-2-9。

8　75年專利法修正案，同註2。倘申請專利之發明係將化合物（藥物）或組成物（醫藥組合物）用於人類或動物之診斷、治療或外科手術之目的，其以用途（或使用、應用）為申請標的之醫藥用途請求項，則非屬法定不予發明專利之客體。經濟部智慧財產局，專利審查基準彙編，第二篇「發明專利實體審查」，第十三章「醫藥相關發明」，第4.1點，頁2-13-15（民國109年）。

9　有關人體治療方法專利，請參閱拙著，由35 U.S.C.§287（c）之訂定探討人體治療方法可

本文見解[10]。

所謂不予發明專利之診斷方法指[11]：(1)以有生命的人體或動物體為對象，(2)有關疾病之診斷，且(3)以獲得疾病診斷結果為直接目的。人類或動物之治療方法，則指(1)以有生命之人體或動物體為對象，並(2)以治療或預防疾病為直接目的之方法[12]。外科手術方法，指[13](1)以有生命的人體或動物體為對象，(2)利用器械，並(3)實施外科手術，如剖切、切除、縫合、紋刺、注射及採血等創傷性或介入性之方法，並及於預備性處理方法，例如皮膚消毒、麻醉等。民國100年修法時刪除「疾病」二字，使本款之外科手術方法不限於與疾病有關者；是以，非以診斷、治療為目的之美容、整形方法亦適用之。

本款之適用以方法為限，至於以診斷、治療或外科手術為目的之物品，如施行前揭方法之必要工具、藥物等則不適用之。

三、發明妨害公共秩序、善良風俗或衛生者

此規定源自早期之獎勵條例[14]，基於維護倫理道德，發明本身或其商業利用（commercial exploitation）會妨害公共秩序或善良風俗，均不予以專利；前者如複製人，後者如複製人之複製方法、改變人類生殖系之遺傳特性的方法等[15]。發明的商業利用未必會妨害公共秩序或善良風俗者，縱令有濫用致妨害之虞，仍無本款之適用[16]。

專利性，智慧財產權創刊號（慶祝智慧財產局成立論文集），第1期，頁7～62（民國88年1月）。

10 審查基準指出本款係「基於倫理道德之考量，顧及社會大眾醫療上的權益以及人類之尊嚴，使醫生在診斷、治療或外科手術過程中有選擇各種方法和條件的自由」。專利審查基準彙編，同註5，第2.3點，頁2-2-9。

11 專利審查基準彙編，同註5，第2.3.1點，頁2-2-9～2-2-10。

12 專利審查基準彙編，同註5，第2.3.2點，頁2-2-10。

13 專利審查基準彙編，同註5，第2.3.3點，頁2-2-11。

14 例如：民國元年公布之獎勵工藝暫行章程之第2條第3款。凡發明本身有違反社會公序、道德，或危及人類健康者，不得予以專利。何孝元著，工業所有權之研究，頁98（重印三版，民國80年3月）。

15 專利審查基準彙編，同註5，第2.4點，頁2-2-12。

16 同上。

第二項　已開放專利保護之客體

專利保護客體之擴大，係循每次修法而逐步漸進；民國75年修法，准予保護之重要事項為化學品、醫藥品及其調合品。民國83年1月通過之專利法修正案又將保護對象擴及飲食品及嗜好品、微生物新品種、物品新用途之發現等。探討其否准至開放專利過程及緣由，將足以認知專利之准否與社會之科技、經濟背景有密切關聯。茲說明如下。

一、化學品

化學品，係指經由化學方法製成之物品；反之，以物理方法製成者，則非化學品[17]。早期不准予化學品專利的理由為：(1)化學品為工業基本物質，若准其專利，勢必造成壟斷的局勢，阻礙工業發展；(2)部分化學品與人類日常生活用品有關，准予其專利，將不利於國民生活；(3)我國一向准予方法專利，業者也願意就同一化學品研究不同製法，以提升生產效率，若准予化學品專利，則將相對地抑制業者研發其他製法的意願；(4)我國工業尚未達到已開發國家的水準，若准其專利，則無異於使國外廠商藉此操縱我國化學工業[18]。民國75年修法時，將化學品列為保護客體，其理由為：(1)我國工業與科技發展狀況，已提升許多；(2)藉由化學品之准予專利，鼓勵國外廠商引進其技術；(3)健全專利保護制度，遏止仿冒剽竊的風氣；(4)激勵國人自行發明的意願……等[19]。

化學品准予專利的同時，仍須顧及業者就同一化學品，發明不同製法的意願及可能性；因此，專利法明定，就同一化學品發明不同製法之業者，仍得申請製法專利，並得於取得化學品專利權人之同意或申請強制授權[20]後，實施其製法專利。

二、醫藥品及其調合品

醫藥品及調合品，前者指足以治療、預防人體疾病，或用以維護滋補人

17　何孝元著，同註14，頁86。
18　同上。
19　75年專利法修正案，同註2，頁29。
20　專利法第87條第2項第2款。

體健康之藥物，包括內服、外用者在內；後者則指「兩種或兩種以上之元素或化合物，以特定組成含量，利用物理方法製成而呈均質狀態者」[21]。早期不准專利的理由為：(1)其與人類生命安危有密切關係，若准其專利，恐怕專利權人操縱產品數量及價格，嚴重損及國民生活福祉；(2)恐將抑制業者對於醫藥品製造方法的改進。直到民國75年，基於與開放化學品相同的理由，准予醫藥品專利保護。

　　第三人就他人之專利藥品研發新的製法並取得專利者，應先取得藥品專利權人之授權，方得實施其製法專利。倘藥品專利權人拒絕，製法專利權人得向專責機關申請強制授權[22]。惟，為了兼顧醫藥品與調合品應准予專利，以及其保護有妨礙醫療行為之虞，專利法復明定醫藥品之專利，不及於依醫師處方箋調劑之行為及所調劑之醫藥品[23]。

　　配合醫藥品及化學品之開放專利，二者之新用途發現，亦於民國75年修法時，明定准予專利，俾予其周全之保護。

三、飲食品及嗜好品

　　不予飲食品[24]發明專利之法規，已持續逾四分之三世紀，專利專責機關以其立法原意——國民生計，已隨著物質水準的提升及替代品的數量不貲而不復存在，多數國家均已准其專利，因此，基於國民生計的顧慮不存、產業

21　經濟部中央標準局，專利審查基準（醫藥品），頁10（民國80年5月）。

22　專利法第87條第2項第2款。

23　75年專利法修正案，同註2，頁29。現行專利法第61條。

24　「飲食品」，係指「飲食後對人體營養有直接或間接助益之物品及其原料者」而言。如：高纖維食品，經濟部中央標準局，專利審查基準（飲食品），頁1（民國81年6月）。或以凡供人類營養為目的之物品皆然，秦宏濟，專利制度概論，頁67（民國34年）。食品衛生管理法所稱食品，為供人飲食或咀嚼之物品及其原料。食品衛生管理法第2條。至於「嗜好品」，則指「不以營養為目的，而以滿足味覺、嗅覺為目的，可單獨飲食、吸嗅或咀嚼者」，如：煙草、咖啡等，專利審查基準（飲食品），同註。秦氏以「產生人類味覺、嗅覺之舒暢為主的消費品，如香料等為嗜好品」，秦宏濟，同註。早期以飲食品關係國民生計，若准其專利，恐不利於社會福利，秦宏濟，同註。因此，自民國元年獎勵工藝品暫行章程第2條，便將其列為不予獎勵之物品。自此，民國12年之暫行工藝品獎勵章程第5條，民國28年及30年修正之獎勵工業技術暫行條例第4條，以及民國38年施行之專利法第4條均作如是之規定。至於嗜好品，則於民國38年施行之專利法中始明定不予專利；其否准專利，主要除係參酌當時其他國家之立法例，亦與飲食品及嗜好品之間有時不易界定有關。

界的認同以及世界趨勢，遂決定給予飲食品發明專利保護[25]。

給予飲食品專利之保護，確為現今各國所採行之趨勢，惟早期仍有部分國家於准予飲食品專利的同時，明文訂有飲食品強制授權規定[26]，使他人仍得於必要時申請強制授權；既不同於未實施之強制授權，其應仍以國民生計為考量。以現今生態之遭破壞，以及水土保持工作之不力，未來國民生計中有關飲食問題是否無慮，難以斷言，為長久計，「飲食品專利」之強制授權，自有其必要性。然而，我國現行專利法，並未定有如是規定，倘有類似國民生計之問題發生，惟有以「緊急危難」、「其他重大緊急情況」或「增進公益之非營利實施」為由，強制授權之[27]。按以國民生計受到嚴重威脅時，當屬國家「緊急危難或其他重大緊急情況」，抑或，食品價格高漲，而取得專利之飲食品足以疏緩情勢時，亦得以「增進公益」為由強制授權之。如此，應可達到飲食品發明人之保護，以及國民生計之兼顧。

四、微生物新品種

微生物新品種之給予專利，亦因多方意見，以國內環境已見成熟，如：菌種寄存中心之設立、生物科技之提升、研發人才之具備……等，乃決定予以專利[28]。「微生物」乙詞於92年修法時改以「生物材料」稱之[29]。凡申請生物材料或利用生物材料之發明專利，基於下列因素，須於申請專利前寄存

---

25 立法院秘書處，83年專利法修正案，法律案專輯，第179輯（上），頁48～49（民國84年8月）（以下簡稱「83年專利法修正案」）。

26 如：哥斯大黎加，瓜地馬拉，印度及菲律賓等國。

27 專利法第87條第1項及第2項第1款。

28 83年專利法修正案，同註25，頁49。微生物新品種之准否專利於民國75年修正時，亦有所爭議。75年專利法修正案，同註2，頁67～68；另請參閱拙著，專利法，頁44～45及註14（初版，民國82年5月）。

29 依智慧財產局專利審查基準，「生物材料」係指「含有遺傳訊息，並可自我複製或於生物系統中複製之任何物質，包括載體、質體、噬菌體、病毒、細菌、真菌、動物或植物細胞株、動物或植物組織培養物、原生動物、單細胞藻類等。」經濟部智慧財產局，專利審查基準彙編，第二篇「發明專利審查」，第十四章「生物相關發明」，第2點，頁2-14-1（民國108年）。前揭基準的適用，包括生物資訊、生物晶片等與生物材料有關的發明，以及生物相關發明之裝置等跨領域的發明中，涉及生物材料的部分。與生物有關的新型審查亦準用之。

於特定寄存機構[30]：(1)微生物再現性及菌種活性的穩定；(2)此類發明既為活的微生物，無法僅憑說明書、圖式充分描述；(3)一旦獲准專利，應予公開等。反之，若為熟習該項技術者，易於獲得時，毋庸為之[31]。我國並非「布達佩斯條約」[32]之會員國，依93年修正施行前之規定，在應寄存的情況下，無論國內外申請人均須於申請專利前寄存於我國國內之寄存中心。然而，目前國內僅有一家生物材料寄存中心，即食品工業發展研究所之「生物資源保存及研究中心」（Bioresource Collection and Research Center，簡稱"BCRC"），倘因故無法接受寄存，生物材料又須寄存時，應如何因應？92年修法時雖已有條件地認可申請人於申請前先寄存於國外寄存機構，但仍須於向我國提出申請後一定期間內到國內寄存機構寄存，102年修法增訂與外國相互承認寄存效力，當可提升申請生物材料專利之效率[33]。

五、物品新用途

物品新用途的發現（discovery），所需投入的人力、資力與時間等，不亞於其他物品或方法發明所需者，其效益亦不遜於後者，自有給予專利保護

---

30 專利法第27條第1項，83年專利法修正案，同註25，頁60～62。審查基準中指出，生物材料寄存之原因在於：生物技術領域之發明，常因文字記載難以載明生命體的具體特徵，或即使有記載亦無法獲得生物材料本身，致該發明所屬技術領域中具有通常知識者無法據以實施，因此必須寄存該生物材料。專利審查基準彙編，同註29，第4.2.1點，頁2-14-7。

31 專利法第27條第1項但書。依審查基準所謂「該發明所屬技術領域中具有通常知識者易於獲得」而無須寄存之生物材料，包括在申請日前已符合下列情事之一者：(1)商業上公眾可購得之生物材料，例如麵包酵母菌、酒釀麴菌等。(2)申請前業已保存於具有公信力之寄存機構且已可自由分讓之生物材料。具有公信力之寄存機構例如專利專責機關指定之國內寄存機構或依布達佩斯條約締約國所承認之國際寄存機構等。(3)該發明所屬技術領域中具有通常知識者根據發明說明之揭露而無須過度實驗即可製得之生物材料。專利審查基準彙編，同註29，第4.2.3點，頁2-14-8。

32 全名為「布達佩斯國際相互承認微生物寄存條約」（Budapest Treaty on the International Recognition of the Deposit of Microorganisms for the Purpose of Patent Procedure），該條約於西元1980年起生效，並陸續有巴黎公約會員國加入。按各國均規範，申請微生物專利，須將微生物菌種寄存於寄存機構。前揭條約之目的，在於相互承認寄存之效力，使申請人只須於條約所臚列之寄存機構中寄存，取得證明後，即逕行持該證明到他國申請微生物專利，毋庸再行到申請國寄存，使申請作業更具效率。

33 專利法第27條第4項及第5項，詳見第三章第三節「申請程序」。

之必要性[34]。其他國家立法例，則各有不同之規範；採予以專利保護者，有美國[35]、日本[36]、韓國[37]等；不予專利保護者，有英國[38]、德國[39]、法國[40]等。以現行國際公約而言，歐洲專利公約（European Patent Convention）亦否准「發現」之專利保護[41]。WTO/TRIPs協定第27條，則將新用途之發現列入專利保護客體。

　　新用途之發現列入專利保護客體，固有其必要性，惟如何施行，則有商榷之必要。蓋以其既為物品新用途之發現，該物品即未必為新物品，惟該用途之發現仍須具專利要件，專利專責機關如何認定，宜制訂一套審查標準；再者，其係以人力、資力、時間等之花費甚高為由，給予專利保護，是以，倘毋須甚多之人力、資力或時間等，即可發現其新用途者，仍不得依法取得專利。是否將前揭所需人力、資力及時間之多寡，列為物品新用途發現之專利要件，又如何認定，亦應審慎考量。

六、發明品之使用違反法律者

　　以此發明本身並未違反法律，而其使用係違法者而言[42]。發明品本身既未違法，則專利專責機關於准其專利之初，又如何能預見其將來之使用必構成違法，再者，使用時倘有違反其他法令之情事，該法令自有其因應措施[43]，自不宜以專利法設限之。

七、電腦軟體

　　電腦軟體早期因其利用邏輯演繹法則而無法取得專利，惟隨著此技術領

34　拙著，同註28，頁38；83年專利法修正案，同註25，頁50。
35　美國專利法第101條；35 U.S.C. §101。
36　日本特許法第32條。
37　韓國專利法第32條。
38　英國專利法第1條第2項。
39　德國專利法第1條第3項。
40　法國智慧財產權法第L.611-10條第2項。
41　歐洲專利公約第52條。此或足以說明何故身為EPO會員國之英、法、德等國均不予「發現」保護之原因。
42　拙著，同註28，頁39。
43　83年專利法修正案，同註25，頁50～51。

域的發展及觀念的釐清，而得以受到專利制度的保護[44]。依現行專利審查基準，凡申請專利之發明中電腦軟體爲必要者，爲電腦軟體相關發明[45]。電腦軟體相關發明可分方法請求項及物之請求項，其中物之請求項包括：裝置請求項、系統請求項、電腦可讀取記錄媒體請求項及電腦程式產品請求項等[46]。

　　近年來，網際網路的快速發展，電子商務活動已蔚爲風潮，含商業方法的電腦軟體可否准予專利？有待釐清。美國聯邦法院於西元1998年確認商業方法之電腦軟體爲專利保護客體[47]。

　　依我國專利審查基準，「商業方法爲社會法則、經驗法則或經濟法則等人爲之規則」；換言之，商業方法並非利用自然法則，不符合發明之定義，故而非專利法所保護之客體[48]。惟，倘商業方法係利用電腦技術予以實現者，其技術手段的本質爲「藉助電腦硬體資源達到某種商業目的或功能之具體實施方法」，則得認定其屬技術領域的技術手段而符合發明的定義[49]。基準中舉例如下：利用軟體的執行以進行拍賣物品之步驟的「經由通訊網路拍賣物品的方法」請求項，係將網路技術實施於商業方法，若該方法解決問題的手段整體上具技術性，則符合發明之定義[50]。

---

44 蓋以「電腦軟體經電腦硬體執行及伴隨資料之處理，必定於電腦外或電腦內產生具體轉換效果，此種轉換無論是物理上或化學上的轉變，皆非藉由人力所完成者，其可視爲利用自然法則」，而符合專利法第21條「利用自然法則」之規定。

45 經濟部智慧財產局，專利審查基準彙編，第二篇「發明專利審查」，第十二章「電腦軟體相關發明」，第1點，頁2-12-1（民國103年）。申請專利之電腦軟體相關發明不具技術性而不符合發明之定義的類型者，不得申請專利；例如(1)自然法則本身；(2)單純之發現；(3)違反自然法則者。基準中又例示下列不予專利的事由：(一)非利用自然法則者；(二)非技術思想者，如：(1)單純的資訊揭示；(2)單純的利用電腦進行處理。同註，第2點，頁2-12-2～2-12-4。

46 專利審查基準彙編，同註45，第1點，頁2-12-1，例示說明請參閱第3.2點，頁2-12-5～2-12-9。

47 西元1998年及1999年，美國聯邦巡迴上訴法院分別於State Street Bank v. Signature Financial（149 F.3d 1368 (Fed. Cir. 1998)）及AT & T Corp. v. Excel Communications Inc.（172 F.3d 1352 (Fed. Cir. 1999)）兩案中認定含商業方法之電腦軟體可爲專利保護客體。

48 專利審查基準彙編，同註45，第2.1點，頁2-12-2。如商業競爭策略、商業經營方法、金融保險商品交易方法。同註。又如僅敘述拍賣物品之步驟的「拍賣物品的方法」請求項。同註。

49 同上。

50 專利審查基準彙編，同註45，第2.1點，頁2-12-2。

除此，有關國家安全之發明，雖非不予專利，但應不予公告、公開[51]，故，又稱爲「秘密專利」（secret patent），茲說明如下。

按凡發明經審查有影響國家安全之虞，專利專責機關應將說明書移請國防部、國家安全相關機關[52]諮詢意見，經認定有保密之必要者，不予公告，並將申請書件予以封存，不供閱覽，同時，作成審定書送達申請人、代理人及發明人。申請人、代理人及發明人違反保密義務者，視爲拋棄該專利申請權。亦即，擬制拋棄專利申請權，縱令爾後不再有保密之必要，申請人仍不得主張後續專利法上之權利[53]。

保密期間爲期一年（自審定書送達之日起算）。期間屆滿前一個月，專利專責機關應諮詢國防部或國家安全相關機關，後者認定無保密之必要時，應即公告；有保密之必要者，得續行延展保密期間，每次一年。申請人於保密期間所受損失，應由政府給予相當之補償。

申請人對於認定爲與國家安全有關，應予保密之審定有不服時，得依訴願法第1條及第14條第1項規定，於審定書送達之次日起三十日內，提起訴願。

第二節　新型專利及設計專利

專利法第105條明定新型有妨害公共秩序或善良風俗之情事，應不予其

51　專利法第51條。新型創作與國家安全有關，應予保密時，亦不得公告、公開。專利法第120條準用第51條之規定。

52　例如：國防部中山科學研究院，國家安全局，法務部調查局，國家科學委員會等有關機關。92年專利法修正案，立法院公報，第92卷，第5期，院會紀錄，第50條修正說明二（即現行專利法第51條）（民國92年1月15日）（以下簡稱「92年專利法修正案」）。

53　專利法逐條釋義，同註6，頁167。除擬制拋棄專利申請權外，有關洩露國家機密之行爲，亦可能違反國家機密保護法及刑法第109條。

專利[54]。依專利專責機關審查基準[55]，係指就其說明書、申請專利範圍或圖式中所記載之新型的商業利用（commercial exploitation）而定，倘構成妨害公共秩序或善良風俗，則應認定該新型屬法定不予專利之情事而不予專利。反之，倘其商業利用不構成妨害公共秩序或善良風俗，縱使因遭濫用而有妨害之虞，仍非屬法定不予專利之情事。

設計專利保護內容，以物品之形狀、花紋、色彩之創作為主，其否准專利的考量，除其功能性及公序良俗等因素外，亦顧及部分設計創作已有他法保護，而予以排除[56]。

一、純功能性之物品造形：物品造形倘係因應其特定功能而成，如電扇、排油煙機等之葉片形狀，係基於風阻及效率之考量[57]，則不予其設計專利。按准其專利，將使業者無法就同類物品予以生產製造，無異使設計專利權人取得如新型或發明專利權人之物品專利，亦有違設計專利之以物品形狀、花紋、色彩為保護內容的特性。

二、純藝術創作：純藝術創作，如雕塑品、觀賞性陶瓷造形等，不同於以實用考量之設計創作[58]，應屬著作權法的保護範疇。

三、積體電路電路布局及電子電路布局：此類創作雖不全然異於專利制度所保護之創作，惟基於其技術性質，宜賦予不同的保護方式，因此，以另法「積體電路電路布局保護法」[59]保護之。惟，前揭技術多涉及功能上

---

54 92年修正前專利法第99條明定有物品相同或近似於黨旗、國旗、軍旗、國徽、勳章之形狀者不予新型專利之規定。新型專利關乎物品之形狀，故有如是之規定：舉凡黨旗、國旗、軍旗、國徽、勳章等，與國家尊嚴有關，為維護其神聖莊嚴，及國民對其崇敬之心，故不允許有相同或近似之新型創作，以防有侮蔑國家尊嚴之情事。何孝元，同註14，頁90。惟物品之取得新型專利，須其外形之改變，足以增進其實用者；物品之形狀縱有相同或近似之情事，能否具有實用性頗有疑問；反之，若其外形具有實用性，又如何有前揭相同或近似之情事致侮蔑國家尊嚴。此項有關新型專利之規定，是否有存在的必要，有待商榷。現行法修法時，遂以其難符合新型專利之標予以刪除。92年專利法修正案，同註52，第96條修正說明二（即現行專利法第105條）。

55 經濟部智慧財產局，專利審查基準彙編，第四篇「新型專利審查」，第一章「形式審查」，第3.2點，頁4-1-6（民國109年）。

56 專利法第124條。

57 83年專利法修正案，同註25，頁155。

58 同上，頁156。

59 我國「積體電路電路布局保護法」於民國84年6月經立法院三讀通過，同年8月11日總統令公布，並於85年2月10日施行。部分條文於民國91年6月12日修正公布施行。

的增進，創作人多選擇發明或新型專利之保護，鮮有僅以其外觀申請保護者，此規定之必要性，有待商榷。

四、物品妨害公共秩序或善良風俗者：例如賭具之設計[60]。

---

60 修正前專利法原訂有物品相同或近似於黨旗、國旗、國父遺像、國徽、軍旗、印信、勳章者不予專利之規定，現行法已刪除。正如何孝元教授謂，物品之形狀、花紋或色彩之創作，很難與國旗、國徽等物品相混淆，或產生侮辱之可能，因此，如是之規定不切實際。何孝元，同註14，頁90。縱有如是情事，亦不具新穎性。100年專利法修正案，立法院公報，院會紀錄，第100卷，第81期，第126條修正說明六（即現行專利法第124條）（民國100年11月29日）。

第三章 | 專利之申請

專利的取得，各國均採申請主義，亦即，須依法向主管機關提出申請，方可取得專利。在申請主義之下，各國均採「先申請主義」（first to file）及「單一性原則」（unity of invention）；解決相同發明有兩件以上專利申請案，以及一件申請案含兩項獨立發明之情事。

第一節　先申請主義及單一性原則

第一項　先申請主義

當兩件以上具有相同技術的申請案，各別申請時，主管機關便面臨賦予何人專利權的難題。解決此問題所採行的制度有二，「先申請主義」（first to file）及「先發明主義」（first to invent）。前者以先申請者取得專利權，兩人以上有相同之發明時，由先申請者取得專利權，大多數國家採此主義，我國亦然；後者雖亦訂有申請專利程序，但強調以發明之先後，為准予專利的標準，因此，當兩人以上有相同之發明各別申請專利時，由先完成發明之人取得專利權，美國2013年3月16日修正施行前之專利法採此主義。

茲就「先申請主義」之立法宗旨暨其優點說明如下。

一、真正發明人之認定

凡依法定程序提出申請專利者，推定為真正之發明人或其受讓人（或繼承人），避免真正發明人認定之不易與爭議[1]；不過，此仍須以申請人或其前手係真正完成發明之人，而非剽竊他人發明為前提[2]。

1　1 Stephen Ladas, Patents, Trademarks, and Related Rights, National and International Protection 323 (1975).
2　同上。

二、避免重複發明

　　先申請者取得專利，鼓勵發明人及早將完成之發明提出申請，俾便早日公開；使他人不再從事相同的發明，避免研發人力、資源的浪費。

三、舉證之便宜

　　二人以上有相同之發明提出申請時，以先申請者取得專利，毋庸證明孰先完成該項發明。又按侵害他人專利權者，須負專利侵權責任；於訴訟程序中，受害人（專利權人等）只須證明侵害人之行為發生在其專利權取得之後為已足。

　　以上為先申請主義之優點，其弊端為，可能發生發明人尚未申請專利，即遭人剽竊，並先提出專利申請，以致原發明人反而無法取得專利[3]。反觀「先發明主義」，其優點為，可確保先完成發明之人取得專利權；然而，其弊端如下。

(一) 發明的完成，如何界定，迭生爭議。

(二) 易造成重複發明，浪費人力、資源。

(三) 舉證困難：二人以上有相同之發明時，不易證明孰先完成發明。訴訟程序中，受害人亦不易證明行為人確係剽竊其發明。

(四) 違背專利制度之立法宗旨：發明人可能遲遲不願公開其發明，以便於獨家製造、牟取利益，或待他人以相同發明申請專利，始主張自己為首先完成發明之人；前者，有違公開發明以改善大眾生活水準及提升科技宗旨，後者，則擾亂了經濟發展的穩定性。

　　我國專利法採「先申請主義」，此揆諸專利法第31條第1項前段甚明：相同發明有兩件以上專利申請案，應就申請日在先者，准予發明專利；新型專利準用之[4]。專利法第128條亦明定，相同或近似之設計有兩件以上申請案時，僅就申請日在先者，准予其專利。因此，無論發明、新型或設計之申請專利，均須就最先申請者准予專利；倘後申請者之優先權日早於先申請者之

3　以我國專利法為例，此類情事或可依專利法第35條，藉由舉發程序，撤銷非申請權人申請之專利權，並使申請權人於法定期間內，得沿用原申請日申准專利。

4　專利法第120條準用第31條。

申請日，則由後申請者取得專利。申請先後之認定，不問其申請人是否同一，一律以申請文件之郵戳日期為準 [5]。至於同一發明、同日申請時，或先申請者之申請日與後申請者之優先權日相同時，由雙方協議；無法達成協議時，均不予以專利 [6]，目的在於強制雙方達成協議。若專利權之核准違反前揭規定，將構成舉發之事由 [7]。

　　倘前揭兩件以上之申請案由同一人提出者，專利專責機關應通知申請人限期擇一申請，屆期未擇一申請者，均不予專利 [8]；相同創作，分別申請發明專利及新型專利者，亦準用前揭規定 [9]。此即「一案不得二請」，目的在禁止申請人就同一創作持有兩項專利權。

　　現行法仍不准專利權人就同一創作持有兩項專利權，惟，允許同一申請人之一案二請。蓋以因應新型專利之探形式審查，申請人得藉一案二請先取得新型專利權，保護其創作，並行使專利權。

　　依專利法第32條，申請人得就相同創作，於同日分別申請發明專利及新型專利 [10]；惟，申請人應於申請時於兩件申請案中分別聲明，俾便於專利專

5　行政法院72年度判字第617號判決。

6　專利法第31條第2項前段，第120條準用之及第128條第2項前段。各申請人協議時，專利專責機關指定相當期間申報協議結果，逾期不申報時，視為協議不成，亦即，未達成協議，均不予以專利。專利法第31條第3項，第120條準用之及第128條第3項。

7　請參閱專利法第71條第1項第1款、第119條第1項第1款及第141條第1項第1款舉發事由。83年修正前專利法第12條暨第60條並未明列第15條（現行法之第31條）為異議暨舉發事由，以致兩件內容相同之發明申請專利時，若兩者均繫屬於審查程序，則基於所謂「申請案內容之不公開」，專利主管機關無法逕以先申請案否准後者，又申請人若逕自公開其發明，並依第15條對後申請案提出異議或舉發，專利主管機關無法受理，當時實務上多以「首創性」為由，作成異議或舉發成立之審定。例如：原告（申請人）於民國74年12月28日申請新型專利，經專利專責機關核准，於公告期間，關係人據其於民國74年11月4日申請之新型專利申請案，對原告提出異議，主張系爭案件違反第95條及第110條準用第15條之規定。按新型專利之特徵及範圍，以說明書所載之請求部分（申請專利範圍）及圖式為準；經比對審查結果，系爭案件與引證案二者之目的、構造及功效均可謂相同。引證案之申請日既早於系爭案，被告機關遂以後者不具首先創作之特性，而作成異議成立，不予專利之審定，行政法院亦維持該處分。行政法院77年度判字第1442號判決。

8　專利法第31條第2項後段，第120條準用之及第128條第2項後段。

9　專利法第31條第4項，第120條準用之。行政法院曾於民國69年之行政訴訟判決中指出：兩件以上之發明或創作，雖具有相同之技術思想原理，但若構造及功能不同，仍可排除其「同一性」。行政法院69年度判字第816號判決。按「同一性」即現行法之「相同」。

10　所謂同日，係指兩案申請日相同；亦即發明專利與新型專利分別依專利法第25條第2項及

責機關之行政暨審查作業。是以，申請人未分別聲明者，不予發明專利[11]。

設若申請人取得新型專利權後，專利專責機關就其發明專利申請案審畢、並決定准予專利時，將通知申請人限期回覆就新型專利或發明專利予以選擇。申請人屆期未擇一者，不予發明專利。倘申請人依限選擇發明專利，其新型專利權將自發明專利公告之日消滅[12]。使發明專利權得以接續新型專利權[13]。

倘申請人之新型專利權於發明專利審定前，已當然消滅或撤銷確定者，將無法取得發明專利。蓋以該新型專利權所揭露之技術既已成為公共財，復准予發明專利權，將有損公眾已自由運用該技術之利益[14]。同理，倘新型專利權於發明專利核准審定後公告前，發生已當然消滅或撤銷確定之情事者，發明專利亦不予公告[15]。

第二項　單一性原則

一如他國立法例，我國專利法亦採「單一性」原則：申請專利時，應就每一發明或新型提出申請[16]。「單一性」之審查，專利專責機關得依申請或依職權通知申請人就不符單一性之申請案，予以分割申請（division application）[17]。「單一性原則」強調每件申請案中，只得含有一件獨立的發

第106條第2項取得之申請日相同；倘若有主張優先權者（包括國際優先權與國內優先權），則優先權日須相同。專利法施行細則第26-2條第1項。

11 申請人未分別聲明之情事有三：(1)發明專利申請案與新型專利申請案均未聲明；(2)僅於發明專利申請案中聲明、未於新型專利申請案中聲明；(3)僅於新型專利申請案中聲明、未於發明專利申請案中聲明。專利法施行細則第26-2條第2項。

12 民國102年元月1日施行之專利法第32條第2項明定申請人倘依限選擇發明專利「其新型專利權，視為自始不存在。」此將使原先准予一案二請之意旨蕩然無存。設若新型專利權人已行使其專利權，如授權、對他人主張侵權，將無以為繼。是以，同年6月13日施行之專利法修正前揭規定，使發明專利權與新型專利權得以接續。

13 倘創作遭仿冒，而有新型專利侵害之救濟與發明專利申請案之補償金請求權，申請人只得擇一行使。專利法第41條第3項但書。

14 100年專利法修正案，立法院公報，院會紀錄，第100卷，第81期，第32條修正說明四（民國100年11月29日）（以下簡稱「100年專利法修正案」）。

15 專利法施行細則第26-2條第3項。

16 專利法第33條第1項，第120條準用之。

17 專利法第34條第1項。Ladas, 同註1, at 344；2 Baxter, World Patent Law & Practice §3.03, at 3-5~3-6 (1968 & Supp. 2002). 有關「分割申請」詳見本篇第四章「申請日與優先權制度」

明或創作，其目的在防止申請人企圖以一件申請案，繳納一次費用，而取得多項發明專利之保護[18]；同時，便於發明（創作）檔案的歸類，減省審查人員從事資料檢索所需的時間與人力[19]。

同理，設計專利之申請，應就每一設計提出申請[20]；每一申請案於說明書及圖式中所揭露之單一外觀僅得應用於單一物品。亦即，一申請案中不得有一設計揭露二個以上之外觀，或一設計指定二個以上物品之情事[21]。倘申請案不符前揭規定，專利專責機關得依申請或職權通知申請人為分割之申請[22]。

發明暨新型之單一性原則與設計之一設計一申請，其立法意旨均在於有效利用審查資源；縱不符前揭原則，亦分別經實體審查與形式審查符合相關要件，不致直接損及社會公眾之利益，是以，不構成舉發之理由[23]。

專利法就前揭原則定有例外，倘兩個以上的發明，屬於一個廣義發明概念者，得於一申請案中提出申請[24]。

所謂廣義發明概念，係指兩個以上的發明或新型，於技術上相互關聯；亦即，需包含一個或多個相同或對應之特別技術特徵[25]。如，醫藥品及其製

第一節「申請日」第二項「申請案之改請」。

18 此意旨因現行規費制度之修改而不若過往重要。

19 Ladas, 同註1, at 345.

20 專利法第129條第1項。

21 經濟部智慧財產局，專利審查基準彙編，第三編「設計專利實體審查」，第四章「一設計一申請」，頁 3-4-1（民國105年）。

22 專利法第130條第1項。有關「分割申請」，詳見本篇第四章「申請日與優先權制度」，第一節「申請日」，第二項「申請案之改請」。

23 經濟部智慧財產局，專利審查基準彙編，第二篇「發明專利實體審查」，第四章「發明單一性」，第1點，頁2-4-1（民國108年）；設計專利實體審查基準，同註21。專利法第71條第1項、第119條第1項及第141條第1項。

24 專利法第33條第2項，第120條準用之。

25 專利法施行細則第27條第1項及第2項。93年修正施行前專利法第31條但書規定「利用上不能分離」者得併案申請，其，係指兩個以上的發明在通常狀況下不易單獨實施或使用者而言。83年專利法修正案，法律案專輯，第179輯（下），頁727～728（民國84年8月）（以下簡稱「83年專利法修正案」）。該規定並列舉其情事如下：(1)利用發明主要構成部分者；(2)發明為物之發明時，他發明為生產該物之方法，使用該物之方法，生產該物之機械、器具、裝置或專為利用該物特性之物；(3)發明為方法之發明時，他發明為實施該方法所直接使用之機械、器具或裝置。新型專利案準用至第1款，蓋以第2款及第3款之事由，均係以產品與方法間之利用關係為主，新型專利既不涉及方法創作，自無適用之餘地。

法，化學物質及使用該物質於特定用途之方法。

　　二個以上之發明或新型於技術上是否相互關聯，不以其是否記載於同一請求項或於單一請求項中以擇一形式記載爲斷[26]。至於特別技術特徵，則指申請專利之發明／新型整體對於先前技術有所貢獻之技術特徵[27]。

　　設計倘屬「具變化外觀之設計」[28]或「成組設計」，得以一設計提出申請[29]。具變化外觀之設計，係指因物品本身之特性而爲具變化外觀之設計者，是以設計之外觀因物品之使用會產生變化而屬於設計的一部分者，如，折疊椅、剪刀等[30]。成組設計，即成組物品之設計，指設計之於二個以上屬同一類別之物品，因該些物品習慣上以成組物品販賣或使用，因此，得以一設計提出申請，如茶杯與杯蓋、整組茶具（如老人茶具、包含茶杯、杯蓋，及茶壺）。惟，無論「具變化外觀之設計」或成組設計，專利權人行使權利時，僅得以一整體之設計或成組設計爲之[31]。

第二節　申請權人

　　所謂申請權人，指有專利申請權之人；而專利申請權，係指得依本法申請專利的權利[32]。申請權得由二人以上共有，申請案之提出須由全體共有人爲之[33]。共有申請權之讓與或拋棄，亦須全體共有人同意；應有部分之讓與，亦應得其他共有人之同意；應有部分之拋棄，則毋須共有人之同意，該應有部分歸其他有人所有[34]。惟，應如何分配並未明定，宜參酌商標法第28

26　專利法施行細則第27條第4項。

27　專利法施行細則第27條第3項。

28　同註21。

29　專利法第129條第2項。

30　專利審查基準彙編，同註21，第1.2點，頁3-4-2。

31　專利審查基準彙編，同註21，頁3-4-1。

32　專利法第5條第1項。

33　專利法第12條第1項。除申請程序，以下行爲亦須全體共有人共同連署：(1)撤回或拋棄申請案；(2)分割；(3)改請，及本法另有規定者。其餘除約定有代表者外，各人皆可單獨爲之。共同連署之情形，應指定其中一人爲應受送達人；否則，專利專責機關應以第一順序申請人爲應受送達人，並應將送達事項通知其他人。專利法第12條第2項及第3項。

34　專利法第13條。

條第3項及著作權法第40條第2項，依應有部分之比例分配之。專利申請權得讓與或繼承[35]，因此，擁有專利申請權者，主要為發明人、新型創作人、設計人或其受讓人或繼承人；此外，還包括因專利法規定或契約訂定而取得申請權之人[36]，即因僱傭關係或出資聘人之專利權益歸屬的規範或約定[37]而取得申請權者。是以，因申請權取得方式的不同，可分原始取得與繼受取得。申請權人並不以自然人為限，亦可包括法人，揆諸專利法施行細則第16條第1項第3款與第49條第1項第3款之申請內容，甚明[38]。

第一項　原始取得

專利法上之原始取得，事由有二：一、完成發明創作之取得；及二、因僱傭關係之取得。

一、發明創作之完成

原則上，凡為發明人，新型創作人或設計人，均有申請專利之權利；此為世界各國所採行，我國亦然。

發明人、創作人或設計人理當可為申請權人，然而在科技發達的今日，發明人、創作人或設計人往往不是申請人；其中固有因繼承或讓與者，更多是因發明人、創作人或設計人係受僱從事研發（research & development，簡稱R&D），其發明、創作或設計成果，即未必歸發明人、創作人或設計人所有。

二、僱傭關係

受雇人於僱傭關係中所完成之發明創作，其申請權暨專利權應歸何人所

35　專利法第6條第1項。
36　專利法第5條第2項。
37　專利法第7條。
38　此揆諸專利法施行細則第16條第1項第3款與第49條第1項第3款甚明：申請書應載明申請人之名稱、營業所及代表人姓名。另請參閱經濟部智慧財產局，專利審查基準彙編，第一篇「程序審查及專利權管理」，第三章「專利申請人」，第2.1～2.2點，頁1-3-2～1-3-3（民國102年）。

有，除美國外，各國多以法律明文規範[39]。規範內容有依三分法，亦有依二分法爲之者[40]。採三分法者，其發明可分爲「職務上的發明」（service invention）、「與職務有關的發明」（dependent invention）及「與職務無關的發明」（free invention）；採二分法者，則將發明分爲「職務上的發明」與「非職務上的發明」[41]。現行專利法對於受雇人發明創作與其職務之關係，及權利之歸屬區分如下[42]。

(一) 職務上之發明創作

受雇人職務上的發明、創作或設計，其專利申請權及專利權均歸雇用人所有[43]，除非當事人間另有約定。專利法並針對「職務上之發明」做一定義，受雇人於僱傭關係中之工作所完成之發明[44]。所謂「僱傭關係中之工作」究係指受雇人之完成發明，係依其於僱傭關係中之約定或受指定之工作範圍內所爲，且其工作屬研究發明性質者，抑或舉凡於僱傭關係中所完成者，而不問其工作性質爲何，亦不問該發明與受雇人之職務是否相關？足見其有釐清之必要。是否爲職務上之發明創作，應由雇用人就該事實負舉證責

---

39 各國規範僱傭關係間的發明，有採單獨立法者，如德國1957年（西元2009年修正）之 "Law on Employees' Inventions" 及法國1979年（西元1984年修正）之 "Decree on Employees' Inventions"。亦有直接納入專利法中規範者，如我國、英國、日本等；我國專利法第7條至第10條；英國專利法第39條至第43條；日本特許法第35條。至於美國，則多衍自於普通法（common law）, 2 Peter Rosenberg, Patent Law Fundamentals §11.04 [1]（2d ed. 1993, rev. 2001）.有關受雇人發明，請參閱拙著，專利法上受雇人發明之權益歸屬，華岡法粹，第22期，頁121～151（民國83年10月）。

40 目前多採二分法，如我國、英國、德國、日本，美國雖未明文規範，但實務案例亦採二分法。採三分法者，如我國民國83年修正前之專利法。

41 同上。請參閱Ladas, 同註1, at 325~327.

42 我國自83年起改採二分法，並就下列事項予以規範：(1)增訂出資聘人發明；(2)給予受雇人合理的報酬金；(3)受雇人之通知義務；(4)爭議之解決途徑。修正理由爲：修正前專利法之有欠周延，以致僱傭關係間之爭議頗多，又多數爭議均與契約內容之認定有關，而專利專責機關並不適宜審定，應由何人審理，程序爲何，均宜於專利法中明定之。

43 專利法第7條第1項。各國立法例不同，或規定職務上的發明的專利權益應直接歸屬於雇用人，稱爲 "directive title"；反之，亦有規定雇用人的權利係自受雇人處間接取得，稱爲 "derivative title"。兩者主要的區別在於，何人取得申請權，亦即，由何人就該項發明提出申請，前者由雇用人爲之；後者由受雇人爲之，復轉讓與雇用人，其弊端爲，受雇人拒絕提出申請、或拒絕讓與時，雇用人須另循救濟途徑解決之。

44 專利法第7條第2項。

任；而縱使雇用人得以證明受雇人任職於其所經營之公司，卻無以證明後者之職務係從事系爭專利之創作工作，仍不足以認定系爭專利為職務上之發明創作[45]；行政法院謂應以其是否履行僱傭關係中之工作所完成者為斷[46]。然，雇用人究僅須證明受雇人從事發明創作工作，抑或特定技術之創作工作，恐有疑義，筆者以為，應以前者為妥。再者，就「僱傭關係」而言，倘申請人申請專利時，業已離職，該發明創作是否為職務上所完成者，亦亟待釐清。行政法院謂職務上之發明創作，僅以「事實上任職之僱傭關係存續中所完成者為限」[47]；此見解恐有使受雇人隱藏職務上發明俟離職始申請專利之虞。筆者以為，宜將專利法第7條第2項改為受雇人依僱傭關係中之約定或指定之工作範圍內所完成者。

此外，雇用人應給付受雇人合理的報酬[48]。何謂報酬？係指其薪資，抑或薪資以外的酬勞（報酬金）？依其立法原意，係為保障受雇人權益[49]。據此，我國專利法上之「報酬」，即應指受雇人薪資以外之額外報酬金，方為合理。其目的不外乎：

1. 達到公允原則：受雇人雖支領薪俸，惟較之其發明所帶給雇用人的利潤，恐微不足道；
2. 獎勵、鼓勵的作用：使受雇人更願意盡力從事研發，藉以鼓勵其他受雇人從事發明。

揆諸他國立法例，均有如是之規定[50]。既稱「合理的報酬」，其給付之額度應如何，法無明定，而僅任由雇用人與受雇人雙方自行約定[51]，是否妥適？基於兼顧雇用人與受雇人權益，實宜於本法中明定估算額度所應考量之

45　行政法院76年度判字第2084號判決。
46　行政法院89年度判字第2118號判決。
47　行政法院89年度判字第1752號判決。行政法院又謂申請人申請專利時，倘已離職，則難謂其發明創作為「職務上發明創作」。行政法院89年度判字第2188號判決。
48　專利法第7條第1項。
49　83年專利法修正案，同註25，頁694。
50　德國Law on Employees' Inventions第9條；法國智慧財產法第611-7條；英國專利法第40條及第41條；日本特許法第35條第3項及第4項。
51　83年專利法施行細則修正草案第44條修正說明。該說明謂，雙方就報酬若有爭議，由司法程序解決，惟既未明定其評估標準，法院又如何決定報酬之多寡。

因素；且至少應包含下列事項：

1. 該發明是否符合專利要件，足以獲准專利。蓋以若無取得專利之可能，自毋庸給予報酬；除非其為得依其他法規保護之標的，如：積體電路電路布局保護法、營業秘密法等（縱使如此，亦已非專利法所規範之範疇）。

2. 受雇人的職位及其本身對研發成果的貢獻，以及其他同儕的協助所占比例，按企業的研發成果多屬研究團隊的集體創作，而較少為個人的單獨創作。雇用人須就各個受雇人所占比例分別給予報酬。

3. 雇用人所提供的協助，如研發的資源、成本等。

4. 雇用人實施專利所需成本。如廠房設備、原料、工資等製造成本，以及產品上市的促銷成本。

5. 該專利之市場價值。亦即，須雇用人因實施該發明專利，取得相當之利潤時方須給付；反之，若無盈餘，亦毋庸給付報酬金。反之，倘雇用人得到相當的利潤，自應給予受雇人「合理的報酬」。

　　由以上3、4及5項可知，估算報酬金，應衡諸雇用人所得的淨利，不宜以毛利為之。

(二) 非職務上之發明

　　受雇人非職務上之發明，其專利申請權及專利權應屬於受雇人[52]，惟，受雇人完成該發明時，應以書面通知雇用人，如有必要，並應告知創作過程[53]；其目的在使雇用人有機會確認該發明與受雇人之職務是否有關以及有無利用其資源。而為了顧及受雇人權益，雇用人應於通知到達後六個月內為反對之表示，否則，日後不得再行主張受雇人之發明屬職務上發明創作，俾避免受雇人之權益處於不定狀態而影響社會經濟之安定性。至於受雇人應將其創作內容告知雇用人乙節，實宜明定雇用人對受雇人之發明有保守秘密的義務，以確保受雇人之權益。

52　專利法第8條第1項。
53　專利法第8條第2項。

(三) 受雇人利用雇用人之資源或經驗者

在此情況下，雖非職務上之發明創作，雇用人於支付合理報酬後，仍得於該事業實施其發明創作[54]。有別於意定授權（voluntary licensing），此為非意定授權（involuntary licensing），亦為法定授權。雇用人因此取得之實施權不具「專屬性」（或稱排他性，exclusive），不得排除第三人取得受雇人之授權，亦即，屬「通常實施權」。又，雇用人僅得於其事業範圍內實施，此應指雇用人原有之營業範圍；倘受雇人所研發之成果非屬雇用人之營業範圍，雇用人將無從實施該發明成果。反之，縱使受雇人之發明符合雇用人之事業範圍，雇用人無意實施其發明專利時，又當如何？筆者以為，前揭規定尚有不足；應賦予雇用人選擇實施受雇人之發明／創作，或向受雇人請求適當補償金之權利；所謂適當補償金係指符合受雇人所利用之資源／經驗的對價。

(四) 出資聘人發明

出資人聘請他人從事研發時，其權利之歸屬，原則上，依雙方契約約定，此乃本於契約自由原則，應無疑義。至於未約定者，歸發明人，惟出資人仍得實施其發明[55]。他國立法例並無如是之規定；此項立法應係參酌著作權法第12條[56]之避免資源浪費以及專利法之保護發明人的立法目的。揆諸著作與發明，二者適用之法規，給予權利之要件、保護之內容等均有差異。出

---

54 專利法第8條第1項但書。倘受雇人從事發明創作時，已與其雇用人終止僱傭關係，則無本條但書所謂利用雇用人資源完成發明創作之情事。行政法院89年度字第1635號判決；行政法院89年度字第2116號判決。

55 專利法第7條第3項。

56 民國81年6月修正公布施行之著作權法第12條，「受聘人在出資人之企劃下完成之著作，除前條情形外，以該受聘人為著作人，但契約約定以出資人或其代表人為著作人者，從其約定。」現行著作權法第12條雖已作修正，仍維持其立法原意：出資聘請他人完成之著作，除前條情形外，以該受聘人為著作人。但契約約定以出資人為著作人者，從其約定。依前項規定，以受聘人為著作人者，其著作財產權依契約約定歸受聘人或出資人享有。未約定著作財產權之歸屬者，其著作財產權歸受聘人享有。依前項規定著作財產權歸受聘人享有者，出資人得利用該著作。

資聘人發明之規定，是否得當，實有待商榷[57]。依據條文內容，於未約定權利歸屬之情況下，出資人之使用，毋庸再行給付發明人額外報酬[58]。出資人所取得者，究係為專屬實施權，抑或通常實施權，亦有探討之必要。出資人之聘請他人從事研發，一如雇用人之僱用員工從事研發，其動機均應以直接或間接提高出資人與其同業間之競爭能力為目的。如此，若因雙方未於契約中約定權利之歸屬，則令出資人僅得享有通常實施權，使發明人得將該發明另行授權他人實施，致後者得以和出資人競爭，對出資人而言，極為不公。倘顧及出資人權益，視其實施權為專屬性質，又將使本項規定不具任何意義；是，應刪除之，使出資聘人研發乙事適用民法承攬規定為宜。

　　僱傭關係間兩造因發明權利之歸屬發生爭執，俟爭議解決，得具備證明文件，向專利專責機關申請變更權利人名義[59]。至於其解決方法包括：(1)逕行達成協議；(2)依其他法令進行調解、仲裁，如：勞資爭議處理法；及(3)循司法途徑取得判決。契約中有不利於受雇人者，亦即，使受雇人不得享受發明之權益者，無效；此為修正前及現行專利法所採納。各國立法例，亦均有如是之規定，惟多以該特定約定事項無效，而不影響該契約中其他約定之效力；我國專利法究採相同見解，或以整個契約無效，似有釐清之必要，解釋上應以部分約定無效為宜；否則整個契約無效，對受雇人而言亦無益處[60]。為避免適用上的困擾，實宜將第9條「契約」二字修改為「約定」，較為妥適。

　　設若專利申請權及專利權歸雇用人或出資人所有時，發明人仍享有姓名表示權[61]。此為保護發明人之權利，不容雇用人或出資人之侵害。況且姓名表示權屬人格權，非得為移轉之標的；故於專利法第7條第4項明定。至於如

57　請參閱拙著，同註39，頁127。

58　此由比較專利法第7條第3項但書與第8條第1項但書可知；況且，出資聘人之情事，雙方並無僱傭關係，其對價即為「發明之完成」與「資金之給付」。

59　專利法第10條。有關專利權之歸屬係當事人間私法上權益之糾紛，非專利專責機關所得論究。行政法院89年度判字第1635號判決；行政法院89年度判字第2116號判決；行政法院89年度判字第1752號判決。

60　專利法第9條所謂「契約」，究為「僱傭契約」抑或個別就發明、創作所為之契約，無法確定，筆者以為應指前者，惟無論何者，均不宜以整個契約無效解釋之，除非其整體有失之公允之情事。

61　專利法第7條第4項。

何表示其姓名，法無明定，應指於申請專利文件中填具受雇人或受聘人為發明創作人而言。

　　相較於83年修正前專利法，現行法有關僱傭關係之發明專利權益歸確實已較周延。惟，仍有若干事項有待釐清或明定，如(1)職務上之發明之例示；(2)確保雇用人與受雇人各別之專利權益，雙方彼此間之保密義務；(3)合理報酬之考量因素；(4)出資聘人規定之必要性；(5)第8條第1項但書規定之修訂；(6)第9條「契約」之疑義；以及(7)有關大學教授或研究人員之研發成果歸屬問題（即「大學研究」或「大學發明」），乃至學生參與研究之成果歸屬 [62]。

第二項　繼受取得

　　蓋以申請權為一項獨立權利，其得為讓與及繼承之標的無疑，亦為專利法所明定 [63]。申請權為共有時，須全體共有人同意，方得讓與他人；共有人讓與自己之應有部分時，亦應得其他共有人之同意 [64]，俾免理念不同的受讓人參與其中。惟，顧及共有人自由處分財產之權益，宜參酌著作權法第40-1條第1項後段明定，其他共有人，無正當理由者，不得拒絕同意。受讓人或繼承人若於申請案提出前，即承受申請權者，則直接以承受人身分申請專利 [65]。惟，若於申請程序中始承受申請權時，受讓人或繼承人應附具證件，向專利專責機關變更名義，否則不得以承受之事實對抗第三人 [66]。設若申請

62　請參閱拙著，由美國法上大學研究之實務探討大學研究受專利制度保護之影響暨其權益歸屬，國立中正大學法學集刊，第2期，頁199～236（民國88年7月）；以及，美國法上大學研究成果之專利權益歸屬──以學生為主，國立中正大學法學集刊，第5期，頁163～206（民國90年9月）。

63　專利法第6條第1項。

64　專利法第13條第1項暨第2項。

65　102年修正前專利法第25條第2項原規定「申請權人為雇用人、受讓人或繼承人時，應敘明發明人姓名，並附具僱傭、受讓或繼承證明文件。」該次修法以申請人既已於申請書上表彰其具有申請權，且採先申請主義之國家中，多未規定申請時須附具申請權證明文件，故而刪除之。100年專利法修正案，同註14，第25條修正說明二。筆者以為，避免竊取他人發明申請專利之情事，前揭規定實不宜刪除。

66　專利法第14條。依專利法施行細則第8條，繼受取得申請權者，應檢附證明文件、備具申請書申請變更申請人名義。申請書內容如下：(1)專利申請權讓與登記申請書，應載明專利申請案號、申請人、受讓人、讓與人之基本資料。(2)專利申請權繼承登記申請書，應

人未及時變更登記前，專利申請權已遭法院查封，專利專責機關得否受理變更登記？依經濟部決定採否定見解[67]。依專利審查基準，辦理專利申請權讓與登記時，如專利申請權原經法院或行政執行分署查封，須俟原囑託之法院或行政執行分署函囑塗銷或撤銷該查封登記時，始可受理[68]。

第三項　例外事由

專利法明定例外不得為申請人者，有：一、專利專責機關職員與審查人員[69]；二、不符合互惠原則之外國人。

一、專利專責機關職員與審查人員

專利專責機關職員及審查人員於任職期間內，除繼承外，不得申請專利

填寫專利申請案號，被繼承人及所有繼承人之基本資料。無論(1)或(2)，如有代理人者並應一併填寫，包括其基本資料。證明文件亦因受讓或繼承而異：(1)受讓取得申請權者，因讓與事由不同，應檢附下列文件之一：①讓與契約書：契約書須有讓與人及受讓人之意思表示，並由雙方連署。②併購之證明文件——應為主管機關所出具者或併購契約書。③其他讓與證明文件——由讓與人出具之證明文件、依其他法令取得之調解、仲裁或判決文件等。共同專利申請權人各別將申請權之應有部分讓與他人，而分別簽署於不同文件者，應檢附共有人之同意書；如共同簽署於同一份文件者，應認已有同意之意思，則無須另行檢送同意書。(2)因繼承取得申請權，應檢附下列文件：①死亡證明文件。②繼承系統表。③全戶戶籍謄本或繼承證明文件。④繼承人有多人，僅由其中1人或數人繼承時，除檢附上述申請文件外，應另檢附下列文件之一：A.法院出具之拋棄繼承證明文件。B.遺囑公證本。C.全體繼承人共同簽署之遺產分割協議書。經濟部智慧財產局，專利審查基準彙編，第一篇「程序審查及專利權管理」，第十一章「申請權之異動」，第1.2點 & 第2.2點，頁1-11-1～1-11-2（民國102年）。

67 經濟部經（81）訴613280號訴願決定書：訴願人於民國80年10月28日檢具文件，同日郵寄專利專責機關辦理變更登記。台中地方法院則於民國80年10月29日對系爭專利申請權發扣押命令，並將副本送原處分機關辦理查封登記。當時，原處分機關尚未處理完畢該變更申請案，其旋即改辦查封登記，並通知訴願人暫不受理。經濟部以法院扣押命令時，變更登記尚未完成，不足對抗第三人（包括法院）；而法院之扣押命令送達申請人時，即發生效力，是以原處分機關之處分並無違誤。

68 專利審查基準彙編，同註66，第1點，頁1-11-1。

69 「專利審查官資格條例」業於民國89年2月2日公布施行，專利審查官分專利高級審查官、專利審查官及專利助理審查官。又，依「經濟部智慧財產局組織條例」第16-1條，專責機關得聘用專業人員，以及第17條「為應專利審查需要，得聘請有關學者、專家兼任專利審查委員」，現行法遂將「專利審查委員」改為「專利審查人員」，使涵蓋所有從事專利審查工作的人員。為配合實務，本文以下均以「審查人員」稱之。

及直接、間接接受有關專利之任何權益[70]。其中，所謂「職員」並非泛指所有任職於前揭機關之職員，而係依所任職務予以認定[71]。至於專利審查人員則包括機關內之專職審查人員與局外聘任之兼任審查委員。不准其於任職期間申請或接受任何有關專利之權益，目的在避免其藉職務之便剽竊他人發明創作或有徇私之情事。倘前揭人員於任職前申請專利，任職後始獲准專利者，除非有違反第16條迴避事由或其他不法情事，否則不影響其任職前之專利申請[72]。

二、不符合互惠原則之外國人

原則上，專利申請權人不以中華民國國民爲限[73]；但外國人向我國申請專利時，倘其所屬國家與我國未共同參加保護專利之國際條約，亦無相互保護專利之條約、協定、或兩國間亦無團體機構訂定經主管機關核准之保護專利協議，且對我國國民之申請專利不予受理者，我國亦得不受理其申請案。換言之，在互惠原則下，外國人得向我國申請專利；惟，申請人雖毋須具有中華民國國籍，但至少必須具有他國國籍[74]。

第三節　申請程序

申請人之取得專利，除本身須爲依法得申請專利之人外，尚須遵守專利法所定之申請程序提出申請。本於先程序後實體的原則，專利專責機關必須

70　專利法第15條第1項。專利法有關專利專責機關職員及專利審查人員之規範，尚包括：對職務上知悉或持有關於專利之發明、新型或設計，或申請人事業上之秘密，皆有保密之義務，否則，應負相關法律責任。同條第2項。前揭職員或審查人員違反保密義務，將構成刑法第318條之「公務員洩漏工商秘密罪」。

71　91年修正前專利法施行細則第6條原明定專利專責機關職員，係指其所任職務與專利業務有直接或間接之關係者而言。前揭條文業經91年11月修正專利法施行細則時予以刪除，理由爲，其認定宜依其個人所任職務具體認定。專利法施行細則修正案說明理由。

72　經濟部智慧財產局（90）智法字第09000039650號函（民國90年5月30日）。

73　專利法第4條。早期獎勵章程，限以中華民國國民爲獎勵對象，例如，民國12年「暫行工藝品獎勵辦法」第2條明定「享有獎勵權利者，以中華民國人民爲限」；民國21年、28年及30年修正之獎勵技術暫行條例第1條規定「凡中華民國人民……得……呈請獎勵」。

74　經濟部經（73）技字第01514號函：無國籍人向我國申請專利者，不得予以受理。

先就程序進行審查。

申請的基本程序暨文件：申請人備具申請書、說明書等，向專利專責機關提出申請[75]。

第一項　文件程式

舉凡依專利法暨施行細則，提出之申請者，除依專利法第19條以電子方式為之者外[76]，均應以書面為之，並應使用專利專責機關指定之書表，由申請人簽名或蓋章[77]。所應備具之文件均須以中文為之；證明文件為外文，專利專責機關認有必要時，得通知申請人檢附中文譯本或節譯本[78]。至於技術

---

75 詳細文件因發明、新型及設計專利而異。專利法第25條第1項、第106條第1項及第125條第1項。102年修正前專利法第22條及第112條均明定有宣誓書之檢附，民國100年修法時予以刪除，以簡化申請程序。

76 配合專利法第19條之施行，主管機關制訂「專利電子申請及電子送達實施辦法」，現行辦法為民國109年7月1日施行者。依辦法第3條，電子申請文件與紙本文件具同等效力。辦法第11條明定專利電子申請所應檢送之證明文件，除依專利法或專利法施行細則規定應檢送原本、正本或證據外，得以專利專責機關規定之電子檔代之。倘使用人（指為專利電子申請之專利申請人或其代理人）檢送之證明文件為電子檔者，應釋明與原本或正本相同。專利專責機關認有必要時，得另行通知使用人檢送第一項電子檔之原本或正本以驗證之。依辦法第14條，使用人向專利專責機關電子傳達之送達時間，以專利專責機關之資訊系統收受之時間為準。但使用人已取得系統自動回復送件或繳費成功之訊息，而實際未完成傳送程序者，視為已送件或已繳費。依辦法第13條，專利專責機關之資訊系統發生故障，專責機關應立即於其網站或以其他方式公告之。使用人為專利電子申請時，有下列情形之一者，得依辦法第14-1條以專利專責機關公告之電子傳達替代方式為之：(1)專利電子申請文件電子檔超過專利專責機關公告之限制。(2)專利專責機關之資訊系統故障而依第13條規定公告。至於前揭電子傳達替代方式所為之送達時間，依辦法第14-2條以專利專責機關收受之時間為準；如係郵寄者，以郵寄地郵戳所載日期為準。但郵戳所載日期不清晰者，除由當事人舉證外，以到達專利專責機關之日為準。而專利專責機關應送達專利申請人或其代理人之公文，亦得依辦法第15-1條以儲存於電子公文下載平台之電子公文代之，其與紙本公文有同一效力；惟，專利專責機關就專利案件為電子送達前，應經專利申請人或其代理人同意。依辦法第15-2條，專利專責機關得以電子郵件通知受送達人至電子公文下載平台下載該電子公文。前揭電子傳達替代方式係由經濟部智慧財產局於民國109年6月19日智法字第10918601340號公告「電子傳達替代方式」，並自109年7月1日生效。替代方式係將電子申請文件儲存於光碟（DVD），採臨櫃或郵寄方式送達專利專責機關。

77 專利法施行細則第2條。委任有專利代理人者，得僅由代理人簽名或蓋章。專利專責機關認有必要時，得通知申請人檢附身分証明或法人證明文件。同條第1項後段。書表的格式及份數由專利專責機關定之。同條第2項後段。

78 專利法施行細則第3條第2項。

用語譯名業經國家教育研究院編譯者，應使用該譯名。未經該院編譯或專利專責機關認爲必要時，得通知申請人附註其外文之原名[79]。倘須檢附證明文件，原則上，應以原本或正本爲之；前揭原本或正本，經專利專責機關驗證無訛後，得予發還[80]。又，除優先權證明文件外，經當事人釋明與原本或正本相同者，得以影本代之[81]。

申請文件不符合法定程式而得補正者，專利專責機關應通知申請人限期補正，屆期未補正或補正仍不齊備者，依本法第17條第1項規定辦理[82]。

第二項　申請文件

申請專利應備書件，包括：(一)申請書一份；(二)摘要、說明書、申請專利範圍及必要圖式一份；(三)委任書一份（有委任代理人代爲申請者）；(四)申請人之身分證明或法人證明文件（必要時，通知檢送）；(五)原文說明書一式三份（說明書係外文者）；(六)主張優先權之證明文件；(七)有關國防機密之證明文件正本一份（發明、新型）；(八)生物材料之寄存證明文件（發明案）；(九)申請費。茲分別說明如下[83]。

一、專利申請書

即申請人向專利專責機關提出申請時，必須具備的申請表格，分發明、

79　專利法施行細則第3條第1項。

80　專利法施行細則第4條第1項及第3項。

81　專利法施行細則第4條第2項本文。倘屬舉發證據之書證影本者，應證明與原本或正本相同。同項但書。

82　專利法施行細則第11條。

83　有關優先權、國防機密、規費等事項，各於其專項中討論之。至於模型、樣品，則由專利專責機關於必要時通知申請人限期檢送。專利法第42條第1項第2款，第142條第1項準用之。有毀損時，得通知其補送，同時，爲減輕專責機關貯存模型樣品的場所空間負擔，申請人應於審查確定後三個月內立據領回，否則由專責機關逕行處理，91年修正前專利法施行細則第29條。此規定業於91年修正時予以刪除，理由爲前揭規範內容，事屬當然，不待規範。91年修正專利法施行細則說明理由。民國103年又修正施行細則增訂第87條明定申請人檢送之模型、樣品或書證，經專利專責機關通知限期領回，而申請人屆期未領回者，專利專責機關得逕行處理。專利專責機關更得至現場或指定地點實施勘驗。專利法第42條第2項，第142條第1項準用之。

新型及設計三種。申請書內容[84]，主要包括申請專利之發明、創作或設計名稱、所檢送之書件名稱、申請人姓名或名稱（若為公司，則須另載代表人姓名）、國籍、住居所或營業所、發明人、創作人或設計人姓名及國籍以及代理人姓名、事務所及證書字號。此外，另有其他聲明事項，如[85](1)主張國際優先權──應載明受理該申請之申請日、國家及申請案號數。(2)主張國內優先權──應載明先申請案之申請日及申請案號數。(3)一案二請──申請人必須於申請時分別於發明專利申請書及新型專利申請書之聲明事項上勾選聲明一案兩請的事實，若二申請案皆未於申請時聲明或其中一申請案未於申請時聲明，均不得嗣後聲明[86]。(4)專利申請案符合優惠期相關規定──優惠期之事由不以申請時敘明為程序要件；惟，倘申請人認為其專利申請案符合優惠期相關規定，申請時亦得於專利申請書聲明之，並載明公開事由、事實發生日期及檢附相關公開之證明文件，以利審查作業。(5)聲明發明係利用生物材料──生物材料之寄存證明文件並非取得申請日之要件，而得於提出申請後再行補正，是以，申請時依法應聲明事項不包括生物材料寄存。惟，申請人如於申請書中聲明須寄存生物材料，但未檢送寄存證明文件，專責機關將通知其於法定期間內補送寄存證明文件；若未聲明，因程序審查時無從判斷須否寄存生物材料，將不通知補正，申請人應自行於法定期間內檢送證明文件。

　　發明案申請人可於申請書中提出實體審查的申請[87]。申請設計專利者並應指定所施予之物品[88]，申請衍生設計專利者，應於申請書載明原設計申請案號[89]。

84　專利法施行細則第16條，第45條準用之及第49條。

85　經濟部智慧財產局，專利審查基準彙編，第一篇「程序審查及專利權管理」，第二章「專利申請書」，第6點，頁1-2-2～1-2-3（民國107年）。

86　專利法第32條第1項及專利法施行細則第26-2條第2項。另請參閱發明及新型專利申請書。

87　請參閱發明專利申請書。

88　專利法第129條第3項。申請人並應指定其設計之種類究為整體、部分、圖像或成組。例如，申請物品之整體設計者為「整體」；申請物品之部分設計者為「部分」；申請應用於物品之電腦圖像及圖形化使用者介面設計者為「圖像」；申請成組物品設計者為「成組」。經濟部智慧財產局，設計專利申請須知貳之四。

89　專利法施行細則第49條第3項。

二、專利說明書等文件

　　就申請專利之技術內容，申請人於發明暨新型專利申請案應檢具申請專利範圍、摘要及圖式；因發明技術內容未必有圖式，故申請發明專利者，於有必要時才須檢附圖式[90]。申請人於設計專利申請案應檢具說明書及圖式[91]。

(一) 發明暨新型專利申請案

　　發明暨新型專利申請案之說明書應明確且充分揭露，使該發明或新型所屬技術領域中具有通常知識者，能瞭解其內容，並可據以實現[92]。

申請發明或新型專利者，其說明書應載明下列事項[93]：

1. 發明名稱：應簡明表示所申請發明之內容，不得冠以無關之文字[94]。
2. 技術領域。
3. 先前技術：申請人所知之先前技術，並得檢送該先前技術之相關資料。
4. 發明內容：發明所擬解決之問題、解決問題之技術手段及對照先前技術之功效。
5. 圖式簡單說明：有圖式者，應以簡明之文字依圖式之圖號順序說明圖式。
6. 實施方式：記載一個以上之實施方式，必要時得以實施例說明；有圖式者，應參照圖式加以說明。
7. 符號說明：有圖式者，應依圖號或符號順序列出圖式之主要符號並加以說明。

　　申請生物材料或利用生物材料之發明專利，其生物材料已寄存者，應於

90　專利法第25條第1項及第106條第1項；100年專利法修正案，同註14，第25條修正說明一(三)。
91　專利法第125條第1項。
92　專利法第26條第1項，第120條準用之。
93　專利法施行細則第17條第1項，第45條準用之。說明書應依前項各款所定順序及方式撰寫，並附加標題。但發明之性質以其他方式表達較為清楚者，不在此限。專利法施行細則第17條第2項，第45條準用之。
94　專利法施行細則第17條第4項，第45條準用之。

說明書載明寄存機構、寄存日期及寄存號碼。申請前已於國外寄存機構寄存者，並應載明國外寄存機構、寄存日期及寄存號碼 [95]。

　　發明或新型之申請專利範圍應界定申請專利之發明；其得包括一項以上之請求項，各請求項應以明確、簡潔之方式記載，且必須爲說明書所支持 [96]。至於摘要，應敘明所揭露發明或新型內容之概要，惟，既爲摘要，其不得用於決定揭露是否充分，及申請專利之發明是否符合專利要件 [97]。發明或新型之說明書、申請專利範圍及摘要中之技術用語及符號應一致 [98]。發明或新型之圖式，應參照工程製圖方法以墨線繪製清晰，於各圖縮小至三分之二時，仍得清晰分辨圖式中各項細節；圖式應註明圖號及符號，並依圖號順序排列，除必要註記外，不得記載其他說明文字 [99]。

(二) 設計專利申請案

　　設計專利申請案之說明書及圖式應明確且充分揭露，使該設計所屬技藝領域中具有通常知識者，能瞭解其內容，並可據以實施 [100]。

申請設計專利者，申請人應於說明書載明下列事項 [101]，且各項之內容用語

---

95 專利法施行細則第17條第5項。發明專利包含一個或多個核苷酸或胺基酸序列者，說明書應包含依專利專責機關訂定之格式單獨記載之序列表，並得檢送符合之電子資料。同條第6項。

96 專利法第26條第2項，第120條準用之。發明或新型之申請專利範圍之書寫應注意：(1)得以一項以上之獨立項表示；(2)必要時，得有一項以上之附屬項；(3)請求項得記載化學式或數學式，惟，不得附有插圖；(4)複數技術特徵組合之發明或新型，其請求項之技術特徵，得以手段功能用語或步驟功能用語表示；(5)解釋附屬項時，應包含所依附請求項之所有技術特徵；(6)解釋複數技術特徵組合之請求項時，應包含說明書中所敘述對應於該功能之結構、材料或動作及其均等範圍。詳見專利法施行細則第18條至第20條，第45條準用之。

97 專利法第26條第3項，第120條準用之。摘要應簡要敘明發明所揭露之內容，並以所擬解決之問題、解決問題之技術手段及主要用途爲限；其字數以不超過250字爲原則；有化學式者，應揭示最能顯示發明特徵之化學式。摘要不得記載商業性宣傳用語。專利法施行細則第21條第1項暨第2項，第45條準用之。摘要亦不得用以解釋申請專利範圍。同法第58條第5項。

98 專利法施行細則第22條第1項，第45條準用之。

99 專利法施行細則第23條，第45條準用之。

100 專利法第126條第1項。

101 專利法施行細則第50條第1項及第51條第1項至第3項前段。說明書應依前項各款所定順序及方式撰寫，並附加標題；惟，物品用途暨設計說明已於設計名稱或圖式表達清楚者，得

應一致[102]：

1. 設計名稱：應明確指定所施予之物品，不得冠以無關之文字。
2. 物品用途：指用以輔助說明設計所施予物品之使用、功能等敘述[103]。
3. 設計說明：指用以輔助說明設計之形狀、花紋、色彩或其結合等敘述[104]。

　　設計之圖式，應備具足夠之視圖，以充分揭露所主張設計之外觀；設計為立體者，應包含立體圖；設計為連續平面者，應包含單元圖[105]。設計之圖式，應標示各圖名稱，並指定立體圖或最能代表該設計之圖為代表圖[106]。圖式中有主張設計之部分與不主張設計之部分，應以可明確區隔之表示方式呈現；又，標示為參考圖者，不得用於解釋設計專利權範圍[107]。

不予記載。專利法施行細則第50條第2項。

102 專利法施行細則第52條第1項。

103 依專利法第129條第3項，申請設計專利，應指定所施予之物品。至於我國所採之物品分類係「羅卡諾協定之國際工業設計分類」（Locarno Agreement Establishing an International Classification for Industrial Designs，簡稱LOC分類）。90年修正前專利法規定申請人必須敘明物品類別，未依法指定所施予之物品及類別，或指定錯誤經通知未補正者，依修正前專利法第18條第1項規定辦理。90年修法時刪除前揭「敘明物品類別」的規定，改由專責機關依職權指定；至於物品分類，亦改由專責機關依職權參考「國際工業設計物品分類表」訂定。按民國90年修正前專利法，新式樣之物品類別係民國57年3月22日經濟部發布，而新式樣之物品分類，係供專責機關前案檢索之用。揆諸各國專利實務並不要求申請人敘明物品類別；由申請人指定，亦徒增行政作業困擾。為配合國際化潮流，及我國之改採「國際工業設計物品分類表」，新式樣之物品類別，宜由專利專責機關依職權以指定，故然。90年專利法修正案，立法院公報，第90卷，第46期，院會紀錄，第114條修正說明一（民國90年10月13日）（以下簡稱「90年專利法修正案」）。

104 有下列情事之一，申請人應於設計說明中敘明：(1)圖式揭露內容包含不主張設計之部分；(2)應用於物品之電腦圖像及圖形化使用者介面設計有連續動態變化者，應敘明變化順序；(3)各圖間因相同、對稱或其他事由而省略者。專利法施行細則第51條第3項後段。另，有下列情事之一，必要時，申請人得於設計說明簡要敘明之：(1)有因材料特性、機能調整或使用狀態之變化，而使設計之外觀產生變化者；(2)有輔助圖或參考圖者；(3)以成組物品設計申請專利者，其各構成物品之名稱。同條第4項。

105 專利法施行細則第53條第1項。所謂視圖，得為立體圖、前視圖、後視圖、左側視圖、右側視圖、俯視圖、仰視圖、平面圖、單元圖或其他輔助圖。同條第2項。主張色彩者，前揭圖式應以其色彩呈現。同條第4項。

106 專利法施行細則第54條第1項。

107 專利法施行細則第53條第5項及第6項。

三、代理人委任書

　　申請人委任代理人時，應以書面向專利專責機關敘明並證明其確實委任代理人，檢附委任書載明代理權限及送達處所。

四、身分證明或法人證明文件

　　無論申請人為本國人或外國人，自然人或法人，均俟專利專責機關認為有必要時，方通知檢附身分證明或法人證明文件[108]。

五、生物材料寄存機構寄存證明文件

　　生物材料或利用生物材料之發明專利申請案，應於說明中載明寄存機構名稱、寄存日期及號碼，且須檢附生物材料寄存機構寄存證明文件，無需寄存生物材料之發明，則應註明生物材料取得之來源[109]。申請人應於申請日後四個月內檢送寄存證明文件，逾期未檢送者，視為未寄存[110]。倘申請人主張國際優先權者，檢送寄存證明文件之期限為最早之優先權日後十六個月內[111]。

　　申請前如已於專利專責機關認可之國外寄存機構寄存，而於申請時聲明其事實，並於前揭期限內，檢送寄存於專利專責機關指定之國內寄存機構（目前為食品工業發展研究所之BCRC）的證明文件及國外寄存機構出具之證明文件者，不受應於申請前在國內寄存之限制[112]；亦即，可於申請日後

---

108 專利法施行細則第2條第1項後段。
109 專利法第27條第1項但書無須寄存之生物材料，包括在申請日前已符合下列情事之一者：
　　(1)商業上公眾可購得之生物材料，例如麵包酵母菌、酒釀麴菌等。(2)申請前業已保存於具有公信力之寄存機構且已可自由分讓之生物材料。具有公信力之寄存機構，例如國內寄存機構BCRC或布達佩斯條約締約國所承認之國際寄存機構等。(3)該發明所屬技術領域中具有通常知識者根據說明書之揭露而無須過度實驗即可製得之生物材料。例如，將基因選殖入載體而得到之重組載體等生物材料，若該發明所屬技術領域中具有通常知識者根據說明書之揭露而無須過度實驗即可製得，則無須寄存。專利審查基準彙編，第二篇「發明專利實體審查」，第十四章「生物相關發明」，第4.2.3點，頁2-14-8～2-14-9（民國108年）。
110 專利法第27條第2項。
111 專利法第27條第4項。
112 專利法第27條第3項。

四個月（或有主張優先權者、優先權日後十六個月）向專利專責機關所指定之寄存機構寄存並檢送相關證明文件即可。

　　民國100年修法時增訂與外國相互承認寄存效力之規定，申請人不受應在國內寄存之限制；渠等僅須於與中華民國有相互承認寄存效力之外國所指定之（該國內）寄存機構寄存，並於檢送寄存證明文件之期間內，檢送該寄存機構出具之證明文件，而毋須於BCRC寄存[113]。目前與我國訂有相互承認寄存效力之國家有日本、英國及韓國[114]。

　　申請人應備具下列事項，向寄存機構申請寄存生物材料[115]：

---

[113] 專利法第27條第5項。此規定係參酌布達佩斯相互承認微生物寄存條約而定。所謂BCRC係指財團法人食品工業發展研究所（Food Industry Research and Development Institute，簡稱'FIRDI'），設立之「生物資源保存及研究中心」（Bioresource Collection and Research Center，簡稱'BCRC'）。

[114] 我國與日本、英國分別於民國104年6月18日及民國106年12月1日實施專利程序上生物材料寄存相互合作。申請人向我國申請專利，而將該生物材料寄存在日本經濟產業省特許廳或英國智慧財產局所指定其國內寄存機構者，並於法定期間內檢送由該等機構出具之寄存證明文件，即不受應在我國寄存之限制。日本特許廳指定之寄存機構為「獨立行政法人製品評價技術基盤機構特許生物寄存中心」（NITE-IPOD）與「獨立行政法人製品評價技術基盤機構特許微生物寄託中心」（NPMD）。英國智慧財產局指定寄存機構指符合專利程序上生物材料寄存相互合作作業要點第2點第3項規定之寄存機構。申請人與生物材料之寄存者不一致時，鑑於實務上，寄存者之合法授權人始得取得寄存證明文件，故推定其已獲得寄存者之授權。經濟部智慧財產局，專利審查基準彙編，第一篇「程序審查及專利權管理」，第八章「生物材料寄存」，第4點，頁1-8-2（民國107年）。另請參閱經濟部，民國104年6月1日經濟部經授智字第10420030371號令訂定發布，民國104年6月18日生效，臺日專利程序上生物材料寄存相互合作作業要點；經濟部，民國106年12月4日經授智字第10620034040號令訂定發布，溯自106年12月1日施行，臺英專利程序上生物材料寄存相互合作作業要點。除日本、英國外，民國109年8月我國更與韓國簽署「專利程序上生物材料寄存相互合作瞭解備忘錄」，並於同年9月1日開始實施。凡申請人之專利申請日在109年9月1日（含）後，於韓國智慧財產局指定之寄存機構寄存，並於規定期限內提交寄存證明文件，其寄存之效力將為我國智慧財產局承認，不必重複寄存。韓國智慧財產局指定之寄存機構有韓國菌種保藏中心（KCTC）、韓國微生物保藏中心（KCCM）、韓國細胞株研究基金會（KCLRF）及韓國農業遺傳資源保藏中心（KACC）。反之國內申請案之申請人於我國智慧財產局指定之寄存機構寄存，其效力亦為日本特許廳、英國智慧財產局與韓國智慧財產局所承認。我國智慧財產局指定之寄存機構為FIRDI之BCRC。另請參閱經濟部，中華民國109年9月1日，經授智字第10920031261號令訂定發布，臺韓專利程序上生物材料寄存相互合作作業要點，自民國109年9月1日生效。

[115] 有關專利申請之生物材料寄存辦法第2條。此辦法係依專利法第27條第6項規定而訂，以下簡稱「寄存辦法」。

1. 申請書：載明申請寄存者姓名、住、居所；如係法人或設有代表人之機構，其名稱、代表人姓名、營業所。
2. 生物材料之基本資料：生物材料爲進口者，應附具其輸入許可證明。
3. 必要數量之生物材料。
4. 規費。
5. 委任書：有委任代理人者。

寄存機構應自前揭事件齊備之日起一個月內進行存活試驗，並於證明該生物材料存活時，開具寄存證明書予申請寄存者[116]。

寄存證明書係應記載下列事項[117]：
1. 寄存機構之名稱及住址。
2. 申請寄存者之名稱及住址。
3. 寄存機構受理寄存之日期。
4. 寄存機構之受理號數。
5. 申請寄存者賦予生物材料之辨識號碼或符號。
6. 寄存申請書中關於該生物材料之學名。
7. 存活試驗之日期。

寄存機構於下列情形時，應開具存活試驗報告[118]：
1. 依寄存辦法第7條第1項規定進行存活試驗結果爲不存活時。
2. 依申請寄存者之申請。
3. 依非申請寄存者而爲寄存第13條之受分讓者申請[119]——如：(1)專利

---

116 寄存辦法第7條第1項。未能證明該生物材料存活時，申請寄存者應於寄存機構指定期限內補正該生物材料之相關資料或其培養材料。同條第3項。寄存機構依第7條規定完成存活試驗後，因保管該生物材料之必要或依申請寄存者之申請，得對受理寄存之生物材料再次進行存活試驗。寄存機構爲進行存活試驗，需特殊成分之培養材料者，必要時得通知申請寄存者提供之。寄存辦法第8條。
117 有關專利申請之生物材料寄存辦法第7條第2項。
118 寄存辦法第9條第1項。
119 依寄存辦法第15條：寄存機構對依第13條之分讓申請，因申請者未具備專業知識或處理該生物材料之環境，而對環境、植物或人畜健康有危害或威脅時，得拒絕提供分讓該生物材料。

專責機關；(2)經申請寄存者之承諾者；(3)依寄存辦法第14條為研究或實驗之目的，欲實施寄存之生物材料有關之發明，向寄存機構申請提供分讓該生物材料者[120]。

生物材料寄存於寄存機構之期間為三十年，前揭期間屆滿前，寄存機構受理該生物材料之分讓申請者，自該分讓申請之日起，至少應再保存五年[121]。

六、申請費

除前揭書件外，申請人提出申請時，亦應繳納申請費[122]。未繳納申請費者，專利專責機關應通知限期繳納。申請人未依限納費者，專利專責機關不受理其申請案，惟，申請人於處分前納費者，專利專責機關仍應受理[123]。

---

120 依寄存辦法第14條第1項須有下列情事之一：(1)有關生物材料之發明專利申請案經公告者；(2)依專利法第41條第1項規定受發明專利申請人書面通知者；(3)專利申請案被核駁後，依專利法第48條規定申請再審查者。又，取得之生物材料不得提供他人利用。同條第2項。

121 寄存辦法第10條第1項及第2項。寄存機構得於寄存期間屆滿後銷毀寄存之生物材料。同條第3項。依辦法第11條，申請寄存者於辦法第10條所定期間內，不得撤回寄存，惟，於寄存機構依第7條第1項開具寄存證明書前，不在此限。倘撤回寄存者，得申請退還已繳納之寄存費用，但應扣除已進行存活試驗之費用。依第1項但書規定撤回寄存者，寄存機構應將該生物材料交還或銷毀，並通知申請寄存者。

122 按有關專利之各項申請，申請人於申請時，均應繳納申請費。專利法第92條第1項，第120條及第142條準用之。依專利法第146條，主管機關應就發明、新型及設計專利之申請費、證書費及專利年費，訂定收費辦法。即，現行（108年11月1日修正施行）之專利規費收費辦法（簡稱「收費辦法」）。依收費辦法第2條、第5條及第6條，發明專利之申請費為新台幣3,500元，新型及設計專利之申請費均為新台幣3,000元。應繳納申請費之申請案由，請參閱「專利規費收費辦法」。依93年修正施行前專利法第23條，申請費之繳納亦為取得申請日之要件，93年修正施行之專利法已將申請費之繳納排除在申請日取得要件之外。

123 專利法第17條第1項。

第四節　代　理

　　申請人申請專利及有關事項時，得自行辦理或委任代理人辦理之[124]。申請專利文件之準備，如撰擬說明書、繪製圖式等，及法律程序等問題，未必為申請人所熟悉，因此，得委任代理人為之。至於在中華民國境內無住所或營業所者，無論本國人或外國人，其申請專利及辦理專利有關事項，均應委任代理人為之[125]。

　　委任代理人之代理行為是否有效，以委任書所載之內容為準；因此，委任代理人時，應向專利專責機關提出委任書[126]，載明代理權限，權限有任何變更或更換代理人時，應向前揭機關申請變更；代理人送達處所之變更，亦應向專利專責機關申請之[127]。蓋以代理人之變更，攸關原代理人代理行為之效力，以及申請人本身之權益；因此，規定該等情事應向前揭機關申請[128]。至於代理人之住居所，於代理期間，為一切文件之送達處所，自有申請變更之必要。

　　有關專利之申請及其他程序委任代理人辦理者，不得逾三人[129]；倘代理

---

124 專利法第11條第1項。

125 專利法第11條第2項。

126 委任代理人但未檢附委任書者，專利專責機關將通知限期補正委任書，屆期未補正者，其法律效果因申請人在我國境內有無住所或營業所而異。有者，該申請案視為未委任代理人；無者，該申請案不予受理。專利審查基準彙編，第一篇「程序審查及專利權管理」，第四章「代理人」，第3點，頁1-4-2（民國106年）。

127 專利法施行細則第9條第1項、第5項及第6項。

128 下列情形非屬變更代理人，不須繳納變更規費：(1)申請人於申請同時或申請後初次委任代理人。(2)受讓人於辦理讓與登記同時或登記後初次委任代理人。(3)受託人辦理信託登記同時或登記後初次委任代理人。(4)單一專利事項之特別委任，該代理人係僅就當次受任事件具有代理權；惟，倘新增特別委任之代理人時，仍應繳納變更規費。(5)解任代理人（包括申請人解任及代理人自行解任），屬委任契約之終止。(6)委任關係因代理人死亡、破產或喪失行為能力之法定事由而消滅。(7)委任關係因專利代理人死亡而消滅，申請人新委任代理人時，非屬變更代理人，毋需繳納變更登記規費（經濟部智慧財產局105年8月19日智法字第10518600820號函釋）。專利審查基準彙編，同註126，第5點，頁1-4-3。

129 專利法施行細則第9條第2項。所謂「代理人不得逾三人」，係以申請書所記載之代理人為準，如經申請人同意委任複代理人者，亦計算在內。惟，特別委任其他代理人辦理單一事項者，如讓與登記、閱卷、申請新型專利技術報告、申請（聯合）面詢、繳納年費等，因於該申請事項處理終結即結束委任關係，不須與原已委任之代理人合併計算，只是，該特

人有二人以上者，均得單獨代理申請人；縱令申請人違反單獨代理之規定而為委任，其代理人仍得單獨代理[130]。

　　代理人就受委任之權限內有為一切行為之權；惟，重大影響申請人權益之行為，應予特別委任，方得為下列行為[131]：(1)選任或解任代理人，包括複代理人；(2)撤回專利相關案件之申請，如專利申請案、分割案、改請案[132]、再審查申請、更正申請、舉發案等；及(3)拋棄專利權。

　　專利事務涉及專業知識，理應建立專利代理人制度，以提升申請專利案件的水準；便利專利行政管理；凡專業受任申請專利及辦理有關事項者，原則上以專利師為限，其資格與管理另以法律定之[133]。

　　專利師法業於民國96年7月11日經總統令公布，並於97年1月11日施行，迄今已歷經三次修正[134]。

　　專利師法共計四十條除明定立法意旨（第1條）、主管機關為經濟部、並由經濟部指定專責機關辦理專利師之管理業務（第2條）外，其主要規範重點如下。

別委任之代理人亦不得逾三人。專利申請書上所載之代理人超過三人時，專利專責機關將通知限期補正，屆期未補正者，其委任因違反法律強制規定而無拘束專責機關之效力。法務部（90）法律字第002213號函釋。前揭情事，因申請人在我國境內有無住所或營業所，而有不同法律效果。有者，視為未委任，嗣後專利專責機關就該申請案相關事項，將直接與申請人聯繫；無者，專利申請案不予受理。專利審查基準彙編，同註126，第4點，頁1-4-2。

130 亦即，倘若申請人委任三位代理人，約定渠等辦理相關代理業務時須共同為之；此與規定不符，故而代理人仍得單獨代理。專利法施行細則第9條第3項至第4項。修正前專利法施行細則第8條第8項明定，申請人未指定代理人時，得檢附委託書，指定第三人為送達代收人。102年修法時以行政程序法第83條第1項已有明定得指定送達代收人，前揭規定已無必要而予以刪除。

131 專利法施行細則第10條。

132 修正說明指出：撤回之分割案，指自原申請案分割後之分割案；撤回改請案，係指撤回自原申請案改請後之申請案。原申請案經分割後，原申請案之標的已分割為兩個申請案，不生撤回分割申請之問題；同理，原申請案經改請後已變更專利種類，亦不生撤回改請申請之問題。101年專利法施行細則第10條修正說明三。依其意旨，申請人一旦提出分割案或改請案之申請，並經專利專責機關核准，便不得撤回。據此，倘甫提出申請，專利專責機關尚未做出處分，仍應准其撤回，方為合理。

133 專利法第11條第3項及第4項。具有專業代理人資格之人，以專利師、律師及專利師法公布施行前領有專利代理人證書者為限。專利審查基準彙編，同註126，第2點，頁1-4-11。

134 現行專利師法係於民國107年11月21日修正公布，107年11月23日施行。

一、專利師須經國家考試及格、職前訓練申領證書及加入專利師公會，始得執業

　　依專利師法，任何人有下列情事之一者，不得擔任專利師；已擔任者，應撤銷或廢止其專利師證書：(1)因業務上有關之犯罪行為，受本國法院或外國法院一年有期徒刑以上刑之裁判確定。但受緩刑之宣告或因過失犯罪者，不在此限。(2)受本法所定除名處分。(3)依專門職業及技術人員考試法規定，經撤銷考試及格資格。(4)受監護或輔助宣告尚未撤銷。(5)受破產之宣告尚未復權[135]。

　　又，專利師法明定，必須透過國家考試取得專利師執業資格[136]，經過職前訓練之程序，申領證書及加入專利師公會，始得執業[137]。並由專利師公會負責專利師之自律。目的在於提升現有專利代理人之素質，以避免因代理人之良莠不齊而損害申請人之權益。

二、專利師執業之業務範圍

　　專利師執業之業務範圍包括[138]：(1)專利之申請事項；(2)專利之舉發事

---

135 專利師法第4條第1項。其中因第4款與第5款規定撤銷或廢止專利師證書者，於原因消滅後，仍得依本法之規定，請領專利師證書。同條第2項。

136 專利師法第3條第1項。外國人亦得依我國法律應試，取得專利師資格（同條第2項）。考試資格則依考試院發布之專門職業及技術人員高等考試專利師考試規則第5條：(一)公立或立案之私立專科以上學校或符合教育部採認規定之國外專科以上學校理、工、醫、農、生命科學、生物科技、智慧財產權、設計、法律、資訊、管理、商學等相關學院、科、系、組、所、學程畢業，領有畢業證書。又，依考試規則第10條，外國人具有第5條資格之一，且無第4條情事者，得應本考試。

137 專利師法第6條。強制加入專利師公會的目的在於，透過專利師公會發揮職業自律機制，更能確保其專業性與申請人權益。同法第16條至第24條明定公會的組織及人民團體主管機關對公會之指導及監督事項。專利師公會之決議或其行為，違反法令或該公會章程者，人民團體主管機關得為下列處分：(1)警告；(2)撤銷其決議；(3)撤免其理事、監事；(4)限期整理。專利師法第24條第1項。主管機關前揭亦得為(1)暨(2)之處分。同條第2項。

138 專利師法第9條。同法第7條明定專利師執行業務之方式有：(1)設立事務所；(2)受僱於辦理專利業務之事務所，包括律師事務所、專利師事務所及會計師事務所等辦理專利業務之事務所；(3)受僱於依法設立或登記之社團法人或財團法人，並以專任為限，不得為其任職法人以外之人辦理第9條各款所列之業務。至於領有專利師證書，受僱於公司從事專利業務者，若以公司名義為之，則屬公司本身之行為，而非執行專利師業務。專利師法（立

項；(3)專利權之讓與、信託、質權設定、授權實施之登記及強制授權事項；(4)專利訴願、行政訴訟事項；(5)專利侵害鑑定事項；(6)專利諮詢事項；(7)其他依專利法令規定之專利業務。

惟，基於公正及避免利益衝突，專利師不得就下列案件執行其業務[139]：(1)本人或同一事務所之專利師，曾受委任人之相對人委任辦理同一案件；(2)曾在行政機關或法院任職期間處理之案件；(3)曾受行政機關或法院委任辦理之相關案件。

三、專利師應受懲戒事由暨處分

專利師應受懲戒之事由為[140]：(1)違反第7條、第10條或第12條之規定；(2)因業務上有關之犯罪行為經裁判確定；(3)違背專利師公會章程之行為，情節重大。

違反專利師法第7條係指違反第7條所定之執業方式；倘專利師受僱於依法設立或登記之社團法人或財團法人，則應以專任為限，不得為其任職法人以外之人辦理第9條各款所列之業務。而違反第10條規定，係指專利師就不得執業之案件執行業務。第12條則指專利師不應有的行為，包括：(1)矇蔽或欺罔專利專責機關或委任人；(2)以不正當之方法招攬業務；(3)洩漏或盜用委任人委辦案件內容；(4)以自己或他人名義，刊登跡近招搖或恐嚇之啟事；(5)允諾他人假借其名義執行業務。

專利師應付懲戒者，委任人、利害關係人、專利專責機關或專利公會得列舉事實，提出證據，報請專利師懲戒委員會處理[141]。

專利師應受之懲戒處分，輕重依序為[142]：(1)警告；(2)申誡；(3)停止執行業務二月以上二年以下；及(4)除名。專利師受警告處分累計達三次者，視為申誡處分一次；申誡處分累計達三次者，應另予停止執行業務之處分；受停止執行業務之處分累計滿三年者，應予除名。

法院審查會通過版）第7條立法說明，頁5。
139 專利師法第10條。
140 專利師法第25條。
141 專利師法第26條。
142 專利師法第27條。

專利師受委任後，應忠實執行受任事務；倘因懈怠或疏忽，致委任人受損害者，應負賠償責任[143]。

四、未具專利師資格或未符法定執業要件而擅自執業者，應予處罰

非領有專利師證書者，不得使用專利師名稱[144]。依律師法，律師得辦理商標、專利事務[145]，惟，須以律師名稱爲之。律師領有專利師證書，於代理專利事務時，應擇一身分爲之；倘已依專利師法第6條向專利專責機關登錄，其於專責機關從事專利代理業務時，一律視其身分爲專利師[146]。

有下列情事之一者應各別受行政罰或刑罰[147]：(1)任何人未取得專利師證書或專利師證書經撤銷或廢止，除依法律執行業務者外，意圖營利，而受委任辦理或僱用專利師辦理第9條第1款至第4款業務者（刑罰）；(2)任何人未取得專利師證書或專利師證書經撤銷或廢止，而對外刊登廣告、招攬第9條第1款至第4款業務者（先行政罰後刑罰）；(3)專利師將其專利師章證或事務所標識提供與未取得專利師證書之人辦理第9條業務者（刑罰）；(4)專利師未加入專利師公會或受停止執行業務處分，其受委任辦理第9條第1款至第4款業務者（行政罰）；(5)違反第13條未領有專利師證書而使用專利師名稱者（行政罰）；(6)專利師證書經撤銷或廢止，而使用專利師名稱者（行政罰）；(7)專利師在職進修違反第12-1條第1項規定（行政罰）。

五、兼顧專利代理人之權益

104年修正前專利師法第35條規定，凡具一定資格條件之專利代理人，得於專利師法施行後一年內申請專利師考試全部科目免試：(1)經專門職業及技術人員技師、律師或會計師考試及格，且領有專利代理人證書，從事第9條所定業務一年以上；(2)經公務人員高等考試、相當於高等考試之特種考

---

143 專利師法第11條。
144 專利師法第13條。
145 律師法第21條第2項。
146 專利代理執業須擇一身分（98年3月10日），http：//www.cepd.gov.tw/m1.aspx? sNo=0011588（最後瀏覽日期：民國102年10月20日）；另請參閱https://www.tiplo.com.tw/tw/tn_in.aspx?mnuid=1221&nid=41692（民國98年2月）（最後瀏覽日期：民國109年9月6日）。
147 專利師法第32條至第33-1條。

試或專門職業及技術人員考試及格轉任公務人員，實際擔任專利實體審查工作二年以上，且領有專利代理人證書，從事第9條所定業務一年以上；(3)經專利專責機關聘用爲專任之專利審查委員，實際擔任專利實體審查工作二年以上，且領有專利代理人證書，從事第9條所定業務三年以上。又，必須於施行後三年內經專業訓練合格，始可領取專利師證書。前揭規定係爲保障專利師法施行前，具有一定資歷之代理人，得申請免試之過渡條文，過渡期間爲三年已於民國100年1月11日屆滿，故於104年修法時予以刪除。

除此，專利師法施行前領有專利代理人證書者，於本法施行後，得繼續從事第9條所定之專利代理業務[148]。

如同專利師，專利代理人有下列情事之一者應各別受行政罰或刑罰[149]：(1)任何人未取得專利代理人證書或專利代理人證書經撤銷或廢止，除依法律執行業務者外，意圖營利，而受委任辦理或僱用專利代理人辦理第9條第1款至第4款業務者（刑罰）；(2)任何人未取得專利代理人證書或專利代理人證書經撤銷或廢止，而對外刊登廣告、招攬第9條第1款至第4款業務者（先行政罰後刑罰）；(3)專利代理人將其專利代理人章證或事務所標識提供與未取得專利代理人證書之人辦理第9條業務者（刑罰）；(4)專利代理人未加入專利代理人公會或受停止執行業務處分，其受委任辦理第9條第1款至第4款業務者（行政罰）；(5)未領有專利代理人證書而使用專利代理人名稱者（行政罰）；(6)專利代理人證書經撤銷或廢止，而使用專利代理人名稱者（行政罰）；(7)專利代理人違反持續在職進修規定（行政罰）。

第五節　文件之送達

文件送達之情事有二，即申請人將文件送交專利專責機關，以及專利專責機關將文件送交申請人。

---

148 專利師法第36條第1項規定。依同條第2項，有關專利代理人之管理，準用第5條第2項、第7條、第8條及第11條規定。專利代理人之消極資格明定於專利師法第37條，其不得執行業務之案件暨不得從事之行爲明定於第38條，第39條則明定專利專責機關得視專利代理人違規情節，爲警告、申誡、停止執行業務二月以上二年以下或廢止專利代理人證書之處分。

149 專利師法第37-1條至第37-4條，此係參酌有關專利師之行政罰或刑罰之規定（專利師法第32條至第33-1條）。

第一項　申請人之文件送達

申請專利文件之送達，以書面提出者，應以書件送達專利專責機關之日為準，即「到達主義」；倘採郵寄方式者，以郵寄地郵戳所載日期為準[150]，即「發信主義」。

郵戳所載日期不清晰者，除由當事人舉證外，以到達專利專責機關之日為準[151]。

前揭郵寄方式，係指經「中華郵政股份有限公司」將文件寄達專利專責機關或其各地服務處申請專利或辦理有關專利事項[152]。倘由其他民間遞送公司遞送之文件，其送件以專利專責機關收文之日為準[153]。

電子送件方式，係指使用人依專利電子申請及電子送達實施辦法，向專利專責機關為電子傳達，其送達時間以專利專責機關之資訊系統收受之時間為準[154]。使用人為專利電子申請前，須先完成下列程序[155]：(1)取得專利專責機關指定之憑證機構所發給之電子憑證；(2)於專利專責機關所規定之網頁，確認同意電子申請約定，並登錄相關資料。亦即至專利專責機關網站下載相關申請書表檔案，並於「智慧財產權e網通」網站，登錄成為會員，確認同意電子申請約定，登錄電子簽章（使用電子憑證），填寫後將電子申請文件傳送至專利專責機關之資訊系統，其收文日以專利專責機關之資訊系統收受之日為準[156]。

---

150 專利法施行細則第5條第1項。91年修正前專利法施行細則第9條第3項另明定郵戳所載日期不清晰者，由申請人舉證其確實日期，否則應以送達專利專責機關之日為準。

151 專利法施行細則第5條第2項。此原為91年修正前專利法施行細則第9條第3項所定，91年修改細則將其刪除，民國103年修改施行細則時又再行明定。

152 經濟部智慧財產局，專利審查基準彙編，第一篇「程序審查及專利權管理」，第一章「申請專利及辦理有關專利事項之程序」，第2.2點，頁1-1-5（民國102年）。

153 蓋民間遞送公司並非中華郵政股份有限公司及受其委託者，依法不得以遞送信函、明信片或其他具有通信性質之文件為營業，其遞送文件時縱使給予寄件者執據，該文件亦非郵政法所明定之「郵件」，不得以文件交付該民間遞送公司之日期作為專利法施行細則第5條之「郵寄地郵戳所載日期」。最高行政法院100年判字第235號判決、台北高等行政法院96年度訴字第01891號判決。專利審查基準彙編，同上。

154 專利電子申請及電子送達實施辦法第14條本文。惟，使用人已取得系統自動回復送件或繳費成功之訊息，實際未完成傳送程序者，視為已送件或已繳費。同條但書。

155 專利電子申請及電子送達實施辦法第5條。

156 專利審查基準彙編，同註152，第2.3點，頁1-1-5。

期間之末日為星期日，國定假日或其他休息日者，以該日之次日為期間末日。倘末日為星期六，以其次星期一上午為期間末日 [157]。如期間之末日為星期六，惟配合政府政策公告調整為上班日而非休息日，行政機關仍照常上班並未放假，無行政程序法第48條第4項規定之適用，不得以次一上班日為期間之末日 [158]。

第二項　專利專責機關之文件送達

專利專責機關之送達，係指依法將文件通知當事人之謂，送達於應受送達人之住居所、事務所、營業所或就業處所。原則上，文書送達之對象應為申請人本人，惟，倘申請人委任代理人或指定送達代收人，則送達對象為代理人或送達代收人 [159]。至於專利專責機關送交申請人之文件，原則上以其住居所為送達地點，無法送達時，則於專利公報公告之，自刊登公告後滿三十日，視為已送達 [160]。

代理人死亡，事實上已無法為申請人為意思表示，其與申請人間代理關係已消滅，申請人必須主動函知專利專責機關，另行委任代理人或自行辦

---

157 此原為91年修正前專利法施行細則第10條所明定，現則適用行政程序法第48條第4項之規定。

158 法務部99年法律字第0999004718號函釋。經濟部智慧財產局，專利審查基準彙編，第一篇「程序審查及專利權管理」，第十六章「期間」，第1點，頁1-16-1（民國102年）。

159 經濟部智慧財產局，專利審查基準彙編，第一篇「程序審查及專利權管理」，第十五章「送達」，第1點，頁1-15-1（民國107年）。申請人委任之代理人亦得指定送達代收人。倘申請人於我國境內無住所或營業所者，則應委任代理人，不得僅指定送達代收人。同註，第1.3點，頁1-15-2。代理人於收受送達文書時，送達對申請人已合法生效。最高行政法院95年度裁字第02766號裁定。有數代理人時，應對所有代理人送達，惟向其中一人送達時，即發生合法送達之效力，倘各代理人收受文書之時間不同，依單獨代理之原則，以最先收到之時，為送達效力發生之時。最高法院民事裁定88年度台抗字第204號裁定。同註，第1.2點，頁1-15-1。證明送達事實之證據方法，如：(1)送達證書（註記送達方法、送達日期與時間、送達人簽章及應受送達人或收件人簽章）、及(2)雙掛號郵件回執等。除此，有無送達之事實，仍得以其他證據資料佐證之。例如雙掛號郵件，其收件回執遺失時，收、送雙方當事人仍得以「查詢國內各類掛號郵件查單」向郵局申請查詢該文件送達日期，倘經郵局查證答覆，即得據以為憑證。經濟部（86）經訴字第86608567號訴願決定。同註，第4點，頁1-15-3～1-15-4。

160 專利法第18條。得為公示送達之事由，如：申請書未填寫應受送達地址、應受送達人遷移不明或無此人而無法送達等。專利審查基準彙編，同註159，第3點，頁1-15-3。

理[161]。

　　二人以上共同申請專利、撤回或拋棄申請案，第33條之申請分割，改請或本法有明定者，應共同連署，並指定其中一人為應受送達人；未指定應受送達人者，專利專責機關應以第一順序申請人為應受送達人，並應將送達事項通知其他人[162]。

第六節　期　間

　　凡申請人為有關專利之申請及其他程序，延誤法定或指定期間或不依限納費者，專利專責機關將不受理其案件[163]。其目的當在使申請人嚴守期間之限制[164]。其中所謂法定期間，係指專利法所明定之期間，如：本法第27條第2項之「四個月」、第28條第1項之「十二個月」，第29條第2項之「十六個月」、第35條之「公告後二年內」暨「撤銷確定後二個月內」……等等。指定期間則指專利專責機關依職權所定的期間，如：專利法第31條第3項「指定相當期間」，第42條第1項之「通知限期……」，專利法施行細則第11條「限期補正」……等等，其目的在避免案件之處理，延宕時日，造成經濟不穩定性。惟為了兼顧當事人權益，申請人無法於特定期間內完成必要之程序者，仍有補救的餘地。

　　專利法有關期間之計算，原則上始日不計算在內；惟，有關專利權期限之計算，則自申請日當日起算[165]。又，各項期間之計算，以申請文件送達

---

161 專利審查基準彙編，同註126，第8點，頁1-4-4。反之，代理人死亡乙事為專利專責機所知悉時，專責機關處理方式如下：1.代理人有二人以上，而其中一人死亡，應向申請書所載之其他代理人送達。2.代理人僅一人時：(1)申請人在我國境內有住所或營業所者，逕向申請人為送達，並請另行委任代理人或改為自行辦理；又，為兼顧申請人之權益，另以副本送達已故代理人之事務所，使事務所能即時提供予申請人專業意見。(2)申請人在我國境內無住所或營業所者，將通知已歿代理人之事務所，請其轉知申請人，於指定期間內辦理另行委任代理人事宜；倘屆期未回復，再逕行送達申請人，請其依法委任代理人。專利審查基準彙編，同註159，第1.2點，頁1-15-2。

162 專利法第12條。

163 專利法第17條第1項本文。

164 請參閱司法院大法官釋字第213號解釋：「……行為無效之規定旨在審慎專利權之給予，並防止他人藉故阻礙，使專利申請案件早日確定。」

165 專利法第20條。

專利專責機關或郵寄地郵戳所載日期計算之，不扣除在途期間[166]。

第一項　指定期間

專利專責機關依專利法或施行細則所指定的期間，屆滿前，申請人得向專利專責機關申請延展指定期間，惟申請人申請時，須敘明理由[167]，由專責機關依職權裁量之。

又基於申請人之權益，縱使申請人延誤指定期間，但於專責機關處分不受理前已補正者，專責機關仍應予以受理，專利法第17條第1項但書作如是之規定。依行政程序法第110條，書面之行政處分自送達相對人起發生其效力，是以，縱使專利專責機關已做成處分發函，在未到達申請人處之前，仍應接受申請人的補正，此將造成專責機關的困擾。前揭規定之適用，以延誤「指定期間」及「不依限納費」為限，而不及於「法定期間」。

是以，其中「納費」，係指專利法第92條第1項，有關發明專利之各項申請，申請人應繳納之申請費；不包括第92條第2項至第94條有關年費之繳納，蓋以其屬法定期間之規定。

第二項　法定期間

凡因天災或不可歸責於己之事由，延誤法定期間者，得以書面敘明理由，向專利專責機關申請回復原狀[168]。惟回復原狀當屬例外情事，是以逾前揭原因消滅後三十日或法定期間一年，以較早到者為準，仍不得申請回復原狀[169]，目的乃在使案件不致長久處於不定的狀態，影響社會經濟的穩定。

所謂「天災或不可歸責於己之事由」，當由申請人提出客觀事由，並取得確切證明[170]，經專利專責機關認為正當者，始有適用，此裁量權由法律

---

166 專利法施行細則第5條，專利審查基準彙編，同註158，第1點，頁1-16-1。
167 專利法施行細則第6條。申請人應於屆期前申請延展，逾指定期間始申請延展，該延展之申請不予受理。專利審查基準彙編，同註158，第2點，頁1-16-2。
168 專利法第17條第2項。申請回復原狀的同時，應補行期間內應為之行為。同條第3項。
169 專利法第17條第2項但書。
170 依專利法施行細則第12條，申請回復原狀者，應敘明遲誤期間之原因及其消滅日期，並檢附證明文件向專利專責機關提出申請。

授與專責機關，倘其裁量未違反採證法則，則無不當[171]。是以，專利權人僅以郵遞遺失，不知已准專利及何時繳納年費爲由，未提積極證明，不足以認定有前揭事由之適用[172]。又「非故意延誤法定期間」仍屬可歸責於己之事由，故不得主張前揭事由之適用[173]。文件因代收人轉送本人過程中遺失者，亦同[174]。

　　申請回復原狀之要件，除須有「天災或不可歸責於己之事由」，且於第17條第2項所定期間內提出申請外，尙須前揭事由發生於法定期間內，始有其適用[175]。

---

171 依專利審查基準，「天災」指自然力所造成之災害，如水災、地震等：「不可歸責於己之事由」則指依客觀之標準，以通常之注意，而無法預見或不可避免之事由等。反之，若僅爲主觀上之事由，則不得據以申請回復原狀。專利審查基準彙編，同註158，第4點，頁1-16-3。專利專責機關便曾因應下列情事公告專利、商標各項申請案如有因此造成遲誤法定期間者，得申請回復原狀：(1)颱風——民國107年7月10日瑪莉亞颱風來襲，民國7月11日部分縣市停止上班；民國108年8月9日利其馬颱風及後續暴雨致各地方政府宣布停班。(2)地震——民國106年9月20日發生墨西哥大地震、民國107年2月6日發生花蓮大地震以及民國107年6月18日本大阪地震。(3)疫情——民國109年因新型冠狀病毒感染「嚴重特殊傳染性肺炎」（COVID-19）疫情持續擴大導致遲誤各項申請之法定期間者。

172 行政法院67年度判字第56號判決。專利專責機關基於便民措施發函提醒繳納年費，專利權人如遲誤繳納年費之期間者，仍不得以未合法送達該通知爲由，主張係不可歸責於己之事由，而申請回復原狀。最高行政法院96年度判字第02081號判決，專利審查基準彙編，同註158，第4點，頁1-16-3。

173 專利權人雖愼選代爲繳納年費之人，惟因後者年費期限計算不同於本法規定故未列管，而延誤繳納年費，致專利權消滅。行政法院謂「非故意」不等同「天災或不可歸責於己之事由」，代理人之過失相當於專利權人之過失，屬「可歸責於己之事由」。行政法院86年判字第1380號判決。

174 訴願人所提出之發明申請案，經原處分機關審定，不予專利，訴願人逾法定期限始申請再審查，專利主管機關不予受理。訴願人主張：初審審定書送達文件代收人處，在轉送訴願人過程中遺失，致無法如期提起再審查，應屬故障。經濟部則以初審審定書送達文件代收人時，當屬合法，法定期間自應由送達之次日起算；至於代收人如何轉交訴願人，則在所不問，自亦不問其轉送過程中遺失之事由；故駁回其訴願。經濟部經（78）訴字第612033號訴願決定書。高等行政法院亦指出：因病住院、代理人或送達代收人之過失所生之遲延。臺北高等行政法院96年度訴字第01838號判決，專利審查基準彙編，同註158，第4點，頁1-16-3。

175 訴願人向專利主管機關申請發明專利，嗣後改爲新型專利申請案並遭核駁。申請人於審定書送達之次日起逾三十日，始提出申請再審查（依專利法第31條，再審查之請求，應於審定書送達之次日起三十天內提出），原處分機關不予受理。訴願人提起訴願，主張原處分機關違反第11條及第26條之規定。訴願人以其公司設址國外，屬「有正當理由之故障」。惟所謂「故障」，係指發生於法定或指定期間之內，且於期間屆滿前仍存在著；本案訴願

　　所謂「申請人」不以專利案之申請人為限，其包括提起舉發之申請人，任何與專利案有關之申請人，如：申請辦理專利權移轉之申請人，申請強制授權之申請人，此揆諸83年修正前專利法第26條第1項甚明。為免混淆，宜將「申請人」解釋為「申請回復原狀之申請人」。

　　專利法第17條第4項臚列不適用第2項及第3項事由。蓋以100年修法時增訂多條「非因故意」[176]延誤法定期間之情事，令申請人或專利權人得於特定期間內申請回復其程序，補行原法定期間內應行之行為。如專利法第29條第4項優先權之主張證明文件之檢具、第52條第4項證書費及第一年年費之繳納，及第70條第2項第二年以後年費之繳納等。凡此，已予申請人或專利權人於一定期間內例外給予救濟之機會，遲誤該等期間便不宜再有回復原狀規定之適用[177]。再者，「非因故意」條款所提供之「補行期間」，應屬「優惠期間」（grace period），性質上本不與原定法定間相同；延誤該補行期間自無專利法第17條第2項暨第3項之適用。

人設址國外之事實，早於法定期間之前，即已存在，並非於期間內才存在者，不合於第26條所稱之「故障」，經濟部因此駁回其訴願。經濟部（79）訴字第624555號訴願決定。案例中之「第26條」、「故障」，分別為現行法之「第17條」、「天災不可歸責於己之事由」。按83年修正前專利法將修正前施行細則第7條有關「故障」之定義列於本法中。93年修正前專利法第18條第4項亦明定異議制不適用「回復原狀」之規定。依修正前專利法第41條，有關異議事由之法定期間：審定公告之日起三個月內提出異議，須補提理由及證據者，應自異議之日起一個月內為之。按異議制為當時公眾審查制之一，另一則為舉發制，延誤異議制期間，仍得依舉發制撤銷專利權，毋須以「回復原狀」保護當事人之權益。現行法已刪除異議制，故此規定一併刪除。

176 非因故意，如申請人生病或過失所致者均得主張之。100年專利法修正案，同註14，第29條修正說明五(四)。

177 100年專利法修正案，同註14，第17條修正說明四。

第四章 ┃ 申請日與優先權制度

　　申請日的認定，攸關申請人之專利權益至甚：諸如(一)先申請主義的適用；(二)專利要件的審查；(三)專利權期限的界定；以及(四)發明專利申請案之早期公開制的適用。申言之，二人以上有相同發明時，以申請日在先者取得專利；申請案有無新穎性，以其申請日前已否公開為斷；有無進步性，則以其較申請日前之習用技術、知識……等有無增進功效而定；再者，申請日亦決定專利權期限之消滅日期。優先權制度的訂定，亦關乎先申請主義暨專利要件的審查，依我國現行法，所謂優先權，分國際優先權、國內優先權，二者之原始立法目的並不相同，前者基於跨國申請專利時先申請主義暨新穎性要件之調和，後者則基於鼓勵改良發明。茲於本章一併討論。

第一節　申請日

　　申請日之認定，因申請案提出之事由或性質之不同而異。本節以新專利申請案、申請案之改請，以及重新申請案等三種不同事由之申請案各別說明之。

第一項　新專利申請案

　　新專利申請案，係指申請人以其發明內容，首次向專利專責機關提出申請者。惟申請日並非當然為申請人首次向專利專責機關提出申請的日期，而係指申請人備齊特定書件向專利專責機關提出申請之日為申請日；除必備之申請書、說明書外，如發明案應備申請專利範圍及必要之圖式，新型案應備申請專利範圍及圖式，設計案應備圖式[1]。若提出申請之時，未備齊前揭文件，其申請日即為未定[2]；須以補正齊備之日為申請日。

1　專利法第25條第2項、第106條第2項及第125條第2項。93年修正施行前專利法第23條及第113條規定構成申請日之必備文件，另包括宣誓書及申請費。

2　申請專利時，說明之內容，足可確定其申請之內容及範圍，且於限期內補正程序者，亦可

　　顧及申請日之先後影響甚鉅，及外文文件翻譯不易，申請書以外之文件[3]以外文提出申請者，得以外文文件齊備之日為申請日，惟申請人須於專利專責機關指定期間內補正中文本[4]。倘逾指定期間，而於專責機關處分前補正者，以補正之日為文件齊備日，並以其為申請日；倘專責機關已為處分者，申請案將不予受理[5]。

　　發明專利申請案之說明書有部分缺漏或圖式有缺漏之情事，而經申請人補正者，以補正之日為申請日[6]。必備書件之欠缺原即以補正之日為申請日，本規定之重點在於，申請人仍得以原提出申請之日為申請日之情事。以發明專利為例[7]：(1)補正之說明書或圖式已見於主張優先權之先申請案──申請日之取得，以擬申請專利之技術首次向專利專責機關揭露為原則，倘該技術已見於主張優先權之先申請案，自得認定已符合前揭意旨。(2)申請人於專利專責機關確認申請日之處分書送達後三十日內，撤回補正之說明書或圖式──專利專責機關所確認之申請日為補正之日，晚於原申請之日；倘申請人收受處分書後仍擬以較早之申請日為準，得撤回補正之說明書或圖式[8]。

　　新型專利與設計專利亦有類似之規定，惟圖式為新型專利與設計專利之必要內容。是以，以新型專利而言，申請人得撤回之情事，限於圖式僅有部分缺漏，而撤回補正之「部分圖式」之情事[9]。設計專利之圖式為揭露設計

以其原提出申請之日期為申請日。經濟部經（71）訴字第30586號訴願決定書。依專利審查基準，所謂齊備之日，除必要文件之齊備，還需必要文件「內容」之齊備。倘有缺漏情事，則仍未齊備。

3　即發明案之說明書、申請專利範圍及必要之圖式；新型案之說明書、申請專利範圍及圖式；以及設計案之說明書及圖式。

4　專利法第25條第3項、第106條第3項及第125條第3項。按我國申請專利應以中文為主，外文僅供參考，中、外文不一致時，應以中文為依據。行政院76年度判字第629號判決。

5　專利法第25條第4項、第106條第4項及第125條第4項。

6　專利法施行細則第24條第1項本文、第40條第1項本文及第55條第1項本文。

7　專利法施行細則第24條第1項但書、第40條第1項但書及第55條第1項但書。

8　申請人收到申請案之說明書有部分缺漏之通知後，如申復無須補正或補正後又撤回全部補正之內容者，其原申請文件之部分缺漏是否影響實質技術內容之揭露而有不予專利之情事，將於實體審查時審認。經濟部智慧財產局，專利審查基準彙編，第一篇「程序審查及專利權管理」，第五章「申請日」，第1.2.1點，頁1-5-2（民國105年）。

9　專利法施行細則第40條第1項但書。專利審查基準彙編，同註8，第1.4.2點，頁1-5-4。

內容及認定其專利權範圍之核心文件，倘申請人申請時未檢附圖式，則無但書規定以原提出申請之日爲申請日之適用 [10]。

前揭規定亦適用說明、圖式以外文提出之情形 [11]。

再者，「以文件備齊之日爲申請日」之適用，以該申請案尚繫屬於受理專利之專責機關爲前提 [12]。

第二項　申請案之改請

申請案改請之情事包括：一、分割申請，亦即一案改請爲兩案；二、原、衍生設計間之改請；以及三、不同種類專利案之改請。

改請案之申請日，仍援用原申請案之申請日，而非申請改請之日。蓋以申請日之認定，以申請案之技術內容首次向專利專責機關揭露爲準，改請案之內容既已揭露於原申請案，自得援用其申請日。此即何以改請案之申請專利範圍不得逾越原申請案申請專利範圍之故。

一、分割申請

我國專利法採單一性原則，因此，申請專利之發明，若實質上爲兩個以上時，申請人得申請，或經專利專責機關通知，爲分割之申請 [13]。爲分割之

10　專利法施行細則第55條第1項但書。專利審查基準彙編，同註8，第1.4.3點，頁1-5-50。

11　專利法施行細則第24條第2項、第40條第2項及第55條第2項。

12　請參閱行政法院73年度判字第1317號判決：原告（申請人）提出發明專利申請案，因未於被告機關指定之期間內補送法人證明書，經被告機關依專利法第26條第1項規定，作成申請行爲無效之處分確定，致該申請案溯及申請之初消滅。原告於申請案消滅，復補送法人證明書，並主張該補正之日爲申請日（文件齊備之日）。被告機關以申請案既已溯及申請之日消滅，即非繫屬於專利專責機關之申請程序，自無「以文件齊之日爲申請日」之適用，否准原告以補正之日爲申請日之主張。行政法院亦維持被告機關之處分。（前揭第26條第1項，即現行專利法第17條第1項。）倘初次申請逾期未補正，致不受理時，申請日之認定，應以其重行申請之日爲準。行政法院77年度判字第1337號判決。惟，倘申請人檢具所有文件提出後，又另申請刪除一名申請人姓名，其申請日宜以原申請日爲準，而非申請更正之日。行政法院79年度判字第1603號判決。

13　專利法第34條第1項、第107條第1項及第130條第1項。依93年修正施行前專利法，專利權人誤將二個以上的發明，合併爲一申請案提出申請並取得其專利權者，亦得向專利專責機關申請分割爲各別之專利權。93年修正施行前專利法第68條，第105條及第122條準用之；但專利權人需先取得被授權人或質權人之承諾，始得爲之。93年修正施行前專利法第69條，第105條及第122條準用之。申請案之分割與專利權之分割，除前揭區分外，其審理的

申請後，分割後申請案之申請日，仍以原申請案之申請日為準。原申請案得主張優先權者，分割申請案亦得主張[14]；主要因其係將一件申請案分割為兩件，不影響其應具備之專利要件及審查之基準。

分割申請，不得變更原申請案之專利種類[15]，亦即，不得將發明案分割為新型案等。分割案之申請人應與原申請案之申請人相同，否則，專利專責機關應通知申請人限期補正，屆期未補正者，分割案應不予受理[16]。原申請案之專利申請權為共有者，申請分割時應共同連署[17]。但約定有代表者，從其約定。

申請分割的期限因發明案、新型案及設計案而異。申請發明案之分割，應於下列各款之期間內為之[18]：(1)原申請案再審查審定前——設若初審為核

事由亦有不同；前者須就分割後之專利申請案是否符合專利要件加以審查，後者則僅就分割之合適性加以審查，不得就專利之內容增刪修改。經濟部經（79）訴字第600635號訴願決定書。換言之，後者僅係將母案專利分割為數個專利，理論上並無且不應擴大專利範圍。行政法院89年度判字第1552號裁判。其分割限於母案之申請專利範圍有兩個以上專利權時始可，不得就說明書及圖式有記載之其他發明提出分割。經濟部智慧財產局（88）智法字第88861035號函（88年6月7日）。92年修正時，以專利案之分割，基於核准專利權之權利範圍不得擴大之理由，不准許僅於說明書中記載之發明加以分割，造成與申請案有不一致之做法；且其不僅涉及原說明書之修正，更涉及新增一申請案；再者，核准後之分割，必須重新審查有無逾越原核准之範圍，亦增加審查程序之複雜化，並造成權利範圍之變動，影響第三人瞭解核准專利範圍之內容。故予以刪除。92年專利法修正案，立法院公報，第92卷，第5期，院會紀錄，第68條之刪除說明，頁298～300（民國92年1月15日）（以下簡稱「92年專利法修正案」）。原申請案已有主張優先權、優惠期或有寄存生物材料者，分割案亦得主張援用。惟原申請案所主張之聲明事項業經分不予受理確定者，分割案不得再行主張。經濟部智慧財產局，專利審查基準彙編，第一篇「程序審查及專利權管理」，第十三章「分割及改請」，第1.4點，頁1-13-2（民國109年）。

14　專利法第34條第3項，第120條及第142條第1項準用之。

15　專利法施行細則第28條第2項，第45條準用之及第58條第2項。分割後之申請案如變更專利種類，則應依專利法申請改請。93年修正專利法施行細則第24條修正說明三。申請人就分割後之申請案擬變更專利種類者，應另提改請申請。專利審查基準彙編，同註13，第1點，頁1-13-1。

16　專利審查基準彙編，同註13，第1.1點，頁1-13-1。申請人可就原申請案辦理申請權讓與，使分割申請案與原申請案之申請人相同；亦可僅將分割部分之專利申請權讓與分割申請人，而檢附原申請案之申請人簽署之申請權讓與證明文件。同註。

17　專利法第12條第2項。

18　專利法第34條第2項。前揭(2)係民國108年修法時所修訂。令申請人得於初審或再審查核准審定後申請分割，並予申請人核准審定書送達後三個月的法定期間申請分割。蓋以，依專利法第52條，申請人於前揭期間內繳納證書費及第一年費，專利專責機開始予公告、

駁審定，申請人依法提再審查時，最遲得於再審查審定前申請分割；(2)原申請案初審核准審定書、再審查核准審定書送達後三個月內。惟，原申請案既經核准，申請人僅得就其說明書或圖式所揭露、且非屬原申請案核准審定之請求項之發明申請分割，避免重複專利之情事；且不得變動業經核准之原申請案之說明書、申請專利範圍或圖式[19]。

新型案採形式審查，並無初審及再審查之程序，其分割之申請，應於下列期間內為之：(1)原申請案處分前；(2)原申請案核准處分書送達後三個月內[20]。申請設計案之分割，僅得於原申請案再審查審定前為之[21]。

凡擬於原申請案審查審定前或處分前申請分割者，必須原申請案仍繫屬於專利專責機關，倘原申請案業經撤回、拋棄或不受理者，不得申請分割。又發明、設計案之初審不予專利之審定書已送達者，申請人須依法先申請再審查，並繳納再審查規費，使原申請案繫屬於再審查階段，方得申請分割[22]。

分割後之申請案，既援用原申請案之申請日，如有優先權者，仍得主張優先權；是以，自不得逾越原申請案申請時說明書、申請專利範圍或圖式所揭露之範圍[23]。違者，應不准予分割，倘專利專責機關誤准其分割，則構成舉發撤銷的事由[24]。

申請人於原申請案（發明案或設計案）或再審查審定前或新型專利申請案處分前申請分割者，分割案應就原申請已完成之程序續行實體審查或形式

核發證書。故配合放寬申請人得申請分割的期間。108年專利法部分條文修正案，立法院公報，第108卷，第36期，院會紀錄，專利法第34條修正說明二（民國108年5月2日）（以下簡稱「108年專利法修正案」）。

19　專利法第34條第6項暨第7項，第120條準用之。前揭規定係108年修正前專利法施行細則第29條之內容。

20　專利法第107條第2項。民國100年修法時以新型專利採形式審查，並無初審及再審查之程序，其分割之申請，應於原申請案處分前為之，不論該處分究係核准或不准。108年修法時則以申請人亦可能如發明案申請人般，於核准處分後，有分割之必要，故而參考第34條第2項放寬新型專利申請案得於核准處分書送達後三個月內申請分割。108年專利法修正案，同註18，第107條修正說明二。

21　專利法第130條第2項。換言之，設計專利申請案一經核准，便不得申請分割。

22　專利審查基準彙編，同註13，第1.2點，頁1-13-1～1-13-2。

23　專利法第34條第3項及第4項，第120條及142條準用之。

24　專利法第71條第1項第1款、第119條第1項第1款及141條第1項第1款。

審查[25]。而於原發明案核准審定書或處分書到達後三個月內申請分割者，續行原申請案核准審定前之實體審查或形式審查程序；原申請案以核准審定或核准處分時之申請專利範圍及圖式公告之[26]。

原申請案經分割後，原申請案之標的已分割爲二個申請案，無從回復分割前之狀態；是以，申請人如擬撤回分割之申請，專利專責機關應不予受理[27]。惟，申請人得撤回分割後之申請案。

至於申請分割，無論發明、新型均應就每一分割案，備具申請書，並檢附下列文件[28]：(1)說明書、申請專利範圍、摘要及圖式。(2)申請生物材料或利用生物材料之發明專利者，其寄存證明文件。(3)有下列情事之一，並應於每一分割申請案時敘明之：①主張本法第28條第1項規定之國際優先權者；②主張本法第30條第1項規定之國內優先權者。

設計專利申請案申請分割者，亦應就每一分割案，備具申請書，並檢附下列文件[29]：(1)說明書及圖式；(2)主張本法第142條第1項準用第28條第1項規定之國際優先權者，並應於每一分割申請案中敘明之。

二、不同種類專利之改請

不同種類之專利申請案得互爲改請[30]：(1)申請發明或設計專利後得改請爲新型專利；(2)申請新型專利後得改請爲發明專利或設計專利；(3)申請發明專利後亦得改請爲設計專利；並得以原申請案之申請日爲改請案之申請日。

改請之申請，有下列情事之一者，不得爲之[31]：(1)原申請案准予專利之審定書、處分書送達後——亦即，應於審定或處分前爲之。且原申請案仍繫屬於專利專責機關，始得爲之；倘原申請案已經撤回、拋棄或不受理，則不

25　專利法第34條第5項，第120條準用之及第130條第3項。
26　專利法第34條第6項及第7項，第120條準用之。
27　專利審查基準彙編，同註13，第1.4點，頁1-13-3。
28　專利法施行細則第28條第1項暨第2項，第45條準用之。
29　專利法施行細則第58條第1項暨第2項。
30　專利法第108條第1項及第132條第1項。改請之類型不包括設計之改請發明，蓋以改請案之技術內容須揭露於原申請案中；方得符合援用原申請案申請日之原則。以設計專利提出之申請案，難以涵蓋發明技術內容，故然。
31　專利法第108條第2項及第132條第2項。

得申請改請。(2)原申請案爲發明或設計，於不予專利之審定書送達後逾二個月——換言之，應於不予專利之審定書送達後二個月內 [32]。(3)原申請案爲新型，於不予專利之處分書送達後逾三十日 [33]。除此，改請案之申請人應與原申請案之申請人相同，如有不同，專利專責機關應通知申請人限期補正，屆期未補正者，改請案應不予受理 [34]。原申請案之專利申請權爲共有者，申請改請時應共同連署，但約定有代表者，從其約定 [35]。

改請後之申請案，不得超出原申請案申請時說明書、申請專利範圍或圖式所揭露之範圍 [36]，俾符合援用原申請案申請日之意旨。原申請案一經改請，若該原申請案業經實體審查，發出第一次審查意見通知，基於「禁止重複審查」，不得將改請案再改請爲原申請案之種類 [37]。例如：甲申請發明專利，專利專責機關經實體審查，發出核駁先行通知書；嗣甲將發明案改請爲新型案，未幾，甲又擬將該新型案改請爲發明案。因發明案在第一次改請前業經實體審查，再次改請爲發明案將有重複審查之情事，應不予核准。

三、獨立設計與衍生設計間之改請

申請設計專利後得改請衍生設計專利，亦得於申請衍生設計專利後改請設計專利，並均以原申請案之申請日爲改請案之申請日 [38]。

32　依專利審查基準彙編，所謂不予專利之審定，包括初審及再審查審定。倘爲初審核駁審定，申請人得就改請及再審查擇一申請；倘爲再審查核駁審定，申請人得就改請及訴願擇一爲之。申請人提起訴願者，該申請案便已非繫屬於專利專責機關；倘又提改請申請，專責機關應不予受理。專利審查基準彙編，同註13，第2.2點，頁1-13-4。

33　新型專利採形式審查，無發明案或設計案之初審制、更無初審核駁後二個月內申請再審查之情事。申請人對於新型案不予專利之處分，得於處分後三十天內決定是否提起訴願。訴願法第14條第1項。是以，新型案之改請亦限於三十天。一如發明案及設計案，申請人須就訴願及改請案予以抉擇。同上。

34　專利審查基準彙編，同註13，第2.1點，頁1-13-3。申請人可就原申請案辦理申請權讓與，使改請申請案與原申請案之申請人相同。同註。

35　專利法第12條第1項。

36　專利法第108條第3項及第132條第3項。

37　專利審查基準彙編，同註13，第2.4點，頁1-13-4。惟若發明申請案尚未經實體審查，改請爲新型後，再改請爲發明；得受理其改請。同註。專利審查基準彙編，同註，第2.4點，頁1-13-4。

38　專利法第131條第1項。

改請之申請，有下列情事之一者，不得爲之[39]：(1)原申請案准予專利之審定書送達後──亦即，應於核准審定前爲之。(2)原申請案不予專利之審定書送達後逾二個月──亦即，應於不予專利之審定書送達後二個月內申請。

改請後之設計或衍生設計，不得逾越原申請案申請時說明書或圖式所揭露之範圍[40]。倘原申請案業經實體審查，獨立設計與衍生設計間改請後之再改請，亦適用「禁止重複審查」原則；惟，倘衍生設計經實體審查後，改請爲獨立設計，嗣改請爲原設計以外之獨立設計的衍生設計，將不構成重複審查，應予核准[41]。

專利專責機關受理改請案後，應重行審理改請案，抑或持續原案進行中之審查程序，法無明定。筆者以爲應自初審程序重新爲之，蓋以既爲不同種類之專利改請，自應適用不同之審查基準，是無法就原申請案之程序繼續審查。

第三項　重新申請案

發明爲非專利申請權人所申請時，眞正申請權人應如何行使其權利？依專利法第71條第1項第3款[42]，申請權人得對專利案提起舉發，撤銷其專利權。如此，固然使非眞正之專利申請權人，無法取得該發明創作之專利權。惟，申請權人因其發明創作已公開而喪失新穎性，致無法獲得眞正的權益。專利法第35條[43]之重新申請案旨在彌補此一缺失。

依專利法第35條，申請權人擬援用非專利申請權人申請案之申請日，須於非申請權人之專利案公告後兩年內申請舉發，並於舉發撤銷確定後二個月內，就相同發明申請專利，其適用要件爲：(1)專利權由非申請權人申准；(2)申請權人於原專利案公告後兩年內提出舉發；(3)撤銷之事由爲「專利權人非申請權人」；(4)舉發成立，確定撤銷專利權；以及(5)申請權人於撤銷

39　專利法第131條第2項。申請之期限規定，請參閱不同種類專利申請案之改請。
40　專利法第131條第3項。
41　請參閱專利審查基準彙編，同註13，第2.4點，頁1-13-4。
42　專利法第119條第1項第3款之於新型專利，及第141條第1項第3款之於設計專利，亦有如是規定。
43　此規定於新型專利及設計專利準用之。專利法第120條及第142條第1項準用第35條規定。

確定後二個月內，提出申請案。茲以發明案舉例說明如下：

　　非申請權人甲申請專利，申請日為民國107年12月20日，甲申請提早公開（民國108年3月10日）並申請實體審查（同年4月1日）。經審定准予專利，俟甲繳納證書費及第一年年費，該案於民國109年3月1日公告於專利公報。申請權人乙若擬援用甲之申請日，則應於111年3月1日前申請舉發，且舉發事由為「專利權人非申請權人」。設若乙於109年12月10日提出舉發，舉發撤銷確定日期為110年10月20日，則乙應於110年12月20日前提出專利申請案，方可援用甲之申請日（107年12月20日）為其申請日。

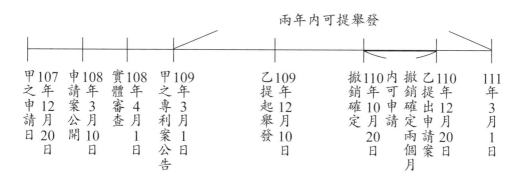

　　其中，撤銷確定係指下列情事之一 [44]：

　　(1)未依法提起行政救濟者。

　　(2)提起行政救濟經駁回確定者。

　　申請權人未能依專利法第35條申請專利者，便喪失其取得系爭發明創作的專利權利；蓋以前揭規定賦予申請權人援用非申請權人申請日之權利，其是否符合專利要件，即以該日為準 [45]。若無法主張第35條之適用，則其嗣後提出之申請案，只得以文件齊備之日為申請日，如是，該案勢必無法符合「申請前未見於刊物」之新穎性規定。

　　實務上，申請權人無法主張35條適用之原因，多為：(1)舉發之事由非

---

44 專利法第82條第2項，第120條及第142條第1項準用之。

45 申請權人依專利法第35條申請專利者，仍須備具申請書，檢附舉發撤銷確定證明文件。專利法施行細則第30條，第45條及第61條第1項準用之。

專利法第71條第1項第3款，而係因其他事由[46]；以及(2)申請權人之申請不合法定期限[47]。

　　民國100年修法時以專利申請權為共有者，應由全體共有人提出申請，未由全體共有人提出申請者，亦應有前揭「重新申請」規定之適用[48]。是以，非由全體共有人提出之申請案經核准專利者，未列名之共有人得對之以違反第12條第1項規定為由提起舉發，於撤銷確定後就相同發明由全體共有人申請專利，並援用原部分共有人提出申請之申請日。提起舉發及專利申請案期限與前揭非申請權人取得專利之情事同。筆者以為，專利案非由全體共有人提出乙節，原列名申請人之共有人既亦有申請權，可參酌專利法第10條，由當事人申請變更名義即可；倘專利專責機關認有必要，亦得通知當事人附具依其他法令取得之調解、仲裁或判決文件。此應係較為經濟、有效率的做法。是以，筆者以為第10條宜將「雇用人或受雇人對第七條及第八條所定權利……」修改為「凡專利權利……」，使涵蓋所有專利權利歸屬之爭議[49]。

46　例如行政法院73年度判字第953號判決：訴願人以利害關係人身分對另案提起異議，並經審定異議成立確定後，提出本件申請案，並主張依專利法第24條，以該案之申請日為本件之申請日。被告機關以其於另件異議案中並未自行主張為申請權人，而係以該案與另件請准之專利案相同為由提起異議，換言之，該異議案之成立並非因申請人為非申請權人；因此，無第24條之適用，而否准其援用該案之申請日。行政法院亦維持被告機關所作成之處分。按該案中專利法第24條，即93年修正施行前專利法第34條亦為沿用非申請權人申請之申請日的規定，係適用於異議制。因現行法已刪除異議制，故前揭條文一併刪除。

47　如經濟部經（75）訴字第15199號訴願決定書：訴願人於另件舉發案中，以該系爭專利權為非申請權人所申准，而提出舉發。於審理期間，訴願人還提本件申請案，主張依專利法第110條準用第25條，沿用該系爭專利權之申請日。惟第25條之適用，須非申請人所請准之專利經撤銷始可。另件舉發案既仍審理中，自無從適用第110條準用第25條之規定。經濟部維持原處分機關不受理本件申請案之處分。按該案中之第25條，即現行專利法第35條。

48　100年專利法修正案，立法院公報，第100卷，第81期，院會紀錄，第35條修正說明二(一)（民國100年11月29日）（以下簡稱「100年專利法修正案」）。

49　除專利法第35條之規定，智慧財產院指出專利申請權人，另有下列救濟方式：(1)舉發撤銷系爭專利權；(2)提起確認之訴，取得自己為專利申請權人之確認判決；(3)依民法行使不當得利返還請求權，要求系爭專利權人（非申請權人）返還專利權。智慧財產法院100年度民專上字第17號民事判決。該判決亦應適用於違反第12條之情事。至於前揭(1)本為第71條所明定，前揭(2)及(3)，可依專利法第10條向智慧財產局申請變更專利權人名義，而申請變更名義之依據可包括第10條列舉之協議、仲裁、調解及判決。

第二節　國際優先權

　　優先權（right of priority）制度起源於西元1883年之「保護工業財產權巴黎公約」（Paris Convention for the Protection of Industrial Property，簡稱「巴黎公約」）[50]。其目的在於彌補申請人跨國申請專利時無法兼顧先申請主義與新穎性要件的缺失；蓋以，申請人向各國提出專利之申請必須具備各國所規定之文件，包括（不同語言時）所有文件的翻譯本，須費時日，申請人往往提出第一件申請案後，尚未即時向其他國家申請專利，即已喪失新穎性。倘俟各國申請文件齊備方同時向各國提出申請，又恐因先申請主義，致無法取得專利。爲兼顧先申請主義及專利申請案新穎性之保護，國際優先權制度（foreign priority）乃因應而生。

　　撲諸各國立法例及公約等，均定有優先權之相關規定[51]，並多分爲「一般優先權」、「複數優先權」（multiple priority），以及「部分優先權」（partial priority）[52]。所謂「複數優先權」，係指後申請案中含有兩項以上先申請案的技術內容，故主張兩個以上之優先權。至於「部分優先權」，則指先申請案之技術內容僅爲後申請案之部分內容，亦即，申請人僅就後申請案之部分內容主張優先權[53]。除新穎性之保護外，後二者並具有鼓勵改良發明創作之立法目的。

　　依優先權制度，申請人於提出第一次申請案後特定期間內，向他國就同一發明、創作內容提出申請者，得就該案主張優先權，並以第一次申請日（filing date）爲其「優先權日」（priority date）。前揭「特定期間」爲法定期間，稱「優先權期間」[54]。據此，後申請案之受理國家應以優先權日爲準，審查其專利要件，縱另有一申請人就相同或類似之發明、創作於後申請

50　請參閱拙著，專利法上之優先權制度，華岡法粹，第21期，頁96～123（民國81年7月）。
51　巴黎公約第4條；法國智慧財產權法第L.612-7條；德國專利法第40條；日本特許法第43條；韓國專利法第54條；美國專利法第119條；英國專利法第5條；拙著，同上，頁111及註61。
52　西元1925年於海牙修正巴黎公約，增列複數優先權，並於西元1958年於里斯本修正巴黎公約，增列部分優先權。
53　巴黎公約第4F條。拙著，同註50，頁103。
54　巴黎公約第4C(1)條。拙著，同上。以巴黎公約爲例，發明及新型專利申請案之優先權期間爲十二個月，設計專利申請案之優先權期間爲六個月。

案之受理國申請專利，且申請日早於前者之後申請案申請日，倘其申請日較前者之優先權日晚，亦無法取得專利。茲舉例說明：

　　甲以一發明於民國109年1月10日向A國申請專利，同時取得其申請日，嗣於109年12月10日向B國以同一發明申請專利，並主張優先權，以109年1月10日為其優先權日，在此之前，乙以相同之發明於109年6月1日向B國申請專利；此時，甲之優先權日早於乙之申請日，故由甲取得B國之專利權。

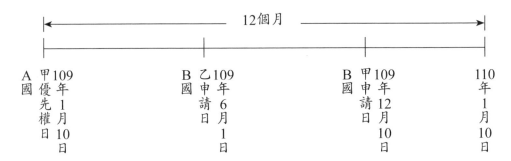

　　我國專利法自民國83年1月起採行「優先權制度」[55]，終將國外施行百年之制度引進國內，目的在於強化專利之保護，使其趨於國際化；規範內容包括：主張優先權之要件、態樣、優先權期間、其效力及優先權之喪失等。

第一項　主張優先權之要件

　　依現行法規定，主張優先權之要件如下。

一、適格之申請人與互惠原則

　　申請人得為中華民國國民或外國國民，倘申請人為外國國民，須其所屬國家與我國相互承認優先權或為WTO會員，或該申請人符合準國民待遇原則，即於互惠國或WTO會員領域內，設有住所或營業所者[56]。

　　此為申請人所屬國家之優先權互惠。

　　先申請案（以下簡稱「前案」）與後申請案（以下簡稱「後案」）之申

55　專利法第28條，第120條及第142條第1項準用之。

56　專利法第28條第3項，第120條及第142條第1項準用之。

請人須相同，包括前後案經合法讓與或繼承之情事。此即申請人之同一性。

申請人為二人以上者，所有申請人均須符合此互惠原則。

二、先申請案為國外第一次申請案且已依法取得申請日

先申請案須為國外第一次申請案，此宜解釋為國際間之第一次且該第一次須在互惠國或WTO會員境內提出者（是以，若第一次申請案在非互惠國提出後，始於該互惠國申請，則不得據後者主張優先權）。又，申請日之取得，係指依該國法律提出專利申請案，並依法取得申請日者。前後申請案之專利種類毋需相同，除發明、新型及設計專利種類外，如美國或澳洲之暫時專利申請案（provisional application for patents），雖非正式專利申請案，申請人仍得據以主張優先權[57]。

前案於受理國合法取得申請日者，申請人即可據以主張優先權。縱令先申請案嗣經撤回、拋棄、不受理或核駁，並不影響後申請案之優先權主張[58]。

三、優先權之互惠原則

優先權之互惠原則不同於專利法第4條申請案之互惠，後者決定我國是否受理外國人之專利申請案，前者決定我國是否接受外國申請人之優先權主張，承認其前案之申請日為優先權日。

優先權之互惠原則包括(1)前案受理國與我國之優先權互惠，及(2)外國申請人所屬國家與我國之優先權互惠。

前案受理國與我國之優先權互惠，係指前案受理國與中華民國相互承認優先權之國家或WTO會員，為貫徹此原則，前者之優先權日不得早於我國與該國互惠公告之日；後者之優先權日則不得早於我國加入WTO之日（民國91年1月1日）[59]。

---

57 經濟部智慧財產局，專利審查基準彙編，第一篇「程序審查及專利權管理」，第七章「優先權及優惠期」，第1.2點，頁1-7-2（民國107年）。

58 同上。

59 依審查基準，在WTO會員、WTO延伸會員、互惠國領域內第1次申請相同技術（藝）之專利申請案，且其第1次申請日不得早於該WTO會員、WTO延伸會員加入WTO之日期或互惠協議生效日。倘WTO會員之國民依國際條約（如專利合作條約PCT）或地區性條約

外國申請人所屬國家與我國亦需有優先權之互惠，如要件一「適格之申請人」。

四、優先權期間內

於優先權期間內向我國提出申請。優先權期間，因發明、新型及設計專利申請案而異；發明、新型專利申請案為十二個月[60]；設計專利申請案則為六個月[61]。倘先後申請案均為發明或新型，優先權期間均為十二個月。倘前後申請案中，有一申請案為設計案，不問另一案為發明或新型案，優先權期間均為六個月[62]。又前後申請案原為發明或新型案，嗣將其中一申請案改請為設計案，則其優先權期間仍為六個月[63]。

優先權期間之計算，自第一次申請案之申請日次日起算，至我國專利法所定之申請日（文件齊備之日）止[64]。專利申請案之申請日若以補正之日為申請日，致其國際優先權主張已逾得主張國際優先權之期間者，該優先權之主張應不予受理[65]。

五、前後申請案之同一性

前後案同一性包括前後案技術內容及申請人相同之情形。前者指前後申請案之發明創作內容必須相同，而不問前後案之專利種類是否相同，舉凡後案之技術確實揭露於前案即可。是以，縱令前案非正式之專利申請案，如美國或澳洲之暫時專利申請案（provisional application for patents），雖非正式專利申請案，申請人仍得據以主張優先權[66]。

（如歐洲專利公約EPC）提出之申請案，若具有各會員之國內合法申請案的效力時，亦得據以主張優先權。專利審查基準彙編，同註57，第1.2點，頁1-7-2。

60　專利法第28條第1項，第120條準用之。

61　專利法第142條第2項。

62　專利審查基準彙編，同註57，第1.3點，頁1-7-3。

63　同上。

64　專利法施行細則第25條第1項、第41條第1項及第56條。發明、新型及設計專利申請案申請日，分別明定於專利法第25條第2項、第106條第2項及第125條第2項。

65　臺北高等行政法院95年度訴字第03127號判決。專利審查基準彙編，同註57，第1.3點，頁1-7-3。

66　專利審查基準彙編，同註57，第1.2點，頁1-7-2。

　　前後案申請人相同則如前揭要件一「適格之申請人」，前後案申請人必須完全相同，包括實際上相同以及經由合法讓與或繼承。例如前案申請人為甲，嗣甲將其於我國申請專利（後案）之申請權讓與乙和丙，乙和丙向我國提出專利申請、並以甲之前案主張優先權。前後案雖屬不同申請人，惟仍符合申請人同一性之要件。

六、程序要件

　　除前揭要件外，申請人亦應遵守程序要件，否則仍視為未主張優先權；亦即，申請人應[67]：(1)於申請專利同時聲明——①第一次申請之申請日。②受理該申請之國家或世界貿易組織會員。(2)應於最早之優先權日後十六個月內（設計專利為十個月）[68]，檢送先申請案受理國證明受理之申請文件。國際優先權證明文件之檢送期限為法定不變期間，不得申請延展[69]；倘係因天災或不可歸責於己之事由延誤前揭法定期間者，得依專利法第17條第2項申請回復原狀[70]。申請人另須聲明「第一次申請之申請案號數」，惟，毋需於提出後案同時聲明，蓋以各國行政作業程序不同，申請人向我國提出申請案時，未必已取得前案受理國核發之申請案號，故然。申請人僅須於專利專責機關指定期間內補正，屆期未補正，其優先權之聲明仍不予受理。

　　原則上，優先權證明文件應為正本，惟，正本得以專利專責機關規定之

67　專利法第29條第1項至第3項，第120條及第142條第1項準用之，以及第142條第3項。

68　102年修正施行前專利法規定申請人應於申請日起四個月內檢送，民國100年修法時改為優先權日後十六個月（設計專利為十個月），是以，倘申請人提前於前案申請日後未滿十二個月（或設計專利之六個月）提出後案，申請人可有較長的期間檢送相關文件。茲以發明案為例說明前揭適用上之差異：設若申請人於先申請案之申請日（民國109年8月1日）後十個月（民國110年6月1日），到我國申請專利並主張優先權。依修正前規定，申請人應於後案申請日起四個月（民國110年10月1日）內檢送證明文件；依現行法，申請人應於優先權日後十六個月（民國110年12月1日）內檢送；亦即較修正前多兩個月時間。

69　最高行政法院95年判字第680號判決；專利審查基準彙編，同註57，第1.5點，頁1-7-3。溯至民國93年7月1日起提出之專利申請案，業依此辦理。請參閱智慧局於93年8月2日依台北高等行政法院93年6月30日92年訴字第1793號判決、以智法字第0931860056號函所為之解釋。

70　不可歸責於己事由之證明文件，如：外國專利受理機關出具之證明文件，其他因造成延誤事由之佐證資料等等，皆得據以為主張之依據。是否確屬不可歸責於申請人之事由，由專利專責機關依具體個案認定。專利審查基準彙編，同註57，第1.5點，頁1-7-5。

電子檔取代，並應釋明其與正本相符[71]。申請人未檢附正本者，應注意下列情事[72]：(1)申請人僅檢送證明文件影本，惟，於專利專責機關指定期限內補正與該影本為同一文件之正本；仍得主張優先權。反之，屆期未補正或補正仍不齊備者，依專利法第29條第3項規定，視為未主張優先權。(2)申請人有數件申請案，其正本已於另案中向專利專責機關提出者，得以載明正本所依附案號之影本代之。(3)證明文件經專利專責機關與該國家或WTO會員之專利受理機關為電子交換者，視為申請人已提出[73]。

　　現行法不若修正前之規定，明確要求申請人應先行聲明優先權之主張[74]；並以應聲明之事項，不以載明於申請書為限，僅須同時聲明即可[75]。筆者以為，應回復修正前之規定，亦即，專利法應明定申請人須為優先權主張之聲明；復以該聲明與前揭聲明之重要性，勢必需載明於文件（無論紙本或電子檔）；於申請書中載明，自為最明確的作法[76]；此次修正，實有未洽；揆諸專利專責機關之發明專利申請須知，亦仍遵循修正前之規定。

　　民國100年修法時增訂，申請人非因故意，未於申請專利同時主張優先權，或有第29條第2項第1款或第2款視為未主張優先權者，得於最早之優先

71　專利法施行細則第26條第1項及第4項，前揭第4項係民國105年所增訂。目的為鼓勵申請人以電子方式申請專利及推動無紙化，申請人倘以專利專責機關規定之電子檔檢送優先權證明文件並釋明其與正本相符，則毋庸再行檢送優先權證明文件正本。所謂電子檔包含：外國專利專責機關核發之(1)優先權證明文件電子檔（DVD）。(2)網路優先權證明文件電子檔。(3)紙本優先權證明文件經申請人自行掃描製作之電子檔。前揭電子檔送件方式可為：(1)電子送件。(2)紙本送件。民國105年專利法施行細則第26條修正說明二～三。

72　專利法施行細則第26條第2項暨第3項，第45條及第61條第1項準用之。

73　優先權證明文件非紙本者應注意：(1)為光碟片者，須為外國或WTO會員之專利受理機關核發且其外觀須印製官方標記，經專利專責機關認可者，始視為優先權證明文件之正本，並須印出該優先權證明文件之首頁，無須檢送全份紙本。(2)自外國或WTO會員之專利受理機關網站下載，須經該專利受理機關認證之電子資料（其上應附有官方認證頁），並釋明確自該專利受理機關網站下載，經專利專責機關認可者，始視為優先權證明文件正本，並須檢送依其電子資料印製之全份紙本文件。專利審查基準彙編，同註57，第1.5點，頁1-7-4～1-7-5。

74　102年修正前明定，應於申請專利同時提出優先權之聲明；102年修正施行之專利法僅明定，應於申請專利同時聲明下列事項：該修訂似意味不須於申請專利同時提出優先權之聲明。惟，揆諸第29條第4項，申請人仍應於申請時提出優先權之聲明。

75　100年專利法修正案，同註48，第29條修正說明二(一)。

76　現行商標法第20條第3項仍做如是規定：「……主張優先權者，應於申請註冊同時聲明，並於申請書載明下列事項：……」。

權日後十六個月內（或設計專利為十個月），申請回復優先權主張，並繳納申請費與補行前揭規定之行為[77]。倘申請人又延誤前揭期限者，不得再依第17條第2項及第3項申請回復原狀[78]。

第二項　優先權之態樣與效力

優先權之態樣有三[79]，茲說明如下。

一、一般優先權

一般優先權，係指以相同之發明創作先後提出申請，於後案中主張優先權者。

二、複數優先權

複數優先權[80]係指後申請案之申請專利範圍中所載之數個發明，係揭露於兩件以上據以主張優先權之前案中。其優先權期間自最早之優先權日為準。此具有鼓勵改良發明創作的目的。

---

77 專利法第29條第4項，第120條準用之及第142條第3項。此處所謂申請費，係指申請回復優先權主張所應繳納之費用，無論發明、新型或設計專利申請案，每件新台幣二千元。專利規費收費辦法第2條第1項第4款、第5條第1項第2款及第6條第1項第2款。現行辦法為民國108年11月1日修正施行者。

78 專利法第17條第4項。筆者以為，第29條第4項「非因故意」之回復原狀期限「優先權日後十六個月內」，本為針對法定期間之「優惠期」，不宜以法定期間視之，自無第17條第2項及第3項之適用。

79 設計案件必須符合一設計一申請之原則，故設計專利申請案僅能就申請專利之設計整體主張一項優先權；而不允許主張複數優先權或部分優先權。經濟部智慧財產局，專利審查基準彙編，第三篇「設計專利實體審查」，第五章「優先權」，第3.2(4)點，頁3-5-3～3-5-4（民國108年）；經濟部智慧財產局，專利Q&A，https://topic.tipo.gov.tw/patents-tw/cp-783-72662-a2516-101.html（最後瀏覽日期：民國109年7月11日）。另請參閱「……，……其並不代表設計專利得認可複數優先權或部分優先權之主張，……。」經濟部智慧財產局，「設計專利之優先權認定」議題之相關新措施之公告資訊第2點（民國108年7月12日），https://www.tipo.gov.tw/tw/cp-85-713648-28a60-1.html（最後瀏覽日期：民國109年7月11日）。

80 專利法第28條第2項，第120條及第142條第1項準用之。

三、部分優先權

部分優先權，係指後申請案之申請專利範圍中，僅部分內容具有主張優先權基礎案之技術[81]。此具有鼓勵改良發明創作的目的。

凡主張優先權者，其專利要件之審查，以優先權日為準[82]。適用專利法第31條之規定時，有主張優先權者，將以其優先權日與他人申請案之申請日比較孰先申請，或是否同日申請[83]。發明專利之早期公開制，於主張優先權者，亦以優先權日後十八個月公開，並於優先權日後三年內申請實體審查。

主張複數優先權者，後申請案之技術各以其所主張之優先權日為申請日。例如：申請人提出一含有a、b技術之申請案C，並據含有a技術之A案與含有b技術之B案主張優先權。設若C案符合優先權要件，則a技術將以A案之申請日為優先權日，b技術將以B案之申請日為優先權日。

主張部分優先權者，後申請案中得主張優先權的技術，專利要件之審查以優先權日為準，未主張優先權的技術則以後申請案之申請日為準。例如：申請人提出一含有a、b技術之申請案C，並據含有a技術之A案主張優先權。設若C案符合優先權要件，則a技術將以A案之申請日為優先權日，b技術則以C案之申請日為準。

第三項　與巴黎公約第4條之比較

巴黎公約及各國立法例多明定，據以主張複數優先權之數件先申請案不以在同一國家提出申請者為必要，現行專利法並未就此予以規範。惟專利審查基準已採如是之見解[84]。

所謂先後申請案之「同一性」（identity），依巴黎公約，以其先申請案全部申請文件已揭示其發明技術為已足，而不以其是否見於申請專利範圍為

81　專利法並未明定部分優先權，惟揆諸專利審查基準，可見此態樣。經濟部智慧財產局，專利審查基準彙編，第二篇「發明專利實體審查」，第五章「優先權」，第1.2點，頁2-5-2（民國102年）。

82　專利法第28條第4項，第120條及第142條第1項準用之。

83　新型專利申請案準用之。專利法第120條準用第31條規定。設計專利申請案亦有如是之規定。專利法第128條。

84　專利審查基準彙編，同註81，第1.4.2點，頁2-5-4。

準[85]。其他國家亦多以曾揭示於先申請案爲準，至於是否記載於申請專利範圍中，則在所不問[86]。現行專利法並未予以明定所謂「相同發明」爲何，惟，於專利審查基準中指明「相同發明」的判斷，應以後申請案申請專利範圍中所載之發明是否已揭露於優先權基礎案之說明書、申請專利範圍或圖式爲基礎，而不單以優先權基礎案之申請專利範圍爲準[87]。

揆諸巴黎公約及他國立法例[88]，均明定以先申請案之申請日爲「優先權日」。我國現行專利法雖於相關規定中有「優先權日」一詞，如：(1)複數優先權期間以最早優先權日爲準；(2)專利要件之審查以優先權日爲準[89]；(3)二人以上有同一發明時，若後申請者之優先權日早於先申請者之申請日，由前者取得優先權，以及申請日與優先權日爲同日時，應由雙方協議或均不予專利[90]。然而，究竟何謂「優先權日」，卻未予以定義。就文義推敲，固可知其係以向國外「第一次提出申請專利之日」爲其優先權日，惟仍應明定方爲妥適。

再者，依巴黎公約[91]，先申請案必須依受理該案之國家之法律提出申請案，並依法取得申請日始可；亦即，提出專利申請之日與法定「申請日」未必爲同一日期；此一規定相當於現行法對於國內申請日之以法定文件齊備日爲準[92]。專利法並未規範優先權之先申請案的申請日爲何，僅得於專利法施行細則中窺知[93]，筆者以爲此宜明定於專利法中。

巴黎公約就先後申請案之改請，包括發明、新型、設計等有關申請日之援用，均予規範，並就先申請案爲新型，而後申請案爲設計之情事，明定其優先權期間依後者而定[94]。我國專利審查基準彙編亦認可，先後申請案屬不

---

85 巴黎公約第4H條。
86 英國專利法第5條第2項暨第3項；法國智慧財產權法第L.612-7條；德國專利法第40條；日本特許法第43條；韓國專利法第54條。
87 此適足以符合巴黎公約之規定。專利審查基準彙編，同註81，第1.4.1點，頁2-5-2。
88 同註51。
89 專利法第28條第2項及第4項，第120條及第142條第1項準用之。
90 專利法第31條，第120準用之及第128條。
91 巴黎公約第4A條。
92 專利法第25條第2項、第106條第2項及第125條第2項。
93 專利法施行細則第25條第1項、第41條第1項及第56條均提及「第一次申請日」。
94 巴黎公約第4E條。拙著，同註50，頁100～102。

同專利種類之情事；並指明先後申請案中，有一申請案為設計案者，不論為前案或後案，優先權期間均為六個月[95]。

我國於民國83年採行優先權制度的同時，明定所主張之優先權日，不得早於該法公布施行日（民國83年1月23日），其目的當在給予一過渡期，緩衝其適用之期間，使專利專責機關有較充裕的時間準備各項因應措施。至今已逾十年，該規定亦經刪除。

巴黎公約第11條明定陳列於展覽會之暫時性保護（temporary protection）不得延長優先權期間，換言之，倘先申請案申請前六個月內有陳列於展覽會之情事，則應以該陳列公開之日期起算其優先權期間[96]，專利審查基準之「注意要點(五)」曾明列此事項[97]。惟，93年修正之專利審查基準則謂，主張優先權與不喪失新穎性之優惠的效果不同，優先權期間之計算應以外國第一次申請日之次日起算十二個月，若另有主張不喪失新穎性之優惠，優先權期間之起算仍不得溯自展覽當日[98]；現行審查基準仍採之。

新穎性優惠期與優先權制度固然法律效果不同，立法意旨亦不同。惟，揆諸優先權期間之訂定，應兼顧[99](1)申請人向另一國提出後申請案並主張優先權所需之期間，及(2)第三人於合理期間確定得否取得與前揭申請人相同之技術的權利。除此，筆者以為另應考量後案受理國願否賦予非新穎之技術專利權，蓋以，申請人提出後案時，該技術並非甫完成者[100]。優先權期間越長，對後案受理國而言，該技術的新穎程度越低。是以，倘技術先公開，繼而申請專利主張新穎性優惠期，復提出後案主張優先權；以後案受理國之

---

95 專利審查基準彙編，同註57，第1.3點，頁1-7-3。

96 不過，此時有關先申請主義及專利要件的審查，巴黎公約既未明定，自仍應以先申請案之申請日，亦即優先權日為準。

97 智財局舊版之專利審查基準「注意要點」。

98 經濟部智慧財產局，93年專利審查基準彙編，第二篇「發明專利實體審查」，第五章「優先權」，第1.2.6點，頁2-5-5（民國93年）；現行專利審查基準彙編，同註81，第1.4.3點，頁2-5-5。

99 G.H.C. Bodenhausen, Guide to the Application of the Paris Convention for the Protection of Industrial Property 44 (1968, reprinted 1991).

100 舉例而言，A完成發明後，先檢具法定文件向英國提出申請，復於優先權期間內向法國申請同時主張優先權。優先權期間的長短，決定了法國須賦予專利利之技術的新穎程度；優先權期間越長，該技術的新穎程度越低。

立場，該後案技術之新穎程度更遜於未主張新穎性優惠期之案件[101]。再者，我國於民國106年修改專利法將前揭優惠期延長為十二個月、更放寬適用優惠期之事由。茲舉例如下：申請人於國外公開其技術將至十二個月（優惠期）時，其向當地專利局申請專利，於十二個月屆至於我國申請專利並主張優先權。此時距離該技術首次公開已兩年，我國仍予其專利權，是否妥適有待商榷。

第三節　國內優先權

我國於民國90年修法採行國內優先權[102]，並以其取代追加專利；二者均旨在鼓勵改良發明創作，是以，僅適用於與功能創新有關的發明專利與新型專利，而不適用於屬視覺美感的設計專利。當申請人於國內提出發明或新型專利申請案（前案），嗣於十二個月內提出另一申請案（後案）；後案之技術內容含有前案說明書、申請專利範圍或圖式所載之發明或新型（亦即，後案係就前案之技術予以改良者），就該相同技術部分，得主張優先權。

第一項　主張優先權之要件

依現行法，主張優先權的要件如下[103]。

一、同一性——前後案之申請人須相同，倘非相同，須經過合法讓與或繼承。後案主張優先權之技術亦須見於前案中。

二、前後案均於我國提起——前案係依我國專利法提出申請，並取得申請日；後案亦同。

三、優先權期間——後案係於前案之申請日後十二個月內提出[104]。

---

101 現行商標法第21條明定參展優先權，倘於先申請案申請前參展，申請人應於後申請案中主張參展優先權，而非據先申請案主張優先權；優先權日應為第一次展出日，並以其計算優先權期間。100年商標法修正案，立法院公報，第100卷，第45期，院會紀錄，第21條修正說明四（民國100年6月8日）。

102 即現行專利法第30條，第120條準用之。

103 專利法第30條第1項，第120條準用之。

104 一如國際優先權，此處之十二個月，自前案申請日之次日起算至後案第25條第2項或新型之第106條第2項規定之申請日止。專利法施行細則第25條第2項及第41條第2項。

四、前案於後案提出時，應仍繫屬於申請程序——倘有下列情事之一，不得主張優先權：(1)前案爲發明專利申請案，業經核准公告或不予專利審定確定者；(2)前案爲新型專利申請案，已經核准公告或不予專利處分確定者；或(3)前案已經撤回或不受理者。

五、前案中所記載之發明或新型未曾主張國際優先權或國內優先權者——倘前案業已援用更早之申請日爲其優先權日，便不得再據以爲後案之優先權的主張。

六、前案非分割案（第34條第1項或第107條第1項）或改請案（第108條第1項）——如前揭五，分割後或改請後之後案亦有援用前案（原申請案）申請日之情事，便不得再據以爲後案之優先權的主張。

　　除以上要件，申請人依法主張優先權者，應於申請專利同時聲明前案之申請日及申請案號數；未聲明者，視爲未主張優先權[105]。

第二項　優先權之態樣

　　依專利審查基準，國內優先權之態樣有[106]：(一)重複申請；(二)實施例補充型；(三)上位概念抽出型；(四)併案申請型。

一、重複申請

　　申請人得就其已提出之申請案技術內容，於申請日起十二個月內重行申請專利，並主張優先權。蓋以專利權期限係自後案申請日起算，故此舉可獲得「專利權期限屆滿之日延後將近一年之效果」[107]。

　　筆者期期以爲不可，理由如下：國際優先權制度之立法目的在於，解決申請人就其相同發明技術跨國申請專利時所面臨的「先申請主義」與「新穎性要件」之衝突，是以設立之初僅有前後案完全相同之「一般優先權」。揆諸國內優先權之立法目的在於鼓勵改良發明創作，二者實不宜比附援引；前後案技術相同之情事，只見專利權人因此享有多一年的專利權期間，未見任

---

105 專利法第30條第7項，第120條準用之。
106 專利審查基準彙編，同註81，第2.6點，頁2-5-13～2-5-14。
107 專利審查基準彙編，同註81，第2.6.1點，頁2-5-13。

何技術上的改良，既不符國內優先權之立法意旨，亦有損於產業科技的提升。倘若專利專責機關以爲多一年專利權期間能有助於產業科技發展，何妨提議修法將發明與新型專利權期間各延長一年，使發明專利權期限爲申請日起二十一年，新型利權期限爲申請日起十一年。如此更可減少行政作業的負擔（處理前後案相同的國內優先權申請案）。

二、實施例補充型

申請人於前案中所提出的實施例有限，致使得以獲准專利的部分將受限於該些實施例之範圍。是以，申請人得提供新的實施例，以確認原案之申請專利範圍。

三、上位概念抽出型

申請人根據先後完成的實施例分別提出申請，亦即，各以其實施例所揭露之技術內容爲申請專利範圍；嗣經驗證涵蓋該些申請案技術內容之上位概念可達到相同技術效果，故而以上位概念之技術提出後案，藉以取得較廣範圍之專利權利[108]。

四、併案申請型

申請人將兩件以上之前案技術合併成一案後提出，除須符合優先權之要件，該後案之技術內容須符合專利法第33條之單一性原則。

以上類型中，上位概念抽出型及併案申請型均因援用之前案爲兩件以上，而屬於專利法第30條第5項「申請人於一申請案中主張二項以上優先權……」之複數優先權。至於實施例補充型中，倘援用之前案僅一件，則屬部分優先權，若爲兩件以上之前案，則亦屬複數優先權。

第三項　優先權之法律效果

主張國內優先權的效果如下[109]。

---

108 專利審查基準彙編，同註81，第2.6.3點，頁2-5-13。
109 專利法第30條第2項至第4項暨第6項，第120條準用之。

一、先申請案自其申請日後滿十五個月，視爲撤回——俾免同時有兩件含有
　　相同技術內容的申請案存在。又前案不待申請人之申請，而於申請日後
　　滿十五個月視爲撤回；使該案不致進入早期公開的程序，而成爲後案之
　　先前技術。

二、先申請案自申請日後逾十五個月，不得撤回優先權主張——蓋以撤回優
　　先權主張將使前後案成爲兩件各別獨立的申請案，無論早期公開制、先
　　申請主義的認定、專利要件的審查，以及專利權期限的計算均各依其申
　　請日爲之。前案既自申請日後滿十五個月視爲撤回，此時若允許撤回優
　　先權主張，須回復已撤回之前案，並使其進入早期公開制之程序，然
　　而，礙於早期公開制之作業最遲須於申請日後十五個月爲之，前案之回
　　復，造成專利專責機關作業上的不便。同理，後案須改以其本身之申請
　　日爲早期公開之起算日，惟，其已依前案之申請日（原爲優先權日）進
　　入早期公開之程序，恐不及變更而造成非申請人所願之過早公開。

三、後申請案自先申請案申請日後十五個月內撤回者，視爲同時撤回優先權
　　主張——後申請案既經撤回，優先權已無存在之必要，故一併視爲撤
　　回。倘仍於優先權期間內，申請人得另提申請案主張優先權。

四、專利要件之審查，以優先權日爲準。

第四項　與追加專利之比較

　　我國採行國內優先權的同時，廢除同爲鼓勵改良發明創作的追加專利。
茲以發明專利爲例，進而探討追加專利存廢之必要：二者均以鼓勵改良發明
創作爲目的，此爲其共同性。二者之差異大致有七項。

一、**專利要件**：就進步性要件而言，原發明創作係追加專利申請案之先前技
　　術，故審查時，須比較追加專利申請案與原發明創作之進步性，致不易
　　獲准；適用國內優先權時，因先申請案已視爲撤回，故無比較前後案之
　　進步性的問題。

二、**據以改良技術的多寡**：追加專利僅得利用一項原發明主要技術內容予以
　　改良，國內優先權中，後案得利用一件或兩件以上之先申請案技術內容
　　予改良。

三、**改良發明之申請期限**：凡於原發明專利權存續期間內均可申請追加專

利。主張國內優先權，後申請案須於先申請案申請日起十二個月內提出。

四、**改良發明創作的多寡**：追加專利中，改良發明的件數不限，故得有多件追加專利。主張國內優先權的改良發明創作僅得有一件。

五、**年費**：追加專利從屬於原發明專利，毋庸繳納年費，亦即專利權人可持有一發明專利權及多件追加專利權，而僅繳納一份年費；適用國內優先權，則因先申請案已撤回，後申請案屬獨立專利權，自應繳納年費。

六、**專利權期間**：追加專利既從屬於原發明專利，其專利權期間自應至原發明專利權期間屆滿爲止；主張國內優先權，後申請案屬獨立專利權，自有其獨立的專利權期間，即發明案自申請日起二十年屆滿或新型案自申請日起十年屆滿。

七、**專利合作條約**：專利合作條約（Patent Cooperation Treaty，簡稱PCT）[110] 並不承認追加專利之申請日，但允許申請人主張國際優先權或國內優先權並承認其優先權日。

　　修正前專利審查基準第二篇第五章第二節「國內優先權」之「前言」謂追加專利的優點僅在於年費的免除，倘保留此制度，將致作業繁瑣，對發明人助益不大 [111]。筆者不以爲然。揆諸前揭分析，追加專利與國內優先權各有優缺點，二者有相當的互補作用，共同採此二制度當有助於鼓勵改良發明創作；實宜二者兼採之。使申請人選擇有利於己的制度，或於先申請案（原發明）申請後十二個月內主張國內優先權，或於發明專利權期間內申請追加專利；惟一旦選擇不得變更。

---

110 PCT的制定宗旨在簡化向多國申請專利的程序。
111 93年專利審查基準彙編，同註98，第2.1點，頁2-5-17。

第五章 │ 專利要件

　　給予專利權人專利權，即在賦予專利權人於特定期間內，排除他人未經其同意實施其專利權。既然給予專利權人幾近獨占的權利，理應制定給予專利權所應具備的條件，否則將造成專利權的濫用及物價的哄抬[1]。此為專利要件的必要性。

　　過往，專利要件的探討，著重於產業上可利用性、新穎性及進步性（創作性）[2] 要件。有關「說明書或圖式不載明實施必要事項，或記載不必要之事項，使實施為不可能或困難者」之情事，雖為民國38年專利法施行以來，專利專責機關准駁專利申請案之審查事由、亦為舉發撤銷事由，惟鮮有論者探討此一議題。生物科技的發展，凸顯此要件之重要性。本章將依序探討充分揭露要件、產業上可利用性、新穎性暨進步性（創作性）要件。發明、新型、設計等專利之保護內容不同，其應具備的專利要件的層次也有差距，是以，審查基準亦不相同。

第一節　充分揭露要件

　　專利制度在藉由專利權益的賦予，鼓勵發明人從事研發並將其技術公開，以避免重複發明、浪費資源，並達到技術交流、提升產業科技水準的目的。又專利權的賦予，本有期限的限制，使該項專利技術於期限屆至後，成

1　專利權浮濫的結果，導致多數產品均冠以專利權獨占市場、致物價高居不下，損害消費者權益。

2　民國83年修法前專利要件包括首創性，按我國係採「先申請主義」，強調先申請者取得專利，若仍要求其須同時為先完成發明創作之人，則與前揭制度相違背，故予以刪除之。83年修法時將「產業上利用價值」乙詞修改為「可供產業上利用」，並以其當然涵蓋實用性與預期可達產業上實施階段，而刪除修正前第3條有關產業上利用價值之定義。更以新型創作亦需達產業上實施階段為由，將第98條之「合於實用」改為「可供產業上利用」。專利法修正案，法律案專輯，第179輯（上），頁45、48及144（民國84年8月）（以下簡稱「83年專利法修正案」）。專利專責機關嗣於專利審查基準「專利要件」中以「產業上利用性」替代「實用性」；筆者以為「產業上可利用性」較易瞭解。

為公共財，任何人均可自由、免費使用，此亦有助於科技水準的提升。是以，倘專利申請人未於其申請案中詳細記載其技術內容及操作方式，致使同技術領域之業者無從實施其技術，則既有違前揭專利制度之立法目的，亦使專利權人長期占有該特定技術[3]。再者，在准予專利權時，專利專責機關亦確認該發明、設計專利之保護範圍，使公眾能經由說明書及圖式之揭露得知該發明、設計內容，進而利用該發明、設計開創新的發明、設計，促進產業之發展。凡此，均有賴申請人申請時，於說明書中明確且充分揭露發明、設計內容[4]。新型專利雖採形式審查，申請人仍應於說明書中明確且充分揭露其新型內容，否則將構成舉發撤銷之事由。

如前所述，民國38年施行之專利法，便已有說明書及圖式應載明必要實施事項之相關規定。惟當時僅明定為舉發撤銷事由，雖其為專利專責機關准駁之事由，惟未於專利法中明定，亦未將其納入93年修正施行前專利法之異議事由[5]。

民國93年修正施行之專利法，為使發明說明之概念明確而酌予文字修正，增列「發明說明應明確且充分揭露，使該發明所屬技術領域中具有通常知識者，能瞭解其內容，並可據以實施。」[6]除舉發事由[7]外，並明定其為專利專責機關准駁之事由[8]。是以，未於說明書及圖式充分揭露其技術或技藝內容，致無法實施者，將不予發明專利或設計專利。縱令取得專利，其專利權（無論發明、新型或設計）將因任何人之舉發而遭撤銷。

所謂「充分揭露」，指「申請專利之發明創作應明確，記載所擬解決之

---

3 部分高科技的技術固然可能於專利期限屆至後，仍因其技術的困難度頗高，而成為其他業者無能力實施之專門技術。然而其係已充分揭露其技術，而業者力有未逮，不同於技術未充分揭露致業者無從實施之情事。

4 經濟部智慧財產局，專利審查基準彙編，第二篇「發明專利實體審查」，第一章「說明書、申請專利範圍、摘要及圖式」，第1點，頁2-1-1（民國102年）；第三篇「設計專利實體審查」，第一章「說明書及圖式」，第1點，頁3-1-1（民國109年）。

5 請參閱93年修正施行前專利法第71條第3款及第41條第1項。

6 專利法第26條第1項、第120條準用之。設計專利申請案則明定「說明書及圖式應明確且充分揭露，使該設計所屬技藝領域中具有通常知識者，能瞭解其內容，並可據以實施。」第126條第1項。

7 即現行之專利法第71條第1項第1款、第119條第1項第1款及第141條第1項第1款。

8 即現行之專利法第46條及第134條。

問題、解決問題之技術手段及以該技術手段解決問題而產生之功效，且問題、技術手段及功效之間應有相對應的關係」[9]，目的在使該發明所屬技術領域中具有通常知識者得以瞭解申請專利之發明創作，並據以實施。又，申請專利範圍應明確界定申請專利之發明，以作為保護專利權之法律文件[10]。

新型專利之說明書應明確且充分揭露，使該新型所屬技術領域中具有通常知識，能瞭解其內容，並可據以實現；以及申請專利範圍應界定申請專利之新型，各請求項應以明確、簡潔之方式記載，且必須為說明書所支持[11]。

至於設計專利，亦須具備「充分揭露」要件，指「說明書及圖式應明確且充分揭露，使該設計所屬技藝領域中具有通常知識者，在說明書及圖式二者整體之基礎上，參酌申請時之通常知識，無須額外臆測，即能瞭解其內容，據以製造申請專利之設計」[12]。

第二節　產業上可利用性

鼓勵發明專利及新型專利的主要目的，在於產業科技水準的提升，實用與否自為准否專利的重要條件，是以，無論發明或新型創作均須足供產業上利用方可[13]。至於設計，因其鼓勵之目的，在於物品外觀的設計，過往均不要求其須具備實用性；惟民國90年修法時增訂此要件[14]，理由為實施設計時「需利用工業量產機具，故創作時應考量其工業方法及量產製造的可行性」，換言之，須著重產業上的利用，故仍應具「產業上可利用性」[15]。

依專利審查基準彙編，所謂產業，包含任何領域中利用自然法則之技術思想而有技術性的活動，例如工業、農業、林業、漁業、牧業、礦業、水產業等，甚至包含運輸業、通訊業、商業等。

9　專利審查基準彙編，同註4，第1.3.1點，頁2-1-6。
10　同上。
11　經濟部智慧財產局，專利審查基準彙編，第四篇「新型專利審查」，第一章「形式審查」，第3.3點，頁4-1-7（民國109年）。
12　專利審查基準彙編，同註4，第1點，頁3-1-1。
13　專利法第22條第1項前段，第120條準用之。
14　即現行專利法第122條第1項前段。
15　90年專利法修正案，立法院公報，第90卷，第46期，院會紀錄，第107條修正說明一(一)（以下簡稱「90年專利法修正案」）（民國90年10月13日）。

第一項　發明專利

　　專利的發明及價值，必須明顯確定，而後始可有專利範圍之意旨，是以，申請專利範圍必須明顯確定，始具發明價值[16]。

　　舉凡欠缺實施手段或操作時間過長，動作繁複欠缺經濟效益者，均不具產業上可利用性[17]。例如：(1)製法之專利範圍過於廣泛，無法證明以該一般式所示之龐大化合物大部分已實際完成，則其尚未達產業上實施階段；(2)實驗數據，無法證明其技術內容可達發明之功效，不合實用[18]；(3)將簡單的烹調動作，作複雜的控制，其過多及過繁的程式，勢必導致其他誤失，造成不必要的動作[19]；(4)發明技術之操作較現有技術所費時間冗長，不具經濟效益時，亦不具產業上利用值價[20]；(5)技術內容僅係理論或構想，尚未發展成具體之製造或使用之技術者[21]；(6)說明書未揭示具體實質內容，致一般熟習該項技術之人無法據以完成發明技術者[22]；(7)發明之專利說明或圖式，僅論及局部效益，而未能全盤考慮整體經濟效益者，其解決問題之技術手段，既不能產生說明書所述之具體功效，以達發明之目的，自屬不合實用，不具產

16　行政法院45年度判字第56號判決。另請參閱行政法院77年度判字第507號判決；行政法院77年度判字第2084號判決。

17　舊版專利審查基準列舉非可供產業上之利用之發明：(1)未完成之發明（包括欠缺達成目的之技術手段的構想及有技術手段但無法達成目的之構想）；(2)非可供營業上利用之發明；(3)實際上顯然無法實施之發明。專利審查基準第二章「專利要件」，http://www.tipo.gov.tw/patent/patent_law/explain/patent_law_3_1_2.asp#b（上網日期：民國93年5月26日）。現行審查基準亦將「未完成之發明」列為違反可據以實施要件之情事。經濟部智慧財產局，專利審查基準彙編，第二篇「發明專利實體審查」，第三章「專利要件」，第1.3點，頁2-3-2（民國106年）。

18　行政法院76年度判字第629號判決。發明技術無具體試驗數據證明其可行性者，即不具實用性。行政法院72年度判字第1510號判決；行政法院85年度判字第2751號判決。

19　行政法院77年度判字第95號判決。

20　行政法院79年度判字第1914號判決。

21　行政法院72年度判字第790號判決，另請參閱行政法院89年判字第1號判決。該案係針對衛星發射之困難，提出解決方法；因其主要困難在於氣球之定位，故須推動系統。原告（專利案申請人）之申請案並未就推動系統提供具體可行之技術，而僅為概念性之陳述，無從使熟習該項技術者瞭解其內容並據以實施，故不具產業上利用性。

22　行政法院70年度判字第915號判決，另請參閱行政法院77年度判字1771第號判決。

業上利用價值[23]。

第二項　新型專利

　　一如發明，新型之物品，其形狀、構造或組合僅係構想，缺乏必要技術手段者，不具產業上可利用性[24]。亦即，物品之形狀、構造或組合均已有詳盡之規範，即可按照製出合於實用之實物者，是也。倘僅在初步構想階段，其說明及繪圖亦止於略示其大意，無從據以建造其所謂之物品，則不符產業上可利用性[25]。

　　設若新型創作目的爲裝設於飲水機上，控制生水與熱水間混合與隔離，判斷其是否具產業上可利用性，除應就其裝設於飲水機上能否達成其創作目的進行審查，並應以其能否令使用者方便地獲取與冷水隔離後之熱水爲審查依據[26]。

　　物品之「合於實用」，係指可產生特殊效果，對人類有所貢獻者而言[27]。燒化窯與現有之焚化爐構造上並無太大差異，而前者之燃燒容量、熱度以及壓汁碾碎輪壓碾垃圾的乾度，亦缺乏理論基礎及實驗數據，難謂具實用價值[28]。新型創作雖因物品之空間、型態變更，而具加強物品之某項使用功能，惟倘無法增加該物品之使用價值者，仍不合於實用[29]。

第三項　設計專利

　　設計專利與新型專利之形狀、構造或組合的創作合於實用不同，是以，兩件設計造形近似，縱申請案之內部構造另有實用功能之改進，仍不符設計要件[30]。亦即，是否較具「合理之人體工學及較具使用功效」等，並非設計

23　行政法院71年度判字第196號判決。
24　行政法院73年度判字第1568號判決。依83年修法前的專利法，新型專利固須具有實用性，惟不以具工業上價值爲必要。行政法院74年判字第410號判決。
25　行政法院71年度判字第354號判決。
26　行政法院78年度判字第265號判決。
27　行政法院71年度判字第100號判決。
28　行政法院77年度判字第332號判決。
29　行政法院76年度判字第1542號判決。
30　行政法院77年度判字第793號判決，行政法院70年度判字第644號判決。

審究之範圍[31]。然而，設計固不以增進功效爲要件，但仍應考量其設計創作不得減損其所施予之物品的原有功能。民國74年時，行政法院另有判決指出：新式樣（即現行法之「設計」）之美感係指物品之外觀具工業利用價值，以及新穎性及進步性之創意，使普通人見之，能生一定創作性之趣味而言[32]。所謂「工業利用價值」正與前揭90年修法理由相呼應[33]。

第三節　新穎性

新穎性（novelty），係指發明、創作須爲「新」（new），尙未形成公知的技術（state of the art）者而言[34]。新穎性要件之立法意旨在於：(一)確保獲准專利的技術必爲新穎的技術；(二)確保產業的穩定性並保護善意第三人——蓋以發明人於申請前公開技術內容，致第三人誤以爲該技術屬公共財領域而予以利用之情事，倘仍允許發明人申准專利，將使善意利用人面臨專利侵權之訴，以及無從繼續利用該技術之困境。所謂「新穎性」，未必爲前所未有，縱使另有人發明、創作在先，惟從未公開者，則非當然影響申請案之新穎性。至於「公知」，係指公諸於世，已公開者皆是，不以眾所周知爲必要。

新穎性要件，幾乎爲世界各國立法例所一致採行；惟，各國所採標準不盡相同。因此，有將其分爲絕對新穎性（absolute novelty）以及相對新穎性（relative novelty）[35]。前者指發明、創作一經公開致他人知曉，則不論公開方式（發行刊物或公開使用）及公開地點（國內或國外），均視爲喪失新穎性；後者則依公開方式暨公開地點決定新穎性之喪失，主要分爲兩種：一爲發行刊物於任何地點或於當地公開使用，另一爲於當地發行刊物或於當地公

---

31 行政法院82年度判字第2300號判決。

32 行政法院74年判字第147號判決；另請參閱行政法院75年判字第1685號判決。

33 90年專利法修正案，同註15。

34 歐洲專利公約（European Patent Convention）可謂典型的例子。是否具有新穎性，以該發明或創作已否構成「已知技術」爲斷（An invention shall be considered to be new if it does not form part of the state of the art）。公約第54條第1項。而所謂「已知技術」係指可爲大眾所取得的技術（available to the public……），同條第2項。

35 2 Baxter, World Patent Law & Practice §§4.00-4.02, at 4-3~4-7 (1968 & Supp. 2002).

開使用[36]。

　　大多數國家均對申請案之是否具備「新穎性」要件進行審查；然而審查
人力的不足、科技知識及經驗的缺乏……等等，係多數國家共同面臨的困
擾。目前多數國家多採公約或條約，以紓解此一難題[37]。例如：歐洲專利公
約第130條明定，任一會員國依他會員國之要求，必須提供相關資料，以協
助後者審理其申請案；又專利合作條約有關國際檢索報告等，亦減免許多審
理的時間及人力。更有立法例要求申請人於提出申請案的同時，檢具其發
明、創作所援用之先前技術（prior art）[38]；俾供審查人員參酌。

　　我國專利法明定發明、新型及設計專利之新穎性要件[39]。茲分別就發
明、新型及新式樣專利之新穎性予以說明；其中，發明及新型專利喪失新穎
性之情形大致相同，故一併討論。

第一項　發明專利暨新型專利之新穎性原則

　　發明或新型於申請前有下列情事之一者，喪失新穎性[40]：一、申請前已
見於刊物者；二、申請前已公開實施者；三、申請前已為公眾所知悉者。所

36　同上。

37　Baxter, 同註35, §4.03, at 4-8.

38　同上。我國於民國83年修法時，於專利法中明定說明書應載明相關先前技術、發明創作目
　　的、技術內容、特點及功效，使熟習該項技術者能據以實施。修正前專利法第22條第3
　　項，第105條準用之。理由為：說明書是否充分完整揭露其技術內容關乎專利審查暨專利
　　權的授予，據實說明涉及人民的義務，故依中央法規標準法，應訂於本法方屬允當。83年
　　專利法修正案，同註2，頁54～55。92年修正專利法，則又刪除前規定。理由如下：按
　　WTO/TRIPs協定第29條第1項規定：「會員應規定專利申請人須以清晰及完整之方式，揭
　　露其發明，使該發明所屬領域者能瞭解其內容並可據以實施。」因此日本特許法於1994年
　　修正時便將第36條第4項有關「發明之目的、構想、效果」之記載實施可能要件部分刪
　　除。我國修正前專利法第22條第3項中關於發明應載明有關之先前技術、發明之目的、技
　　術內容、特點及功效之規定缺乏彈性，倘屬開拓性之發明，若未依該條規定格式撰寫，恐
　　有違法之虞。為順應國際上對說明書撰寫方式之趨勢，並可避免實務上申請人常以非主要
　　部分記載內容作為異議、舉發之主張，致生不必要之困擾，故將前揭第22條第3項「並應
　　載明有關之先前技術、發明之目的、技術內容、特點及功效」等文字刪除。92年專利法修
　　正案，立法院公報，第92卷，第5期，院會紀錄，第26條修正說明二暨三（民國92年1月15
　　日）（以下簡稱「92年專利法修正案」）。現行有關先前技術之記載，依專利法施行細則
　　第17條第1項第3款予以規範。

39　專利法第22條第1項、第23條，第120條準用之，第122條第1項及第123條。

40　專利法第22條第1項，第120條準用之。

謂申請前，指申請日 [41] 之前（不包含申請日）；主張國際優先權或國內優先權者，則指優先權日之前（不包含優先權日），並應注意申請專利之發明各別主張之優先權日 [42]。

一、申請前已見於刊物 [43]

　　發明或新型創作在申請前，曾登載於刊物上發行，喪失其新穎性。縱使該已公開之技術係第三人抄襲自發明人或申請人者，亦不影響其已公開之事實，自仍具有證據能力 [44]。

　　所謂「刊物」，係指具有公開性之文書、圖書等 [45]，須公開發行可供不特定之多數人取閱者 [46]，至於究竟為多少人取閱，則在所不問。刊物之型態不以紙本為限，如：微縮影片、錄音帶、錄影帶、電腦資料庫、網際網路、電子媒體等均屬之；刊物之內容，除專利公報、期刊雜誌外，尚可包括研究報告、學術論著、學位論文、談話紀錄、課程內容、演講文稿、廣播、電視播放等 [47]。又刊物之公開，是否以發生在國內者為限，抑或包括國內、外之公開，此揆諸本款修正前後之條文內容可知。民國38年施行之條文為「……已見於刊物或已在國內公開使用……」，是以立法之初，若要將刊物局限於國內者，則應如公開使用之情形，予以明定「國內刊物」；既未明定，足見刊物不以國內發行者為限。此係因早期國人自行出版有關科技的刊物相當有限，市場上多數科技書籍均屬於國外版本；因此，若將刊物局限於國內出版

41　專利法第25條第2項，專利法第106條第2項。

42　專利法施行細則第13條第1項，第45條準用之；專利審查基準彙編，同註17，第2.2.1點，頁2-3-3。

43　專利法第22條第1項第1款，第120準用之。83年修正前專利法原為「申請前已見於刊物或已公開使用，他人可能仿效者」，蓋以「他人可能仿效者」於實務上難舉證，又不易認定，故刪除之。83年專利法修正案，同註2，頁45～46。惟，設若僅刊登物品外觀於型錄，並輔以產品功能之說明，是否便足以使他人了解其發明創作內容而據以實施，有待商榷，遽以認定凡公開即喪失新穎性，難謂無可議之處。

44　行政法院92年判字第1569號判決。

45　行政法院72年度判字第898號判決。

46　行政法院75年度判字第1348號判例；專利審查基準彙編，同註17，第2.2.1.1.1點，頁2-3-3。

47　專利審查基準彙編，同上。

者，恐有未妥[48]。載於刊物之語言，亦不以中文爲限，任何國家的語言均屬之。

舉凡印刷產物且有公開性之文書或圖畫者，均爲「刊物」，不以定期公開發行爲必要，是以產品型錄亦包含之[49]。惟，倘其所載日期，未明確標示係印刷日期或其他特定行爲之日期，徵諸一般經驗法則，不特定人即有於該刊載日期得知其中內容之可能，申請人若主張該日期爲印製日期並非公開日期，係屬有利於己之事實，應就其負舉證責任[50]。倘印刷物爲關係人內部之設計圖文件，則非專利法上所謂之刊物，不足以證明已公開之事實；又，未載明月、日之廣告，亦不足以證明其於申請專利前已公開使用[51]。

倘技術內容之特徵，揭示於美國專利案，便已喪失新穎性[52]。又如，發明創作於申請前，雖有相同之技術於日本提出申請，惟係於本案申請後，方於日本公開實用新案公報中刊登，在公開前僅屬日本專利局之內部資料，不可能爲他人仿效抄襲，則難謂其於申請前已見於刊物[53]。反之，申請人於申請前參加展覽會，並自行於報紙上刊載廣告，其圖式與專利案圖式完全相同，該廣告既非主辦單位發布之新聞稿，亦非邀展刊物，即屬本法第22條第1項第1款「已見於刊物」[54]。

「刊物已公開」，指刊物被置於公眾得以閱覽爲已足，不以實際上有人閱覽過該刊物爲必要[55]。

二、申請前已公開實施者

修正前喪失新穎性之公開使用，本涵蓋廣義之實施；是以，100年修法時配合第58條將公開使用改爲公開實施，確定所謂公開，及於製造、爲販賣

---

48 秦宏濟，專利制度概論，頁60（民國34年）。
49 行政法院77年度判字第1414號判例。
50 行政法院75年度判字第2347號判例。
51 行政法院73年度判字第381號判例。
52 行政法院80年度判字第1068第號判例。
53 行政法院75年度判字第1159號判例。
54 最高行政法院89年度判字1557第號裁判。
55 依審查基準彙編，已見於刊物指：將揭露有技術內容之「刊物」置於公眾得以閱覽，且使公眾能得知該技術之狀態，而不問公眾實際上是否閱覽或已真正獲知其內容。審查基準彙編，同註17，第2.2.1.1.1點，頁2-3-3。

之要約、販賣、使用或爲上述目的而進口該物之行爲[56]。

申請前的實施，稱爲「prior use」，可分爲公開實施（public use），及秘密實施（secret use）。公開實施，是指使用時（包括銷售產品）足使一般人或熟悉該項技術之人，了解發明或創作的特徵及技術內容，如此，該發明或創作便喪失新穎性[57]。而秘密實施，則是指產品雖銷售於市面，或爲大眾所使用，但即使是熟習該項技藝之人，亦無從了解其技術內容，換言之，無令人仿效之可能；此類發明多屬方法發明，以現今科技工業社會爲例，多爲企業界持爲「營業秘密」之用。

申請案之技術與已公開之技術並不以完全同一爲必要，倘兩項技術之創作動機、目的、構造、作用、技術及功效之主要部分相同，其不相同之附屬部分，僅係習用技術之轉移，爲一般業者所容易想到者，即難謂新穎[58]。

所謂實施，包括施於物或方法上而應用其技術功能之使用行爲，製造、爲販賣之要約、販賣及進口等行爲；公開實施，指透過前述使用行爲而揭露技術內容，使該技術能爲公眾得知之狀態，並不以公眾實際上已使用或已眞正得知該先前技術之內容爲必要[59]。專利法對於「公開實施」的事實，亦不以發生在國內者爲限[60]。按以資訊、交通發達，以及貿易頻繁的今日，取得他國資訊及產品並非難事，故不再以國內、外分界。

又申請前已陳列於展覽會供不特定人參觀者，亦屬已公開實施其技術，自喪失其新穎性。[61]

---

56 請參閱100年專利法修正案，立法院公報，第100卷，第81期，院會紀錄，第22條修正說明一(三)（民國100年11月29日）（以下簡稱「100年專利法修正案」）。

57 請參閱註59及其本文。

58 行政院73年判字第1183號判決。

59 亦即，因實施致發明之技術內容成爲公知狀態，或處於不特定人得以使用該發明之狀態者而言。前者如開放工廠供參觀等，但倘其使用非爲不特定人所得知者，則難謂爲公開使用。例如：公開使用內部藏有發明技術之新製品。後者如公開販售，使其物成爲不特定人得爲交易標的時，縱未有交易行爲，公開標售已視同公開。專利審查基準彙編，同註17，第2.2.1.2點，頁2-3-6。

60 民國68年修正條文時，將原條文之「……已在國內公開使用……」改爲「……已公開使用」，使「公開使用」者，包括國內外之情形。

61 92年專利法修正案，同註38，第22條修正說明三(一)。修正前專利法原將申請前已陳列於展覽會者另列爲喪失新穎性之事由。內容如下：申請前已陳列於展覽會者。但陳列於政府主辦或認可之展覽會，……，不在此限。修正前專利法第20條第1項第2款、第98條第1項第2款。立法意旨在但書部分之鼓勵參與特定展覽會。92年修法配合條文將喪失新穎性事

三、申請前已爲公眾所知悉者

　　申請發明之技術於申請前，雖未見於刊物，亦未公開實施，而係因其他方式爲公眾所知悉者，亦已喪失新穎性，應不予其專利[62]。例如於演講時以口述方式敘述技術內容等[63]。本款屬概括規定，使涵蓋所有於申請前公開之情事。

四、擬制喪失新穎性

　　擬制喪失新穎性[64]係指，凡申請案（後案）與申請在先之發明或新型專利申請案（前案）所附說明書、申請專利範圍或圖式載明之內容相同者，縱使前案係在後案申請後始公開或公告者，後案仍不得取得專利。所謂「公開或公告」，係指適用早期公開制之發明專利申請案的公開，以及不適用該制之申請案的核准公告，如新型專利申請案。此爲民國90年修法時所修訂，蓋以依前揭情事，後案並未喪失新穎性，爲貫徹先申請主義，故立法擬制其屬新穎性審查範圍[65]。專利審查基準彙編以：第23條所載之情事仍「屬於新穎性之先前技術」，是以，後申請案視爲喪失新穎性[66]。筆者以爲就法理而言，應直接適用「先申請主義」爲宜。蓋以前揭規定無論本文或但書，均以後案與前案之說明書、申請專利範圍或圖式所載內容相同者爲規範標的；

由與享有優惠期之事由分別立項規範，而以參展本爲公開使用情事之一，予以刪除。

62 92年專利法修正案，同註38，第22條修正說明三(二)。此規定係參考歐洲專利公約第54條及日本特許法第29條第1項第1款規定。同註。專利法第22條第1項第3款，第120條準用之。

63 依專利審查基準，公眾所知悉，係指以口語或展示等方式揭露技術內容，如口語交談、演講、會議、廣播或電視報導等方式，或以公開展示圖面、照片、模型、樣品等方式，使該技術能爲公眾得知之狀態，並不以其實際上已聽聞或閱覽或已真正得知該先前技術之內容爲必要。以口語或展示等行爲使先前技術能爲公眾得知時，即爲公眾知悉之日，例如前述口語交談、演講及會議之日、公眾接收廣播或電視報導之日以及公開展示之日即爲公眾知悉之日。專利審查基準彙編，同註17，第2.2.1.3點，頁2-3-6。

64 專利法第23條，第120條準用之。

65 90年專利法修正案，同註15，專利法第20-1條修正說明二暨三。此規定源自於90年修正前專利法第20條第1項第2款及第98條第1項第2款「有相同之發明或新型申請在先並經核准專利者」，因其無關乎申請前公開之喪失新穎性事由，故另立條文訂之。按：前揭專利法第20-1條即現行專利法第23條。

66 專利審查基準彙編，同註17，第2.6.1點，頁2-3-12。

且，前後案分屬不同人所有。是，縱無本條規定，專利專責機關於審查專利申請案時仍應以第31條爲由核駁後案[67]，況且第31條亦爲公眾審查（舉發制）之事由[68]，似無將其擬制爲喪失新穎性審查範圍之必要。此可證諸於行政法院之判決[69]。100年修法時於第23條增列「申請專利範圍」，使擬制喪失新穎性之適用，與先申請主義之適用構成混淆[70]。

90年修法時以，倘前後案屬同一人所有，後案僅見於前案之說明書或圖式，而後案未見於前案之申請專利範圍，後案並不喪失新穎性[71]，反之，則爲重複申請，而有專利法第31條之適用。然而，此次修法既增列「申請專利範圍」，使但書先後申請案屬同一人時，於適用上衍生疑義。倘前後案屬同一人所有，兩案之申請專利範圍相同，便已構成重複申請，何以仍得適用但書？

第二項　設計專利之新穎性原則

設計於申請前有下列情事之一，喪失新穎性[72]：一、有相同或近似之設計，已見於刊物者；二、有相同或近似之設計，已公開實施者；三、已爲公

---

67 專利法第46條。筆者以爲，若爲貫徹第31條先申請主義之精神，僅須於認定兩件以上分屬不同申請人所持之申請案的同一性時，擴及說明及圖式即可。

68 專利法第71條第1項第1款及第119條第1項第1款。

69 專利應否准許，應以申請當時之客觀事實爲審查依據。縱令其申請前引證之技術尚未核准公告，無喪失新穎性之情事，惟後者申請在先，依第27條二人以上有同一發明，各別申請專利時，應准先申請者專利。（即現行專利法第31條。）行政法院76年度判字第158號判決；行政法院77年度判字第1792號判決。

70 依專利審查基準彙編，以申請人與申請日之態樣，計有四種情況：(1)同一人於同日申請；(2)不同人於同日申請；(3)同一人於不同日申請；(4)不同人於不同日申請。在(1)及(2)審查同日申請之申請案及在(3)審查後申請案之情況，應適用先申請原則，惟，在(4)情況則適用擬制喪失新穎性。專利審查基準彙編，同註17，第5.2.2點，頁2-3-33～2-3-34。筆者以爲前揭適用原則已淡化先申請主義之重要性。

71 專利法第23條但書，第120條準用之。其立法理由爲，既屬同一人所有，又未公開，亦無重複取得專利權之虞，應允其取得專利。90年專利法修正案，同註15，專利法第20-1條修正說明二（即現行專利法第23條）。基於專利授權及侵權訴訟之考量，發明人／申請人常將其一項研發成果以多件專利申請案提出，致使各件申請案之專利申請範圍不同，但說明及圖式卻相似之情事。

72 專利法第122條第1項。

眾所知悉者。所謂申請前，指申請日[73]之前（不包含申請日）；主張優先權者，則指優先權當日之前（不包含優先權日）[74]。

一、申請前有相同或近似之設計，已見於刊物者

凡有相同或近似於申請案之設計，於申請前見於刊物者，均足以使該申請案喪失新穎性[75]。此不同於發明、新型專利申請案之以相同發明創作的公開方足以喪失新穎性。至於「刊物」之認定，則與發明、新型之情事無異。

又，既以刊物已公開者為限，倘僅與雜誌社簽訂刊登廣告的契約，屬發行前之準備行為，仍應以該雜誌實際出版之日為認定依據，不得以簽有廣告契約即認定其已公開[76]。是以，刊物雖已印妥，惟尚未對外發送或展示，一般人尚無從藉以查知其內容，即非謂「已見於刊物」[77]。

依一般商業習慣，型錄乃廠商為推介其產品供買方訂貨參考，所預先製作之目錄，其上倘已有西元1987年2月字樣，即可證明早於2月以前已製有引證案之實品，目錄並於2月前已印製完成，最遲於2月1日起廣為發布流傳，較系爭案申請日（同年2月18日）為早，故後者不具新穎性[78]。

二、申請前有相同或近似之設計，已公開實施者

一如發明暨新型，專利法上之使用僅係實施態樣之一，舉凡以製造、為販賣之要約、販賣、使用或為上述目的而進口等均屬實施之行為。是以，此次修法亦將公開使用改為公開實施[79]；凡公開實施而揭露技藝內容，致公眾

73　專利法第125條第2項。

74　專利法施行細則第46條第1項，經濟部智慧財產局，專利審查基準彙編，第三篇「設計專利實體審查」，第三章「專利要件」，第2.2.1點，頁3-3-3（民國109年）。

75　相同或近似之設計共計四種態樣，屬於下列其中之一者，即不具新穎性：(1)應用於相同物品之相同外觀，即相同之設計；(2)應用於相同物品之近似外觀，屬近似之設計；(3)應用於近似物品之相同外觀，屬近似之設計；或(4)應用於近似物品之近似外觀，屬近似之設計。專利審查基準彙編，同註74，第2.4點，頁3-3-8。

76　行政法院83年度判字第1050號判決。不過，倘私文書為真正，且與事實有關連者，仍得據以為認定事實的證據。行政法院75年度判字第1446號判決。

77　行政法院77年度判字第1931號判決。同理，刊物之設計、排版、印刷等，均為公開發行前的準備行為，非謂「已見於刊物」。行政法院81年判字第2452號判決。

78　行政法院80年度判字第1605號判決。

79　專利法第122條第1項第2款。

得以知悉該技藝者，即構成新穎性之喪失[80]。

三、申請前已為公眾所知悉者

申請設計之技藝，於申請前雖未見於刊物，亦未公開使用，而係因其他方式為公眾所知悉者，亦已喪失新穎性，應不予其專利[81]。

四、擬制喪失新穎性

蓋以既有相同或近似之設計，申請在先者取得專利，自無准予另案專利之可能。

此亦為民國90年修法時所修訂，凡申請案（後案）與申請在先之設計專利申請案（前案）所附說明書或圖式之內容相同或近似者，縱使前案係在後案申請後始公告者，後案仍不得取得專利[82]。一如發明暨新型專利申請案，其目的在貫徹先申請主義，故立法擬制其屬新穎性審查範圍[83]。

設計是否相同，應以產品之整體造形為觀察重點，而非以其部分零組件的特徵作為比較依據[84]。是以，倘設計與引證案產品之造形特徵及整體外觀表現均相同，僅有的差異並非整體造形的重點所在，則不符合設計專利要件[85]。又若申請專利之標的為物品之形狀及花紋，則應以「形狀及花紋」整體比對，做為其與引證案是否相同或近似的審究標準，蓋以物品之花紋係以形狀為載體方能存在，故二者不得分離、個別探究[86]。兩設計物品之形狀、

---

80 並不以公眾實際上已實施或已真正得知該技藝之內容為必要。專利審查基準彙編，同註74，第2.2.1.2點，頁3-3-5～3-3-6。民國90年修法時增訂新式樣於申請前陳列於展覽會供不特定人參觀者，喪失其新穎性。在此之前，新式樣參展，係以「公開使用」為由喪失其新穎性。前揭規定，目的在於但書優惠期之適用。惟，92年修法時又將其刪除，理由同發明及新型專利申請案，以「公開使用」已足以涵蓋。92年專利法修正案，同註38，專利法第110條修正說明三(一)（即現行專利法第122條）。

81 92年專利法修正案，同註38，專利法第110條修正說明三(二)。此規定係參考日本意匠法第3條第1項第1款規定。同註。專利法第110條第1項第2款。請參閱註62。

82 專利法第123條。

83 90年專利法修正案，同註15，專利法第107-1條修正說明三暨四（即現行專利法第123條）。請參閱本節第一項之四、「擬制喪失新穎性」。

84 行政法院83年度判字第2815號判決；行政法院84年度判字第617號判決。

85 行政法院78年度判字第2215號判決，亦不得以內藏不易察覺的隱藏部分，作為比較依據。

86 行政法院84年度判字第8776號判決。

花紋、色彩，若隔離觀察其主要部分，足以發生混淆或誤認之虞，縱其附屬部分外觀稍有改易，不得謂非近似之設計[87]。

設若前後案屬同一人所有，則不喪失新穎性[88]。

新型與設計專利所保護之範疇雖不同，惟若有新型專利申請在先，而有此造形相同或近似之設計申請在後者，後者仍有專利法第123條之適用[89]。

第四節　進步性或創作性

專利要件尚包括進步性（inventive step）[90]，即申請專利之發明創作，須具有進步及創新的特質。民國38年施行之專利法，並未明定進步性要件，迄民國68年修法時，始增列於發明暨新型專利中[91]。申請專利之發明或新型，若係運用申請前之習用技術或知識，應視爲習用技術之轉用，不得准予專利，此亦爲各國專利法規所採行[92]。民國83年修法時增列類似規定爲新式樣專利要件（按：現行設計專利要件）[93]，惟於審查基準中以「創作性」稱之。

發明、新型專利之進步性與設計專利之創作性，不盡相同。

第一項　發明專利暨新型專利

任何一件發明、新型專利申請案，縱其符合產業上可利用性暨新穎性要件，倘其不符合進步性要件，仍無法取得專利。亦即，發明創作技術爲所屬

87　行政法院71年度判字第877號判決。

88　專利法第123條但書。

89　請參閱行政法院76年度判字第2052號判決。

90　亦有稱 "non-obviousness"，如美國專利法，一般譯爲「非顯著性」，意爲發明、創作不得爲一般人或熟習該項技藝之人可推知之習知技術，爲消極要件。筆者以爲，譯爲「非顯著性」稍嫌不當；令人誤解專利必須不具顯著創作特徵（易言之，須爲平凡之創作），更與過往商標法上之「顯著性」（distinctiveness）（現已改爲「識別性」）要件造成混淆。不如譯爲「非顯而易見性」，雖不若前者文字簡潔，惟不致產生誤解。

91　民國68年專利法第2條第5款及第96條第5款。

92　67年專利法修正案，立法院公報，第67卷，第99期，頁30～31（民國67年12月13日）。

93　83年修正施行之專利法第110條第4項。

技術領域中具有通常知識者依申請前之先前技術所能輕易完成者[94]，欠缺進步性。是以，確認發明、新型之進步性，首應界定特定發明創作所屬之技術領域，進而以該技術領域中具有通常知識之人的能力為判斷標準，復以申請日為其判斷時間，並以申請前之先前技術（已公開之技術知識）為判斷基礎[95]。

　　所謂「該發明所屬技術領域中具有通常知識者」，係一虛擬之人，具有該發明所屬技術領域中之通常知識及執行例行工作、實驗的普通能力，而能理解、利用申請日（主張優先權者為優先權日）之前的先前技術[96]。先前技術，則指專利法第22條第1項所列情事：申請前已見刊物、已公開實施或已為公眾所知悉之技術；該先前技術不包括在申請日及申請日之後始公開或公告之技術，也不包括專利法第23條所規定申請在先而在申請後始公開或公告之發明或新型專利申請案[97]。審查進步性時，引用文件的型態可有下列三種：(1)以多份引證文件中之全部或部分技術內容的組合；(2)一份引證文件中之部分技術內容的組合；及(3)引證文件中之技術內容與其他形式已公開之先前技術內容的組合[98]。

　　進步性之審查應以每一請求項中所載之發明的整體為對象[99]，並依下列

94　專利法第22條第2項，第120條準用之。

95　請參閱92年專利法修正案，同註38，專利法第22條修正說明六。

96　所屬技術領域中具有通常知識者，指具有申請時該發明所屬技術領域之一般知識及普通技能之人；所謂申請時，指申請日時，主張優先權者，指該優先權日。專利法施行細則第14條，第45條準用之。專利審查基準彙編，同註17，第3.2.1點，頁2-3-15。

97　專利審查基準彙編，同註17，第3.2.2點，頁2-3-15。原則上審查進步性時之先前技術應屬於該發明所屬或相關之技術領域，但若不相關之技術領域中的先前技術與申請專利之發明有共通的技術特徵時，該先前技術亦可適用。專利審查基準彙編，同註。確定相關先前技術時，應考量下列事項：(1)有動機結合複數引證：①申請專利之發明與先前技術在技術領域的關連性；②申請專利之發明與先前技術在所欲解決之問題的關連性；③申請專利之發明與先前技術在功能或特性上的關連性；④相關先前技術對申請專利之發明的教示或建議。(2)簡單變更。(3)單純拼湊。此為否定進步性之因素。專利審查基準彙編，同註17，第3.4.1點，頁2-3-17～2-3-23。肯定進步性之因素有：(1)反向教示。(2)有利功效。(3)輔助性判斷因素：①發明具有無法預期之功效；②發明解決長期存在的問題；③發明克服技術偏見；④發明獲得商業上的成功。專利審查基準彙編，同註，第3.4.2點，頁2-3-23～2-3-26。

98　專利審查基準彙編，同註17，第3.3.2點，頁2-3-16。

99　若該發明所屬技術領域中具有通常知識者依據申請日（主張優先權者為優先權日）之前的

步驟進行判斷[100]：(1) 確定申請專利之發明的範圍；(2) 確定相關先前技術所揭露的內容；(3) 確定申請專利之發明所屬技術領域中具有通常知識者之技術水準；(4) 確認申請專利之發明與相關先前技術之間的差異；(5) 該發明所屬技術領域中具有通常知識者參酌相關先前技術所揭露之內容及申請時的通常知識，判斷是否能輕易完成申請專利之發明的整體。

據此，倘發明創作之技術非「可輕易完成者」，便符合進步性要件[101]。

基於發明與新型專利之創作層級不同，93年修正施行之專利法各以「所能輕易完成」及「顯能輕易完成」規範發明及新型之進步性[102]。民國100年修法時則以發明與新型之專利要件並無不同，而刪除前揭規定。發明技術須在技術上、知識上及功效上有創新表現始可，倘集合習知技術予以轉用，其功能僅為原習用技術所應用，而無相乘之效果，自不符合進步性要件[103]。

新型創作之形狀、構造或裝置，所應用之手段縱令在原理上非前所未有的創新，而係習用技術，倘其空間形態屬創新，並能產生新作用或增進該物

先前技術，判斷該發明為顯而易知時，即應認定該發明為能輕易完成者，不具進步性。若申請人提供輔助性證明資料，得參酌該輔助性證明資料予以判斷。判斷請求項中所載之發明是否具進步性時，得參酌說明書、申請專利範圍圖式及申請時的通常知識，以理解該發明。專利審查基準彙編，同註17，第3.3.3點，頁2-3-16。

100 專利審查基準彙編，同註17，第3.4點，頁2-3-16～2-3-17。

101 能輕易完成與顯而易知為同一概念。顯而易知，指該發明所屬技術領域中具有通常知識者以先前技術為基礎，經邏輯分析、推理或試驗即能預期申請專利之發明者。換言之，該發明所屬技術領域中具有通常知識者依據一份或多份引證文件中揭露之先前技術，並參酌申請時的通常知識，而能將該先前技術以轉用、置換、改變或組合等方式完成申請專利之發明者，該發明之整體即屬顯而易知，應認定為能輕易完成之發明。專利審查基準彙編，同註17，第3.2.3點，頁2-3-15。

102 93年修正施行前專利法第20條第2項則規定凡發明係運用申請前既有之技術或知識，為熟習該項技術者所能輕易完成，則不具進步性。民國92年修法時，以其定義不明確，迭有爭議，故修正之。92年專利法修正案，同註38，專利法第22條修正說明六。93年修正施行前專利法第98條第2項則以新型係運用申請前既有之技術或知識，為熟習該項技術者能輕易完成且未能增進功效者，不具進步性。其與發明專利之區別在於，倘創作確能增進功效，則縱使為熟習該項技術者所能輕易完成，仍不失其進步性。民國92年修法時，以前揭規定或有解釋為新型創作需有功能上之增進，而發明毋需有功能上之增進的誤解，故予以修正。92年專利法修正案，同註38，專利法第94條修正說明六（即現行專利法第120條準用第22條）。

103 行政法院84年度判字第1933號判例。另請參閱行政法院69年度判字第370號判決；行政法院70年度判字第914號判決；行政法院83年度判字第1967號判決，行政法院83年度判字第2298號判決。

品功效時，即符合新型專利要件 [104]。或將確具改良性、進步性之工業技術，表現於形狀、構造或裝置，得以提高原有物品使用之功效者，亦是 [105]。倘新型創作與引證技術於整體形狀、構造之組成元件與空間組態均不相同，縱其創作目的相同，其技術手段及功效不同者，仍屬新型創作 [106]。反之，若僅利用習用技術為型態創新，仍須能產生某種新作用或增進物品之某種功效，非謂型態略加變動，稍有不同，即得申請新型專利 [107]。同理，倘創作內容為簡單轉換之技術結構，一般具有相同技術背景之人士可輕易完成，於功效上未有所增進，則不符進步性要件 [108]。

　　新型若係湊集多項已申准公開之他人專利與習用技術，縱其於應用他人專利或技術之餘，另有部分改進，亦應僅此改進部分准予專利，而不得准其專利範圍涵蓋他人專利或習用技術，否則，將予人「合法」侵害他人專利的機會 [109]。

　　進步性之認定不易，故而美國案例法衍生若干次要因素（secondary considerations），以為進步性要件之佐證。我國專利審查基準亦採之，即輔助性判斷因素 [110]：(1)發明具有無法預期之功效──指發明具顯著功效，非先前技術所得以預見者。(2)發明解決長期存在的問題──指發明解決同業間長期存在的問題或需求。(3)發明克服技術偏見──採用因技術偏見而被捨棄之技術，並解決所面臨之問題。(4)發明獲得商業上的成功──直接因發明之技術特徵所獲致之商業上的成功。

---

104 行政法院83年度判字第2143號判決；行政法院83年度判字第2875號判決。新型創作運用習知之零組件或技術在所難免，甚至於申請專利範圍獨立項中，將已知技術納入整體構造，應否准予專利，自應就整體構造決定之。行政法院86年度判字第990號判決。

105 行政法院83年度判字第2742號判決。

106 行政法院78年度判字第8258號判決。

107 行政法院83年度判字第651號判決；行政法院86年度判字第732號判決。又如，「電話型玩具挖土機」係綜合電話與挖土機之型體而成，在空間型態上固係前所未見，惟其非但無法使兒童正確認識電話或挖土機的形狀與功能，且對兒童產生誤導作用，於玩具功效上顯無增進，故不具進步性要件。行政法院78年度判字第841號判決。

108 行政法院84年度判字第882號判決。

109 行政法院82年度判字第358號判決。

110 專利審查基準彙編，同註17，第3.4.2點，頁2-3-24～2-3-26。

第二項　設計專利

　　設計之創作係所屬技藝領域者中具有通常知識者所易於思及，則不得准予專利[111]。此為民國83年修正專利法時所增列之要件，其理由為「新式樣專利」（即現行設計專利）亦須具創作性，故做如是之規定[112]。專利專責機關於專利審查基準中，以「創作性」稱之，希冀以此要件提升工業設計的水準。

　　民國92年修改專利法時，基於與發明、新型專利相同之考量，修改創作性之規範內容：為確認設計之創作性，首應界定特定創作所屬之技藝領域，進而以該技藝領域中具有通常知識之人的能力為判斷標準，復以申請日為其判斷時間，並以申請前之先前技藝（即已公開之技藝知識）為判斷基礎[113]，據此，倘設計創作之技藝非「易於思及者」，便符合創作性要件[114]。

　　創作性的有無，取決於其「單元」、「單元構成」及「視覺效果」是否為該技藝領域具通知知識之人所易於思及者以為斷[115]。

　　一如發明專利暨新型專利，申請人得提供輔助性資料，支持其創作性：(1)設計所製得之產品在商業上獲得成功；(2)於知名設計競賽獲獎[116]。

---

111 專利法第122條第2項。

112 83年專利法修正案，同註2，頁153～154。

113 92年專利法修正案，同註38，專利法第110條修正說明六（即現行專利法第122條）。

114 創作性之審查應以申請專利之設計整體設計為對象，若該設計所屬技藝領域中具有通常知識者依據申請日（主張優先權者為優先權日）之前的先前技藝，判斷該設計為易於思及時，則該設計不具創作性。所謂所屬技藝領域中具有通常知識者，指具有申請時該設計所屬技藝領域之一般知識及普通技能之人。申請時指申請日，主張優先權者，指該優先權日。專利法施行細則第47條。若申請人提供輔助性證明資料，得參酌輔助性證明資料予以判斷。判斷申請專利之設計是否具創作性時，得參酌創作說明及申請時的通常知識，以理解該設計。申請專利之設計是否具創作性，通常得依下列步驟進行判斷：(1)確定申請專利之設計的範圍；(2)確定先前技藝所揭露之內容；(3)確定申請專利之設計所屬技藝領域中具有通常知識者之技藝水準；(4)確認申請專利之設計與先前技藝之間的差異；(5)判斷申請專利之設計與先前技藝之間的差異是否為該設計所屬技藝領域中具有通常知識者參酌申請前之先前技藝及通常知識而易於思及者。專利審查基準彙編，同註74，第3.4點，頁3-3-15～3-3-16。

115 倘創作為下列事項之適用或直接轉用者，均不具創作性：(1)模仿自然界形態；(2)利用自然物或自然條件；(3)模仿著名著作；(4)直接轉用置換；(5)組合改變位置、比例、數目等增加；(6)運用習知設計。專利審查基準彙編，同註74，第3.4.5點，頁3-3-17～3-3-21。

116 專利審查基準彙編，同註74，第3.4.6點，頁3-3-22。

第五節　新穎性暨進步性優惠期

　　認定申請案是否具有新穎性，原則上以其申請日爲準；有主張優先權者，以優先權日爲準。惟，若規定凡是在申請前已公開者，均視爲不具有新穎性，似過於嚴苛。蓋以新穎性的目的，固然在於保護公共法益（public interest），視已公諸於世或已知的技術爲公共財，任何人均無法取得專利。然而，此舉卻相對地削減了發明人或創作人進一步測試其發明、創作，並予以改良、使臻完善的意願，只因一旦公開即喪失其新穎性[117]。如此，反而使社會大眾無法享有較完善暨高品質的發明、創作。大多數發明及創作，於完成後，除從事實驗測試其功效，以確定有無改良之必要外；亦有予以展示或公開發表，以了解該項發明或創作之市場需求，有無開發價值、實用價值……等，俾決定是否申請專利。若因此認定其喪失新穎性，非但剝奪發明人或創作人取得專利的權利，亦使得發明人或創作人於發明、創作完成後，不待實驗或評估即申請專利；以致增加申請案件數量，包括不具開發價值或實用價值的申請案；一則浪費審查人力，二則使其他有價值的申請案，無法及早獲准專利。

　　因此，有所謂「優惠期」（grace period）之規定，對於特定情事於公開後一定期間內，仍准其提出專利申請；此項措施僅局限於特定公開之情事且以申請人本身的發明爲限。至於各國所採優惠期間，多爲十二個或六個月；前者如我國、美國、加拿大、南韓、日本等國，後者如英國、德國、法國等國。

　　民國100年修法時將優惠期之適用擴及進步性要件，使申請人主張之優惠期事由，不致成爲審查進步性要件之引證資料[118]。專利審查基準彙編以「喪失新穎性或進步性之例外」稱之。

　　民國90年修正前專利法，僅就發明暨新型專利定有新穎性優惠期，同年修正施行之專利法，增訂設計專利亦有新穎性優惠期的適用。

　　優惠期事由因歷次修法而逐步放寬，迄民國106年4月，我國專利申請人

---

117 Stephen Ladas, Patents Trademarks, and Related Rights, National and International Protection 293 (1975).

118 請參閱100年專利法修正案，同註56，第22條修正說明三(一)3。

得主張之優惠期事由有[119]：(1)因實驗而公開者；(2)於刊物發表者；(3)陳列於政府主辦或認可之展覽會者；及(4)非出於其本意而洩漏者。106年修法時將優惠期事由修改為「出於申請人本意所致之公開」及「非出於申請人本意所致之公開」，並將發明及新型專利申請案之優惠期間延長為十二個月；設計專利法之優惠期間則仍維持六個月[120]。

　　「出於申請人本意所致之公開」與「非出於申請人本意所致之公開」，差別在於公開是否出於申請人之意願，前者如申請人本身及其委任、同意、指示之人所為的公開；後者則非前揭申請人等所為的公開，如違反保密義務或以非法手段脅迫、詐欺、竊取發明之人的公開等[121]。凡經合法繼承、讓與、或僱傭、出資等關係取得專利申請權之人，其被繼承人、讓與人、受雇人或受聘人在申請前之公開行為，亦視同申請人之行為[122]。

　　公開之行為態樣並無限制，除民國106年修正前所列舉之公開，如實驗、發表於刊物，陳列於政府主辦或認可之展覽會外，亦包括任何公開發明之事實。惟，因申請專利而於我國或外國依法於公報上所為之公開係出於申請人本意者，仍屬申請前已見於刊物，而喪失新穎性[123]。

　　民國106年修正前專利法明定，申請人應於申請同時敘明適用優惠期之事由及日期，並應於專利專責機關指定期間內檢附證明文件；106年修法時

---

119 106年修正前專利法第22條第3項，第120條準用之及第122條第3項。請參閱附錄四。
120 專利法第22條第3項，第120條準用之及第122條第3項。修法理由為：(1)因應我國企業及學術機構的商業或學術活動，在提出發明申請案前以多元型態公開其發明；以及(2)為保障其就已公開之發明仍有獲得專利權保護之可能，並有充分時間準備專利申請案。106年專利法修正案，立法院公報，第106卷，第5期，院會紀錄，專利法第22條修正說明二（民國106年1月10日）（以下簡稱「106年專利法修正案」）。
121 專利審查基準彙編，同註17，第4.5點，頁2-3-39。
122 專利法施行細則第15條，第45條準用之及第48條。
123 專利法第22條第4項。申請人所請專利技術內容見於其向我國或外國提出之另件專利申請案，因該他件專利申請案登載專利公開公報或專利公報所致之公開，其公開係因申請人依法申請專利所導致，而由專利專責機關於申請人申請後為之。公報公開之目的在於避免他人重複投入研發經費，或使公眾明確知悉專利權範圍，與優惠期之主要意旨在於使申請人得以避免因其申請前之公開行為所致無法取得專利保護者，二者於規範行為及制度目的上均不相同，故而前者見於公報仍屬公開。惟，倘公報公開係出於疏失，或係他人直接或間接得知申請人之創作內容後，未經其同意所提出專利申請案之公開者，則該公開仍不應作為先前技術。106年專利法修正案，同註120，專利法第22條修正說明三。

予以刪除[124]。

筆者以爲優惠期固然有制定之必要性，然而，姑不論進步性，其畢竟爲新穎性要件之例外：過度擴張例外事由之認定，將限縮新穎性要件之適用，使其立法意旨蕩然無存。蓋以，法律的制定本有原則規定與例外規定，例外規定的制定與適用應從嚴，否則將與原則規定本末倒置。如前所言，新穎性要件旨在確保(1)獲准專利的技術必爲新穎的；(2)產業穩定性並保護善意第三人[125]。優惠期係針對前揭(2)所制定之例外事由；令申請人據以申請專利之新穎技術，不致因申請前之公開必然喪失新穎性。揆諸歷年修法，93年修正前專利法，適用優惠期之事由顧及申請人之權益外均與公共法益有關；92年修法時增訂與公共法益無涉之事由（非出於申請人本意而洩漏者），尤有甚者，106年更修改爲以申請人權益爲唯一考量因素，罔顧公共法益，使個人法益凌駕於新穎性要件之公共法益，實有未妥。茲將歷年修正施行之規定臚列如下。

	不具新穎性	優惠期事由暨期間
38年～68年4月施行之專利法（專利法第2條）	1.申請前已見於刊物或已在國內公開使用，他人可能仿效者。 2.有相同之發明核准專利在先者。 3.已向外國政府呈請專利逾一年。 4.陳列於政府或政府認可之展覽會逾六個月未申請者。 5.呈請專利前祕密大量製造，而非從事實驗者。	1.因研究、實驗而發表或使用者／六個月。 2.陳列於政府主辦或政府認可之展覽會／六個月。

---

124 106年修正前專利法第22條第4項。民國106年修法時則以避免申請人因疏於主張而喪失優惠期之利益，並爲落實鼓勵創新並促進技術及早流通之目的，故而刪除前揭第4項規定，以確保申請人權益。106年專利法修正案，同註120，專利法第22條修正說明三。配合前揭修正，民國106年修改專利法施行細則亦將原第16條第2項第1款（申請時應敘明之事項——主張專利法第22條第3項第1款至第3款規定之事實者）及第49第2項第1款（申請時應敘明之事項——主張專利法第122條第3項第1款至第3款規定之事實者）刪除。分割程序中應檢附及敘明之原申請案有第22條第3項或第122條第3項規定之事實的規定，亦予以刪除，即106年修正前專利法施行細則第28條第1項第2款暨第2項第1款，及第58條第1項第2款暨第2項第1款。

125 請參閱本章第三節「新穎性」。

	不具新穎性	優惠期事由暨期間
68年4月～83年1月修正施行之專利法（專利法第2條）	1. 申請前已見於刊物或已在國內公開使用，他人可能仿效者。 2. 有相同之發明核准專利在先者。 3. 陳列於政府或政府認可之展覽會逾六個月未申請者。 4. 呈請專利前秘密大量製造，而非從事實驗者。 5. 運用申請前之習用技術、知識顯而易知未能增進功效者。（此款屬不具進步性）	1. 因研究、實驗而發表或使用者／六個月。 2. 陳列於政府主辦或政府認可之展覽會／六個月。
83年1月23日修正施行之專利法（專利法第20條第1項）	1. 申請前已見於刊物或已公開使用者。 2. 有相同之發明或新型申請在先並經核准專利者。 3. 申請前已陳列於展覽會者。	1. 因研究、實驗而發表或使用／六個月。 2. 陳列於政府主辦或認可之展覽會／六個月。
90年10月26日修正施行之專利法（專利法第20條第1項）	1. 申請前已見於刊物或已公開使用者。 2. 申請前已陳列於展覽會者。	1. 因研究、實驗而發表或使用／六個月。 2. 陳列於政府主辦或認可之展覽會／六個月。
93年7月1日修正施行之專利法（專利法第22條第1項暨第2項）	1. 申請前已見於刊物者或已公開使用者。 2. 申請前已為公眾所知悉者。	1. 因研究、實驗者／六個月。 2. 因陳列於政府主辦或認可之展覽會者／六個月。 3. 非出於申請人本意而洩漏者／六個月。

	不具新穎性	優惠期事由暨期間
102年1月1日修正施行之專利法（專利法第22條第1項暨第3項）	1. 申請前已見於刊物者。 2. 申請前已公開實施者。 3. 申請前已為公眾所知悉者。	1. 因實驗而公開者／六個月。 2. 因於刊物發表者／六個月。 3. 因陳列於政府主辦或認可之展覽會者／六個月。 4. 非出於其本意而洩漏者／六個月。
106年5月1日修正施行之專利法（專利法第22條第1項暨第3項）	1. 申請前已見於刊物者。 2. 申請前已公開實施者。 3. 申請前已為公眾所知悉者。	1. 申請人出於本意所致之公開／十二個月。 2. 申請人非出於本意所致之公開／十二個月。

　　至於優惠期間，發明及新型專利由106年修正前之六個月延長為十二個月，設計專利仍為六個月[126]，申請人本身技術的公開，於公開後前揭期間內申請專利者不致因此喪失新穎性，該公開之事由亦不致構成進步性要件之先前技術。然而，優惠期之規定並未給予任何保護措施；是以倘於優惠期間內，(1)有第三人仿冒其技術而製造販賣，申請人（發明人）並無專利法上的權利可據以對第三人主張，亦即無法主張專利權侵害；(2)另有發明人完成相同技術於前揭期間公開者，對申請人而言，仍喪失新穎性；(3)設若(2)之發明人並未公開其技術而逕申請專利（A案），前揭申請人則申請在後（B案），其結果為：A案因B案公開在先而喪失新穎性；B案因A案申請在

---

126 所謂發明／新型優惠期十二個月或設計之六個月，係自事實發生次日至專利申請案之申請日止（即專利法第25條第2項，第120條準用之及第125條第2項）。倘有多次前揭事實發生，優惠期應自第一次事實發生之次日起算。專利法施行細則第13條第3項，第45條準用之及第46條第3項。

先而有專利法第31條之先申請主義或第23條擬制喪失新穎性之適用，以致無法獲准專利。筆者以爲基於保護發明人、創作人，尤其設計人（其設計最易遭仿冒），仍應鼓勵渠等儘早申請專利，避免於申請前公開技術。

第六章 ┃ 專利審查制度

　　專利權的取得，就程序上（取得專利權之優先順序）而言，可分爲「先申請主義」與「先發明（創作）主義」[1]；至於實體內容方面，則因審查與否而分爲「註冊主義」（registration）與「審查主義」（examination）。

　　目前各國多以進行實體審查的審查主義爲主。然而，專利權的賦予，既無法確保其市場銷售的成功；實體審查的冗長程序，又難以配合產業科技的快速發展；相關權宜措施遂因應而生。本章將依序介紹註冊暨審查主義，探討我國現行法就發明、新型暨設計專利之核准，所採行的相關審查制度。

第一節　註冊主義暨審查主義

　　註冊主義與審查主義各有其利弊，基於社會經濟安定性的考量，各國多採審查主義。而爲因應審查主義的弊端，部分國家又採行相關措施。如：發明專利申請案的早期公開制、新型專利申請案的形式審查，以及廢除公眾審查的異議制等。

第一項　註冊主義

　　「註冊主義」又名「形式審查主義」（formal examination），早期大陸法系國家多採之，並深受西元1844年法國專利法之影響[2]。形式審查，事實上亦爲實體審查制中，進行實體審查前的重要審查項目之一，其審查內容爲：申請文件是否齊備，程式是否符合，說明書、圖式是否書寫完整、詳細，申請費是否繳納等；此爲單純的形式審查。大多數國家均於形式審查之初，就專利內容是否屬於專利法保護的範圍，進行審查。例如：甲國專利法不予飲食品專利保護，若申請人以飲食品申請專利，專利專責機關應逕予不受理之

1　詳見本篇第三章「專利之申請」。

2　1 Stephen Ladas, Patents, Trademarks, and Related Rights, National and International Protection 344 (1975).

處分，毋庸進一步進行形式審查。

　　註冊主義（形式審查）的優點在於，作業程序簡便、快速、費用經濟；至於申請案本身實體上的問題，則藉公眾審查解決，由申請人循舉發程序，撤銷其專利權[3]。弊端為，舉發案件數之繁多；且由於未經實體審查，致依註冊主義取得之專利權可信度較差，較有遭舉發撤銷之虞，不利於社會經濟之穩定性。

第二項　審查主義

　　相對於註冊主義，審查主義除前揭形式之審查外，更對申請專利之發明內容是否符合專利要件（如：充分揭露要件、新穎性、產業上可利用性、進步性等）進行實體審查，故又稱實體審查主義。

　　實體審查制度與註冊主義（形式審查），其主要差異為，前者歷時較久、審理內容較繁複，必須經實體審查後方能決定准否專利；然而，因此所取得的專利權，可信度較高，產業界較有信心投入資金、人力開發該項專利。同時舉發案件亦相對減少，減省專利專責機關處理舉發案件的人力、時間等[4]。

　　採實體審查制度的國家，多建有一套已准專利案件的檔案，供資料審查的檢索；而資訊發達的今日，更使得所謂資料檢索邁向國際化，採國際連線（on-line）檢索，促使實體審查趨於完善。

　　無論註冊主義，抑或實體審查，均須向官方（多稱為專利局）提出申請，蓋以專利權既在使專利權人享有一定的排他權利，自不得任由任何人自行主張其權利，因此，須由政府機構掌管監督，毋庸置疑。

　　實體審查主義幾乎已成為世界各國所採行，惟其繁複的程序，導致審查進度的遲緩；而科技的快速成長，更使申請案件的數目急遽增加，審查部門案件負荷過重，致審查結果未能十分完善。因此，衍生不同的因應措施，期能彌補其缺失。

　　以我國專利法為例，相關措施有(一)發明專利案之採早期公開制（early

3　Ladas, 同上；Baxter, World Patent Law & Practice § 3.00, at 3-1-3-2 (1968 & Supp. 2002).
4　Ladas, 同註2。

publication）；(二)新型專利案之採形式審查；以及(三)廢除公眾審查制
（public examination）之異議制（opposition）。茲先行略述前揭相關措施之
緣由如下。

一、早期公開制

現行多數國家所採的早期公開制係源自於延緩審查制（deferred
examination）。

(一) 延緩審查制

西元1964年，荷蘭首先採行「延緩審查制」[5]，專利專責機關受理申請
案後，暫不審查，俟申請人或利害關係人申請審查，始進行之。如此，申請
人得以充分考量是否有使用該項發明、創作的價值，同時，發明不致遭仿
冒，或喪失新穎性。此方式固然減輕專利專責機關的工作負擔，但其弊端
為，違背先申請主義之鼓勵及早公開發明的立法宗旨，產業界及社會大眾無
法實際了解，有那些發明、創作存在，致有重複發明之情事，浪費研發資
源、時間、人力、物力等等。

(二) 早期公開制

早期公開制者，專利專責機關於申請案提出後屆滿一定期間（多為十八
個月），即自動予以公開，可防止他人從事同樣的研發，且發明公開後，即
受到保護，於正式獲准專利前，若遭仿冒，申請人應先行通知對方告知其行
為為不法，並於取得專利權後，對之提起訴訟請求補償金。申請人得決定何
時向專利專責機關申請審查其申請案[6]，若於法定期間（現多為申請日起三
年的期間）內未申請審查，視為申請人不擬取得專利；亦即視為撤回，可紓
解專利專責機關審查案件的負擔。此制度承襲延緩審查制的優點，並彌補其
遲延公開的缺失。

5　Ladas, 同註2, at 368; Baxter, 同註3, §3.06 [3], at 3-13~3-18.匈牙利為最早倡議「延緩審查
　制」的國家，惟遲至西元1970年始實施；荷蘭則為最早實行該制度的國家（西元1964
　年）。

6　第三人亦得申請專利專責機關進行審查。

二、形式審查

實體審查的繁複與費時，使得部分國家重新考量形式審查的可行性，例如德國、日本等設有新型專利的國家。採行形式審查亦僅限於新型專利。不同於過往的註冊主義，任何人對於經形式審查核准的專利，得申請專利專責機關就實質技術內容作成專利技術報告，俾確定其是否符合專利要件。惟，該報告非行政處分，任何人擬撤銷該專利案，仍須依公眾審查制申請舉發（invalidation）撤銷。

三、廢除公眾審查制之異議制

公眾審查制的目的在彌補專利責機關審理申請案件時，因資訊不足等事由造成的疏失。民國93年修正施行前專利法有兩套公眾審查制，分別為異議制與舉發制。

(一) 異議制度

異議制度，係指申請案經審定核准專利後，公告於專利公報；而於公告之日起法定期間內，第三人對審定公告案件，認為有不合專利法規定之情事者，得提出異議，申請撤銷審定、不予專利。目的是在彌補專利專責機關審理申請案件時，所可能發生的疏失。

(二)舉發制度

相對於異議制度之對審定公告期間之專利案所採行的公眾審查，舉發制度係對核准公告之專利案採行公眾審查。任何人或利害關係人，得對不符合專利法規定之專利案，提起舉發，使撤銷其專利權。

然而，基於公眾審查的目的，提起異議制與舉發制的事由極為相近，效果亦相同；重複的制度，只見專利權因異議而延宕、致無法確定的弊端，而未見審查因此更加嚴謹的優點。故92年修法時予以刪除。

我國現行專利法，發明暨設計專利採實體審查制度，並就發明專利申請案採行「早期公開制」[7]，新型專利採形式審查；另於公眾審查制中，廢除

7　專利法第36條至第41條。

異議制（自民國93年7月1日起生效），保留舉發制。

第二節　發明專利之早期公開制

民國90年修正專利法時，就發明專利採行早期公開制，並自民國91年10月26日起施行[8]；新型暨設計專利不適用之。採行早期公開制，可使申請人於提出申請並經公開後，在已取得申請日無喪失專利要件之虞、且遭仿冒有補救措施的前提下，不需俟取得專利權，即可先行瞭解該技術有無市場價值及商機，俾決定是否申請實體審查以取得專利權。除此，此制度亦可兼顧先申請主義鼓勵儘早公開發明技術的目的，及疏緩專利專責機關實體審查的工作負荷。

專利專責機關仍須就發明專利申請案進行程序審查，方進入早期公開制的程序。

第一項　程序審查

申請案提出後，專利專責機關首先進行程序審查，確定其文件是否齊備、內容是否符合程式。程式不符或文件不齊備者，專利專責機關得限期補正。

延誤法定或指定期間，或不依限期繳費，專利專責機關將不受理其案件。惟延誤指定期間者，於處分前補正時，專利專責機關仍應受理[9]。至於法定期間，係因天災或不可歸責於其本人之事由，當事人得自事由消滅後三十日內，並在法定期限屆滿一年內（以早到者為準），申請回復原狀並同時補行程序[10]。

申請程序不合法或申請權人不適格而不受理或遭駁回時，申請人得直接

8　102年修正施行前專利法第41條。90年修正專利法雖自民國90年10月26日生效施行，惟「早期公開制」有一年緩衝期，遂自民國91年10月26日施行。溯至民國83年修正專利法，立法院於通過修正案時，附帶決議應於兩年內修法施行早期公開制。83專利法修正案，法律案專輯，第179輯（下），頁1012（民國84年8月初版）（以下簡稱「83專利法修正案」）。

9　專利法第17條第1項。

10　專利法第17條第2項及第3項。

依法提起行政救濟[11]。

第二項　適用早期公開制之要件暨效果

適用早期公開制的要件如下：

一、合於規定程式之發明專利申請案[12]。

二、申請案無不予公開之事由[13]——亦即：

(一) 自申請日後十五個月內未撤回[14]；

(二) 未涉及國防機密或其他國家安全之機密；以及

(三) 無妨害公共秩序或善良風俗者[15]。

符合前揭規定者，該申請案將自申請日後十八個月公開[16]，若有主張優

---

11 專利法第48條但書。

12 專利法第37條第1項。

13 專利法第37條第1項及第3項。倘因前揭(2)涉及國防機密或其他國家安全之機密，或(3)妨害公共秩序或善良風俗之情事，不予公開者，專責機關應通知申請人限期申復，屆期未申復，則不予公開。經濟部智慧財產局，專利審查基準彙編，第一篇「程序審查及專利權管理」，第九章「發明公開及申請實體審查」，第1點，頁1-9-1（民國102年）。按申請人得於申請案公開前申請實體審查，倘申請案於公開前業經核准審定公告，專利專責機關仍將予以公開。經濟部智慧財局，發明專利早期公開問答集，頁6～7（民國91年10月）。http:/www.tipo.gov.tw/attachment/tempUpload/398614482/早期公開答問手冊.doc（上網日期：民國93年6月20日）。按現行法已廢除異議制，故除93年修正前專利法核准審定公告外，現行法已無前揭審定公告之情事。又按90年專利法修正草案第36-1條但書明定「但已公告之申請案，不再公開」。立法院審議時，以其公告即屬公開，當然不需再公開，該但書為贅語而予以刪除。90年專利法修正，立法院第四屆第四會期第二十八次會議議案關係文書，頁討259（民國89年12月30日）；另請參閱立法院公報，第90卷，第46期，院會紀錄，第36-1條修正說明（審查會）（民國90年10月13日）（以下簡稱「90年專利法修正案」）。前揭專責機關見解顯與此不一致。專責機關於「專利Q&A—發明早期公開」仍與前揭答客問採相同見解。https://topic.tipo.gov.tw/patents-tw/cp-783-872277-43ef7-101.html（最後瀏覽日期：民國109年7月20日）。

14 原則上，倘申請人撤回申請案，則該案不予公開；惟，逾申請日起十五個月後始撤回者，因專利專責機關已進行公開作業，故仍予以公開。一旦公開，該案即為審查後案是否符合專利要件之引證，而不問申請人究竟於公開前或公開後撤回申請案。發明專利早期公開問答集，同上，頁6。

15 專利專責機關於審理申請案是否公開時，僅屬形式上的認定，未從事實體審查。是以，縱於此階段，專責機關認定無妨害公序良俗而予以公開，該案於實體審查時，仍可能因妨害公序良俗而遭核駁。

16 依專利法施行細則第31條，專利專責機關公開發明專利申請案時，應包括下列事項：(1)申請案號；(2)公開編號；(3)公開日；(4)國際專利分類；(5)申請日；(6)發明名稱；(7)發明

先權者，則以優先權日為準 [17]；前揭優先權，應包括國際及國內優先權。申請人得向專利專責機關申請提早公開其申請案 [18]，俾儘早受到第41條的保護。反之，基於早期公開之意旨，申請人不得申請延緩公開 [19]，更不得申請不予公開。

第三項　實體審查的申請

發明專利申請日後三年內、或逾前揭期限之分割申請或新型專利之改請發明專利之改請案，則自申請或改請後三十日內，專利申請案本人及其他任何人均得向專利專責機關申請實體審查 [20]。申請實體審查應注意下列事由 [21]：(1)檢附申請審查之申請書 [22]；(2)審查之申請不得撤回，俾免擾亂專利

人姓名；(8)申請人姓名或名稱、住居所或營業所；(9)委任代理人者，其姓名；(10)摘要；(11)最能代表該發明技術特徵之圖式及其符號說明；(12)主張本法第28條第1項國際優先權之各第一次申請專利之國家或世界貿易組織會員、申請案號及申請日；(13)主張本法第30條第1項國內優先權之各申請案號及申請日；(14)有無申請實體審查。技術部分係公開原取得申請日之中文本內容，凡於十五個月內有申請修正之案件，發明公開公報（專利公開資訊查詢系統）上會記載有修正之事實，並一併公開修正本。專利審查基準彙編，同註13，第1點，頁1-9-2。申請案的說明書、申請專利範圍、摘要及圖式則可於專責機關網站之審查公開資訊查詢暨資料檢索。步驟如下：專利專責機關網站（智財局www.tipo.gov.tw）→專利→專利檢索→專利網路公報→發明公開網路公報→利用申請案之公開編號→專利公開資訊查詢系統。

17 專利法第37條第1項及第4項。有兩項以上優先權者，以最早之優先權日為準。

18 專利法第37條第2項。僅申請人本人得申請提早公開，又，因早期公開之行政作業時間約需三個月，故得申請提早公開之期間為自申請日（或最早優先權日）起算十五個月內，逾十五個月者，專利專責機關已開始進行公開作業，即將公開。發明專利早期公開問答集，同註13，頁4～5。

19 發明專利早期公開問答集，同上，頁5。

20 第三人申請實體審查主要係為確認申請案得否取得專利，對其本身營業上有直接或間接的影響。專利法第38條第1項。倘申請案經申請實體審查後，又有他人另行申請實體審查時，專責機關應通知後申請者，該案已有申請實體審查在案，並檢還所繳規費；前揭通知，係事實行為而非行政處分。專利審查基準彙編，同註13，第2點，頁1-9-3。

21 專利法第38條第3項及第39條第1項。102年修正施行前專利法原規定有關生物材料或利用生物材料之發明專利申請案，申請人於申請審查時須檢具生物材料之存活證明；倘係第三人申請審查者，專利專責機關應通知專利申請人於三個月內檢送存活證明。現行法予以刪除，因100年修法時改採寄存證明與存活證明合一之制度，申請人寄存生物材料後，寄存機構應於完成存活試驗後，始核發寄存證明文件，不另出具獨立之存活證明。100年專利法修正案，立法院公報，第100卷，第81期，院會紀錄，第39條修正說明三及第27條修正說明三(一)（民國100年11月29日）（以下簡稱「100年專利法修正案」）。有關實體審查，請參閱本章第四節「發明專利暨設計專利之實體審查」。

22 依專利法施行細則第32條，申請書應載明下列事項：(1)申請案號。(2)發明名稱。(3)申請

專責機關之審查作業。

　　發明專利案申請人於必要時，得申請延緩實體審查之申請[23]。舉凡發明專利申請案均可，惟有下列情事之一則不得延緩[24]：(1)該申請案已受有審查意見通知或已審定；(2)該申請案已提出分割之申請；(3)該申請案係由第三人提出之實體審查申請；(4)該申請案已提出加速審查或專利審查高速公路之申請[25]。

　　申請延緩實體審查，應於申請實體審查同時或嗣後為之，惟不得晚於申請日後三年。有主張優先權者，前述期間以向我國提出之申請日為準。

　　申請人應敘明續行實體審查之特定日期，且此特定日期限於在申請日後三年之內[26]。又，申請延緩實體審查，不影響公開日期。

　　專利專責機關受理實體審查之申請時，應採行下列措施[27]：(1)公告——專利專責機關應將申請審查之事實刊載於專利公報；(2)通知專利申請人——由第三人申請審查者，專利專責機關應通知專利申請案之申請人。

　　發明專利申請案審定前，任何人認為該發明應不予專利時，得向專利專責機關陳述意見，並得附具理由及相關證明文件[28]。此規定源於民國101年修改專利法施行細則時所增訂，旨在藉由公眾向專利專責機關提供參考資料，以增進審查之正確性及效率[29]。又前揭資料屬參考性質，專利專責機關

實體審查者之姓名或名稱、國籍、住居所或營業所；有代表人者，並應載明代表人姓名。(4)委任代理人者，其姓名、事務所。(5)是否為專利申請人。

[23] 經濟部智慧財產局，發明專利申請案申請延緩實體審查作業方案，民國104年03月23日智法字第1048600300號發布。本方案係考量專利申請人之申請策略、專利布局及專利商品化時程等。申請人得撤回延緩實體審查之申請，但撤回申請後，不得再為申請延緩審查。方案第六(二)點。

[24] 發明專利申請案申請延緩實體審查作業方案，第二點。

[25] 有關加速審查作業方案及發明專利審查高速公路，請參閱本章第五節「提升發明專利實體審查效率之措施」。

[26] 發明專利申請案申請延緩實體審查作業方案，第五(一)點。申請人申請延緩實體審查後，得變更續行實體審查日期，但變更後之日期，不得逾越第五點第(一)項之規定。發明專利申請案申請延緩實體審查作業方案，第六(三)點。

[27] 專利法第39條第2項及第3項。

[28] 專利法施行細則第39條。

[29] 101年專利法施行細則修正案，第39條修正說明二，https://topic.tipo.gov.tw/public/Attachment/8123174475.pdf（最後瀏覽日期：民國109年9月1日）。

並無回復之義務[30]。依102年施行之專利法施行細則，第三人僅得於申請案「公開後」方得提出事證，主要因申請案於公開前專責機關仍應予保密，第三人無從知悉申請案的存在。民國109年修改專利法施行細則時則以一案二請制度，使第三人得於發明專利申請案公開前、因新型專利核准公告而知悉發明案之內容，故而刪除「公開後」之規定，使任何人得於申請案審定前提供不予專利之事證[31]。為因應專利法施行細則第39條之施行，專利專責機關自民國109年9月1日起施行「發明專利申請案第三方意見作業要點」。其重點如下[32]：

一、第三方：指除發明專利申請人以外之第三人（第1點）。前揭第三人即提交人必須具名以示負責。有關提交人之個資，原則上，專利專責機關將予以保密；惟倘提交人主動勾選意見書中「意見提交人同意對外公開個人資料（身分）」之選項，則專責機關將公開其姓名、住居所或營業所地址及國籍[33]。

二、提交意見期間：發明專利申請案審定前（第2點）。前揭審定包括再審查審定，是以，若申請案提起再審查時，第三方亦得於再審查審定前提交意見[34]。

三、意見：發明專利申請案有違反專利法第46條規定不予專利之情形（第3點）。

四、提交程序：

(一) 填具第三方意見書、載明該發明專利申請案號，並附具引證文件書

30　同上。

31　民國109年刪除「公開後」之限制，理由如下：(1)我國發明專利申請案初審平均審結期間約十四個月（截至108年底），發明專利申請案於公開前業已審定，第三人無從提出相關意見。(2)產業界或專業人士對於相同領域之技術較為熟悉，所提供之引證極具參考價值。(3)發明專利申請案雖尚未公開，而第三人於一案二請已公告之對應新型專利案，得知其技術內容。(4)為擴大公眾審查參與，提升審查品質；令任何人得提供該申請案應不予專利之事證，而該事證屬公開之資料，供專利專責機關作為審查資料。109年專利法施行細則修正案，第39條修正說明二。

32　經濟部令中華民國109年8月25日經授智字第10920031211號訂定「發明專利申請案第三方意見作業要點」，並自中華民國109年9月1日生效。

33　經濟部智慧財產局，「發明專利第三方意見作業要點」答客問，第三、4點（民國109年9月1日）（以下簡稱「發明專利第三方意見作業要點答客問」）。

34　發明專利第三方意見作業要點答客問，同註33，第一、2點。

目表、理由書及相關事證文件（第4點）。前揭引證文件，係指任何於專利申請案申請日（或優先權日）前已公開之（專利或非專利）書面文件；反之，非公開之文件不得據以為核駁之引證文件[35]。是以，其公開日期必須明確方得為專利專責機關所採用[36]。至於文件的性質，亦可包括其他國家專利專責機關之審查意見[37]。

(二) 以書面或透過專利專責機關之電子申請系統為之（第5點）。

(三) 倘有一案二請，前揭發明專利申請案號，得為已公告之對應新型專利申請案號（第6點）。

五、第三方意見之不受理（第7點）：

(一) 經審酌未具體明確，其內容、理由或證明文件明顯無法辨識，或與申請案無關者。

(二) 第三方意見未依規定提交。

(三) 發明專利申請案經撤回、不受理或審定者。

六、專利專責機關之職責：

(一) 實體審查階段，應通知申請人有第三方意見送達之事實（第8點）。

(二) 不須就該意見之處理情形及發明專利申請案之審查結果通知第三方（第9點）。

(三) 公開提交之引證文件書目表：發明專利申請案早期公開或審定公告後，應將前揭文件等公開於本局專利公開資訊查詢系統（第10點）。前揭「審定公告」，係指依專利法第52條，專利專責機關於申請人繳納證書費及第一年年費後所為的公告。

　　專利申請案於申請日後三年內，或逾前揭期限而於分割申請或改請日後三十日內，無人申請實體審查者，該專利申請案視為撤回[38]。

　　倘專利申請案公開後公告前，有非專利申請人為商業上實施者，專利專

35　發明專利第三方意見作業要點答客問，同註33，第一、4點。

36　發明專利第三方意見作業要點答客問，同註33，第三、3點。

37　發明專利第三方意見作業要點答客問，同註33，第三、5點。

38　專利法第38條第4項。

責機關得依申請優先審查[39]。申請優先審查之發明專利申請案必爲業經提出實體審查者，否則，須先申請實體審查，方得申請優先審查[40]。申請優先審查之人，不以專利案申請人爲限[41]；就專利案申請人之立場，申請優先審查可儘早確定其專利權利；就第三人之立場，渠等極可能爲該商業上實施之人，申請優先審查希冀釐清該案不應獲准專利，確立自己之實施不構成侵權。又，無論何人要求優先審查者，必須檢附相關證明文件[42]。如：廣告目錄、促銷或行銷等商業上實施事實之書面資料，或專利法第41條第1項規定之書面通知[43]。

第四項　發明公開後受侵害之救濟

專利申請案於公開後，倘有非專利申請人爲商業上之實施者，專利申請人曾以書面通知其發明專利申請內容，而於通知後公告前就該發明仍繼續爲商業上實施者，專利申請人得於申請案公告後，請求適當之補償金[44]。專利申請人對於明知專利申請案已公開，而於公告前仍繼續爲商業上實施之人，亦得爲前揭之請求[45]。原則上，前揭補償金請求權不影響其他權利的行使；其自公告之日起，二年間不行使而消滅[46]。惟，申請人係同時申請發明專利及新型專利，並已取得新型專利權者，只得就補償金請求權及新型專利侵害之損害賠償請求權擇一主張。

39　專利法第40條第1項。依專利法施行細則第33條第1項，申請優先審查者，應備具申請書，載明下列事項：(1)申請案號及公開編號。(2)發明名稱。(3)申請優先審查者之姓名或名稱、國籍、住居所或營業所；有代表人者，並應載明代表人姓名。(4)委任代理人者，其姓名、事務所。(5)是否爲專利申請人。(6)發明專利申請案之商業上實施狀況；有協議者，其協議經過。

40　專利法施行細則第33條第2項。

41　此由優先審查申請書應載事項之「是否爲專利申請人」可知。

42　專利法第40條第2項。

43　專利法施行細則第33條第3項。

44　專利法第41條第1項。

45　專利法第41條第2項。

46　專利法第41條第3項及第4項。

第三節　新型專利之形式審查

　　民國92年修法時將新型專利申請案之審查改採形式審查，主要基於產品生命週期之趨於短期化，而實體審查延宕專利權的取得，故參酌德、日、韓等國採形式審查[47]。

第一項　形式審查程序

　　新型申請案，除經審查其具備法定文件及程式外，須就有無下列情事進行形式審查，有所列情事之一者，不予專利[48]：

一、**申請案與新型定義不符**：新型非屬物品形狀、構造或裝置者。

二、**申請案非新型保護客體**：新型妨害公共秩序或善良風俗者。

三、**違反法定揭露形式**：說明書、申請專利範圍、摘要及圖式未符合專利法及施行細則所訂之事項及撰寫格式[49]。

四、**違反單一性原則**：申請案內容包含一項以上之獨立技術，與一創作一申請之原則不符。

五、**未揭露或揭露不明確**：說明書及圖式未揭露必要事項或其揭露明顯不清楚者。按此等審查僅就形式上審查可易於判斷出具有明顯瑕疵者，與實體審查說明及申請專利範圍者不同[50]。

六、**修正內容明顯逾越申請時說明書、申請專利範圍或圖式所揭露之範圍者**[51]：專利專責機關於形式審查新型專利時，得依申請或依職權通知申請人限期修正說明書、申請專利範圍或圖式[52]；修正內容不得逾越申請

---

47 92年專利法修正案，立法院公報，第92卷，第5期(一)，院會紀錄，專利法第97條修正說明二暨三（民國92年1月15日）（以下簡稱「92年專利法修正案」）（即現行專利法第112條）。

48 專利法第112條。

49 專利法施行細則第45條準用第17條至第23條。

50 92年專利法修正案，同註47，專利法第97條修正說明五。

51 此事由為民國100年修法時所增訂。蓋以新型專利申請案並不進行實體審查，惟倘修正內容明顯逾越申請時所揭露之範圍，為權衡申請人與社會公眾之利益，而增列為形式審查之事由。100年專利法修正案，同註21，第112條修正說明二(五)。

52 專利法第109條。修正前專利法第100條第1項本明定申請人應於申請日起二個月內修正，100年修法時則以修正旨在使內容更臻完善，而有助於審查毋需限制於申請日起二個月內

時原說明書、申請專利範圍或圖式所揭露之範圍[53]。惟，縱令違反此項規定，除明顯逾越之情事外，因涉及實體審查，專利專責機關在此形式審查階段不予審查；須俟核准專利後，專利專責機關始得依舉發撤銷之[54]。

依行政程序法第102條，行政處分前應予申請人陳述意見的機會。是以，專利專責機關為不予專利之處分前，應先通知申請人限期申復[55]。專利專責機關若仍認定有前揭不予專利之情事，應具備理由作成處分書，送達申請人或其代理人[56]。反之，專利專責機關認定無前揭所列情事，則應予專利，並應將申請專利範圍及圖式公告[57]。此項公告程序須俟申請人於准予專利之處分書送達後三個月內，繳納證書費及第一年年費後，始予公告；屆期未繳費者，不予公告[58]。

第二項　專利技術報告

新型專利既未經實體審查，其權利內容隱含相當的不安定性及不確定性，為免專利權人濫用其權利，危害第三人的技術利用與研發，故明定專利技術報告制度[59]。

一、申請人暨申請事由

新型專利經公告後，任何人（包括專利權人及第三人）得就其是否符合專利要件（包括擬制喪失新穎性）及先申請主義，向專利專責機關申請新型

修正。100年專利法修正案，同註21，第109條修正說明二(二)。

53　專利法第120條準用第43條第2項。

54　92年專利法修正案，同註47，專利法第109條修正說明三（即現行專利法第111條）。

55　專利法第120條準用第46條第2項。專利專責機關亦得依專利法第109條，通知申請人修正說明書、申請專利範圍或圖式。

56　專利法第111條。

57　專利法第113條。

58　專利法第120條準用第52條第1項。有關延緩公告之情事，請參閱本章第四節「發明專利暨設計專利之實體審查」第二項「審定暨公告」。

59　92年專利法修正案，同註47，專利法第103條修正說明二（即現行專利法第115條）。此制度係參酌日本實用新案法第12條及第13條。同註。

專利技術報告[60]。任何人認有需要均得申請新型專利技術報告，並無次數限制[61]。專利權爲共有者，各共有人均得單獨申請新型專利技術報告[62]。

　　新型專利技術報告的作成，與實體審查之就所有專利要件進行審查不同；專利專責機關僅就特定事項進行比對[63]：(1)申請前已見於刊物（第120條準用第22條第1項第1款）；(2)進步性（第120條準用第22條第2項）；(3)擬制喪失新穎性（第120條準用第23條）；以及(4)先申請主義（第120條準用第31條）。所謂比對，係就專利專責機關檢索所得先前技術或他人所提供之資料與新型專利予以比對。

　　前揭「他人」，指專利權人或其他任何人，均得主動提供資料，專責機關將決定是否採用；倘該資料足以影響某一請求項之比對結果，將於先前技術資料範圍中加以記載[64]。

二、申請期限

　　新型專利一經核准公告[65]，任何人便得對該專利申請專利技術報告，甚

60　專利法第115條第1項。申請新型專利技術報告應備具申請書，載明下列事項：(1)申請案號。(2)新型名稱。(3)申請新型專利技術報告者之姓名或名稱、國籍、住居所或營業所；有代表人者，並應載明代表人姓名。(4)委任代理人者，其姓名、事務所。(5)申請人是否爲專利權人。專利法施行細則第42條。

61　經濟部智慧財產局，專利審查基準彙編，第四篇「新型專利審查」，第三章「新型專利技術報告」，第3.2點，頁4-3-3（民國109年）。

62　經濟部智慧財產局，「新型專利技術報告」答客問，問2，頁1～2（民國108年7月1日施行）（以下簡稱「新型專利技術報告答客問」）。

63　專利法第115條第4項。專利專責機關處理新型專利技術報告之作成，不以審查稱之，而稱「比對」。至於比對的文獻爲新型專利申請日前，分割或改請案者爲原案申請日前，主張優先權者爲優先權日前。專利審查基準彙編，同註61，第4.4點，頁4-3-4；新型專利技術報告答客問，同註62，問12，頁8。

64　亦即，將其列爲技術報告之引用文獻。反之，則得將其列爲一般技術水準之參考文獻。倘新型專利於申請時依專利法第32條第1項分別聲明「一案二請」，有關該同一人同日申請之發明專利申請案，審查人員應注意下列事項：(1)已有第三方意見提供之引證文件者，亦應予參酌；(2)該發明先前經實質審查已發現有違反新穎性、進步性、擬制喪失新穎性或先申請原則等不准專利事由，原則上應參酌該佐證不准專利之先前技術文獻。專利審查基準彙編，同註61，第5(2)～5(3)點，頁4-3-6。

65　專利法第115條第1項。依規定，新型專利案須經公告，專利專責機關始得受理新型專利技術報告之申請。揆諸其意旨，係指須俟其專利案公告後方得辦理比對製作。是以，基於便利民眾及考量行政經濟，對於業經核准處分，並由申請人繳交證書費及第1年專利年費

至專利權當然消滅後，仍得爲之[66]。

蓋以，專利權消滅事由之發生，將使專利權於事由發生後失其效力[67]，專利權人或第三人或有瞭解該案於消滅前（即，於其有效期間前）是否符合專利要件等之必要。反之，倘專利權遭撤銷確定，致使其效力視爲自始不存在，任何人再對其申請專利技術報告，便不具任何實益，專利專責機關將不予受理[68]。

三、公告暨申請之不得撤回

專利專責機關應將申請專利技術報告之事實，刊載於專利公報，俾使與該案有利害關係者知悉此事。是以，一旦提出申請，不得撤回，以確保利害關係人之權益[69]。

新型專利權人於新型專利技術報告申請程序中，亦得申請更正以完善其專利權範圍；新型專利權之更正審查採實體審查，以確定權利內容[70]。

四、報告之作成

專利專責機關應指定專利審查人員作成新型專利技術報告，並由專利審

者，縱令尚未公告，如有提出技術報告之申請者，專利專責機關仍得予以受理。蓋以該專利案已明確處於可公告取得專利權之狀態。惟，專利專責機關得暫緩處理，俟新型專利公告後再續行程序。專利審查基準彙編，同註61，第2.2點，頁4-3-1；新型專利技術報告答客問，同註62，問2，頁1～2。惟，既尚未公告，預知該案將核准者，應僅該案申請人。

66 專利法第115條第6項。

67 專利法第120條準用第70條第1項。

68 惟，新型專利經審定舉發成立、仍繫屬行政救濟者，專利專責機關應受理其新型專利技術報告之申請，續行技術報告作成之程序，無須俟行政救濟確定。受理後，倘新型專利之全部或部分請求項經撤銷確定者，專責機關仍應作成新型專利技術報告，被撤銷確定之請求項不賦予代碼，並應於比對說明中註明「該請求項已經舉發撤銷確定」之事實。專利審查基準彙編，同註61，第2.2點，頁4-3-2。

69 專利法第115條第2項暨第7項。92年專利法修正案，同註47，專利法第103條修正說明四暨七（即現行專利法第115條）。

70 專利法第118條第2款。新型專利之更正原採形式審查，民國108年修法時改採實體審查，理由爲：新型專利採形式審查即可獲准專利，其是否合於專利要件，仍有不確定之處，爲維持專利權內容之穩定性，新型專利之更正應採取實體審查。108年專利法部分條文修正案，立法院公報，第108卷，第36期，院會紀錄，第34條修正說明二（民國108年4月16日）（以下簡稱「108年專利法修正案」）。

查人員具名，以示負責[71]。製作新型專利技術報告時，專責機關如判斷申請專利範圍有任一請求項不具新穎性或進步性要件時，將以「技術報告引用文獻通知函」通知專利權人儘速於新型專利技術報告製作寄發前，就前揭事項提出說明[72]。

　　專責機關於作成新型專利技術報告時，倘該案另有更正案或舉發案繫屬，則應依下列原則處理[73]：

(一)（無舉發案）僅更正案繫屬——原則上俟更正之結果，據以作成新型專利技術報告[74]。

(二)有舉發案及更正案繫屬——1.原則上俟舉發案及其合併之更正審定後，再依更正結果作成新型專利技術報告；蓋以更正案依法應與舉發案合併審查及合併審定，故然。2.例外有案情較複雜之舉發案，則依更正前之請求項進行比對，作成新型專利技術報告。如，申請人為專利權人，主張有非專利權人為商業上實施、或申請人為非專利權人，主張有涉及專利侵權爭議、或舉發案之案情複雜等情事。

(三)前揭更正案或更正申請，經審查准予更正者，於作成新型專利技術報告時，應於「備註」欄中註記該報告所依據之更正本的公告日期。

　　專利專責機關作成新型專利技術報告，應將其公告以供外界參考[75]。並

71　專利法第115條第3項。

72　前揭通知函係技術報告所為比對結果之前置說明，基於新型專利技術報告作成之時效性，針對該通知函之回復說明，並無申請延期及面詢之情事。專利審查基準彙編，同註61，第4.6點，頁4-3-5；新型專利技術報告答客問，同註62，問7，頁4～5。

73　專利審查基準彙編，同註61，第5(1)點，頁4-3-6。

74　作成專利技術報告應以新型專利之說明書、申請專利範圍及圖式之公告本為準。若有經更正核准後之公告本，應以該公告本為準。專利審查基準彙編，同註61，第4.1點，頁4-3-3。

75　專利審查基準彙編，同註61，第3.2點，頁4-3-3。倘有申請多次新型專利技術報告，原則上，第二次以後之新型專利技術報告與第一次技術報告之比對結果相符；惟，有下列情事之一，數次報告比對結果便可能有異：(1)檢索期間不同——發現其他未經檢索之公開或公告之專利文獻或未經參酌之公開資料；或(2)專利權人更正申請專利範圍——致其檢索結果或比對之基礎不同。同註。依專利法施行細則第44條，新型專利技術報告應載明下列事項：(1)新型專利證書號數。(2)新型名稱。(3)申請案號。(4)申請日。(5)優先權日。(6)專利權人姓名或名稱、住居所或營業所。(7)國際專利分類。(8)技術報告申請日。(9)新型專利技術報告申請人姓名或名稱；委任代理人者，其姓名。(10)專利審查人員姓名。(11)先前技術資料範圍。(12)比對結果。新型專利於申請時已依專利法第32條第1項分別聲明

應將報告送達申請人（專利技術報告申請人），申請人非專利權人者，應副知專利權人；倘新型專利技術報告申請後至作成前有專利權讓與之情事者，專責機關除將報告送達申請人外，亦應副知受讓人[76]。倘申請時敘明有非專利權人爲商業上之實施，且檢附有關證明文件者，專利專責機關應於六個月內完成專利技術報告[77]。

五、報告之法律效果

專利技術報告性質上爲無拘束力之報告，非屬行政處分，僅供權利行使或技術利用之參酌；若擬以新型專利有不應准予專利之事由撤銷該專利權，則應依專利法第119條規定，提起舉發[78]。

新型專利權人行使專利權時，必須提示新型專利技術報告，方得進行警告；目的在於防止權利人濫發警告函[79]。惟，縱無新型專利技術報告，仍得提起訴訟。

提示報告之行爲原則上可推定其行使權利無過失。蓋以新型專利之取得既未經實體審查，爲使專利權人審愼行使其權利，故明定倘專利權人於專利權遭撤銷前對他人行使其專利權，導致他人遭受損害，則於專利權撤銷時，對該他人應負賠償之責[80]。惟，若係基於專利技術報告內容且已盡相當注意而行使權利者，推定爲無過失[81]。

「一案二請」者，該技術報告之「備註」欄中應加註說明。專利審查基準彙編，同註，第5(4)點，頁4-3-6。

76　專利審查基準彙編，同註61，第5(6)～5(7)點，頁4-3-7。

77　專利法第115條第5項。此規定有利於專利權人與第三人間之爭議的儘速解決，確保雙方權益。所謂「有關證明文件」，係指(1)專利權人對爲商業上實施之非專利權人之書面通知；(2)非專利權人之廣告目錄或其他商業上實施事實之書面資料。專利法施行細則第43條。前揭規定亦適用於非專利權人申請專利技術報告，主張自己涉及該新型專利之侵權爭議（如接獲專利權指控專利侵權之存證信函、侵權訴訟起訴書等），請求專利專責機關於六個月內完成報告。專利審查基準彙編，同註61，第2.3點，頁4-3-2。

78　92年專利法修正案，同註47，專利法第103條修正說明三（即現行專利法第115條）。

79　專利法第116條。92年專利法修正案，同註47，專利法第104條修正說明二（即現行專利法第116條）。

80　專利法第117條。

81　專利法第117條但書。所謂已盡相當注意，係指客觀環境的急迫性，使權利人無法申請專利技術報告，故於審愼徵詢相關專業人士意見後，行使其權利者而言。92年專利法修正案，同註47，專利法第105條修正說明三（即現行專利法第117條）。民國100年修法將修

第四節　發明專利暨設計專利之實體審查

專利專責機關對專利申請案之實體審查，應指定審查人員審查[82]。其中，審查人員之資格，除明定其應迴避之事由外[83]，另有「專利審查官資格條例」予以規範。蓋以專利審查工作之高度專業性、技術性等[84]，自宜以法律明定其資格，俾保障申請人權益[85]。

第一項　審　查

完成程序審查之後，發明案俟申請人申請始進入實體審查，設計案則由專利專責機關逕自進行實體審查，無論發明或設計專利申請案申請人均得延緩實體審查[86]。審查人員必須依專利法，並參酌專利審查基準，審理申請案

正前「或已盡相當注意」改爲「且已盡相當之注意」，令專利權人除基於新型專利技術報告之內容外，並應盡相當之注意義務，方得以免責。蓋以修正前規定使專利權人以爲取得新型專利技術報告，便得任意行使新型專利權，而不須盡相當注意義務。再者，新型專利權人對其新型來源較專利專責機關更爲熟悉，是以，除要求其行使權利應基於新型專利技術報告之內容外，並要求其盡相當之注意義務。100年專利法修正案，同註21，第117條修正說明二(二)&(三)。

82　專利法第36條，第142條第1項準用之。按審查分程序與實體兩階段，其中僅實體部分由審查人員審理，民國83年修正前專利法第27條（即現行專利法第36條）並未指明係實體審查，爲避免誤解，於現行法中增列「實體審查」。

83　專利法第16條第1項。應自行迴避之事由如下：(1)本人或其配偶，爲該專利案申請人、專利權人、舉發人、代理人、代理人之合夥人或與代理人有僱傭關係者。(2)現爲該專利案申請人、專利權人、舉發人或代理人之四親等内血親，或三親等内姻親。(3)本人或其配偶，就該專利案與申請人、專利權人、舉發人有共同權利人、共同義務人或償還義務人之關係者。(4)現爲或曾爲該專利案申請人、專利權人、舉發人之法定代理人或家長家屬者。(5)現爲或曾爲該專利案申請人、專利權人、舉發人之訴訟代理人或輔佐人者。(6)現爲或曾爲該專利案之證人、鑑定人、異議人或舉發人者。審查人員有應迴避而不迴避之情事，專利專責機關得依職權或依申請撤銷其所爲之處分，另爲適當之處分，同條第2項。

84　83年專利法修正案，同註8，頁732～733。

85　專利法第15條第3項。「專利審查官資格條例」業於民國89年2月2日公布施行。

86　發明專利申請案自民國104年4月1日起得申請延緩實體審查，請參閱本章第二節第三項「實體審查的申請」。基於與發明專利申請案相同意旨（基於申請策略、專利布局及專利商品化時程之考量），專利專責機關發布「設計專利申請案申請延緩實體審查作業方案」，並自民國107年7月1日起受理申請人申請設計延緩實體審查之申請。其重點如下：(1)已受有審查意見通知或已審定，已提出分割之申請者，不得申請延緩審查。(2)申請人應於申請設計專利之同時或嗣後申請延緩實體審查：申請延緩審查期間爲自申請案申請日起算一年内，主張優先權者，自優先權日起算。(3)申請人應敘明續行實體審查之特定日

是否符合專利要件；必要時，專利專責機關得依職權或依申請限期通知申請人[87]：(1)到局面詢[88]；(2)為必要之實驗、補送模型或樣品[89]；(3)修正發明專利申請案之說明書，申請專利範圍或圖式、或設計專利申請案之說明書或圖式[90]。

　　前揭(1)(2)有關專責機關依職責之規定，應屬訓示規定，亦即，專利專責機關得依職權，決定有無通知申請人辦理之必要；惟實務上，亦有認定專利專責機關「應」予通知之案例。分別舉例說明[91]。

例一：

　　再審原告（申請人）之新型專利申請案，經被告機關審定不予專利。原告以被告機關未依職權通知其檢送任何數據，以致其未提出而遭駁回。揆諸第35條「……得令申請人……」乃訓示規定；被告機關於審查後，是否令申請人，到局面詢或實驗，屬其職權裁量範圍，此由條文之「得」字而非「應」字可知。故再審之訴應予駁回。（行政法院75年度判字第1638號判

期，且此特定日期限於在該申請案申請日（優先權日）後一年內。(4)申請人得變更續行實體審查日期，變更後之日期，不得逾越前揭(3)日期。(5)申請延緩實體審查，不影響嗣後核准公告之日期。(6)申請人得撤回延緩實體審查之申請，惟撤回申請後，不得再為申請。

87　專利法第42條第1項暨第43條第1項，第142條第1項準用之。

88　請參閱民國106年7月1日修正施行之「經濟部智慧財產局專利案面詢作業要點」。面詢每次以一小時為原則，經承審審查人員同意可延長一小時。面詢作業要點第5點。申請人申請面詢時應以書面為之，並應繳納面詢規費（每件每次新台幣一千元），至遲應於接受面詢前為之；否則依專利法第17條第1項不受理面詢。面詢作業要點第7點。有下列情事之一者，審查人員應於審定書中敘明不辦理面詢之理由：(1)單純詢問可否准予專利者；(2)提起舉發時，未提出具體舉發理由即申請面詢者；(3)明顯與技術內容、案情無關之理由仍請求面詢者；(4)申請再面詢案，案情已臻明確，無面詢必要者。面詢作業要點第3點。

89　專利專責機關於必要時，得至現場或指定地點實施勘察，專利法第42條第2項，第142條第1項準用之。又依行政程序法第52條第1項，行政程序所生費用，由行政機關負擔。但專為當事人或利害關係人利益所支出之費用，不在此限。故此處所衍生之費用，由應負舉證責任之當事人負擔。由當事人申請勘驗者，應繳納勘驗規費（每件每次新台幣五千元），至遲應於勘驗前繳納；未繳納者，依專利法第17條第1項規定，應不受理。經濟部智慧財產局專利案勘驗作業要點第4點（民國102年1月1日施行）。

90　依專利法第43條第1項，此事由原僅係專利專責機關依職權通知之事由。100年修法時已修正為申請人亦得自行申請之。

91　案例中之第35條即現行專利法第42條。

決）

例二：

　　原告（申請人）之專利申請案，經被告機關之初審及再審查，均爲不予專利之審定。原告主張，其創作可達良好染色攪拌效果及容易拆洗清潔之功效。被告機關則以原告之主張僅憑文字敘述，難以認定。惟查原告既已就本案較習知技術爲佳引證說明，並表示其已爲之準備，不難實驗；被告機關若認爲僅憑文字敘述難以認定，自可依第35條，令其攜帶實物到局，或到其他指定場所從事實驗，由審查人員或並邀業界公正人士，就所見判別原告主張是否屬實，以爲准駁之依據。原告之訴應屬有理由。（行政法院78年度判字第1042號判決）

　　除誤譯之訂正外，無論發明案或設計案之修正，均不得逾越申請時說明書、申請專利範圍或圖式所揭露之範圍[92]。

　　依專利法第25條第3項規定，以外文先行提出發明專利申請案之說明書、申請專利範圍及圖式者，其外文本不得修正[93]；蓋以其攸關申請日之認定。同理，依專利法第125條第3項以外文先行提出設計專利申請案之說明書

---

[92] 專利法第43條第2項，第142條第1項準用之。依專利法施行細則第36條第2項，申請人修正發明專利申請案之說明書、申請專利範圍或圖式者，應備具申請書，載明下列事項：(1)修正說明書者，其修正之頁數、段落編號與行數及修正理由。(2)修正申請專利範圍者，其修正之請求項及修正理由。倘刪除部分請求項，其他請求項之項號，應依序以阿拉伯數字編號重行排列（同條第3項前段）。申請案若經專利專責機關爲最後通知者，申請人應於修正理由應敘明本法第43條第4項各款規定之事項（同條第4項）。(3)修正圖式者，其修正之圖號及修正理由。倘刪除部分圖式，其他圖之圖號，應依圖號順序重行排列（同條第3項後段）。又，依同條第1項，應檢附下列文件：(1)修正部分劃線之說明書或申請專利範圍修正頁；其爲刪除原內容者，應劃線於刪除之文字上；其爲新增內容者，應劃線於新增之文字下方。但刪除請求項者，得以文字加註爲之。(2)修正後無劃線之說明書、申請專利範圍或圖式替換頁；如修正後致說明書、申請專利範圍或圖式之頁數、項號或圖號不連續者，應檢附修正後之全份說明書、申請專利範圍或圖式。至於設計專利申請案之修正，依同細則第59條第2項，應備具申請書，載明下列事項：(1)修正說明書者，其修正之頁數與行數及修正理由。(2)修正圖式者，其修正之圖式名稱及修正理由。又，依同條第1項，申請人亦應檢附下列文件：(1)修正部分劃線之說明書修正頁；其爲刪除原內容者，應劃線於刪除之文字上；其爲新增內容者，應劃線於新增之文字下方。(2)修正後無劃線之全份說明書或圖式。

[93] 專利法第44條第1項。

及圖式者，其外文本亦不得修正[94]。就前揭外文本補正之中文本，不得逾越申請時外文本所揭露之範圍[95]；至於中文本，其誤譯之訂正，不得逾越申請時外文本所揭露之範圍[96]。

102年修正施行前專利法明定申請人得提出修正之期限，100年修法時則以下列理由刪除該規定：修正之目的係為使說明書、申請專利範圍及圖式內容更為完整，有助於專利案之審查，是以，在專利專責機關尚未審查前，申請人之修正並無延宕審查之虞，自無限制申請人僅得於一定期間內修正之必要[97]。反之，申請案已進入實體審查階段，申請人隨意申請修正將延滯審查程序。是以，現行法明定實體審查程序中，申請得修正之期限及範圍。

實體審查程序中，得申請修正之期限[98]：(1)依專利法第46條第2項，專利專責機關於核駁審定前，通知申請人限期申復，申請人僅得於該通知之期間內修正；(2)發明專利申請案中，專利專責機關於(1)之通知後，仍認有必要時，得為最後通知[99]；申請人於最後通知之期間內僅得為申請專利範圍之

---

94 專利法第133條第1項。

95 專利法第44條第2項，第133條第2項。

96 專利法第44條第3項，第142條第1項準用之。依專利法施行細則第37條第2項，因誤譯申請訂正發明專利申請案之說明書、申請專利範圍或圖式者，申請人應備具申請書，載明下列事項：(1)訂正說明書者，其訂正之頁數、段落編號與行數、訂正理由及對應外文本之頁數、段落編號與行數。(2)訂正申請專利範圍者，其訂正之請求項、訂正理由及對應外文本之請求項之項號。(3)訂正圖式者，其訂正之圖號、訂正理由及對應外文本之圖號。並應依同條第1項檢附下列文件：(1)訂正部分劃線之說明書或申請專利範圍訂正頁；其為刪除原內容者，應劃線於刪除之文字上；其為新增內容者，應劃線於新增加之文字下方。(2)訂正後無劃線之說明書、申請專利範圍或圖式替換頁。因誤譯申請訂正設計專利申請案之說明書或圖式者，應依同細則第60條第2項備具申請書載明下列事項：(1)訂正說明書者，其訂正之頁數與行數、訂正理由及對應外文本之頁數與行數。(2)訂正圖式者，其訂正之圖式名稱、訂正理由及對應外文本之圖式名稱。並依同條第1項，檢附下列文件：(1)訂正部分劃線之說明書訂正頁；其為刪除原內容者，應劃線於刪除之文字上；其為新增內容者，應劃線於新增加之文字下方。(2)訂正後無劃線之全份說明書或圖式。

97 100年專利法修正案，同註21，第43條修正說明三。

98 專利法第43條第3項暨第4項，第142條第1項準用第43條第3項。

99 最後通知旨在有效利用先前審查結果，使申請人得於原先審查範圍內修正申請專利範圍，達到迅速審結之效果，並得克服不准專利事由。經濟部智慧財產局，專利審查基準彙編，第二篇「發明專利實體審查」，第七章「審查意見通知與審定」，第2點，頁2-7-3（民國108年）。專利專責機關之實體審查，得對申請人發出必要通知，次數因案而異，並無限制。甚至，若申請案符合要件，毋需修正，專利專責機關得逕行作成核准審定書，而無通知之必要。反之，若需通知，審查人員依裁量就申請案內容及申請人之修正，決定是否做

修正。

申請人僅得於最後通知之期間內，就下列事項爲之[100]：(1)請求項之刪除；(2)申請專利範圍之減縮；(3)誤記之訂正；(4)不明瞭記載之釋明。

申請人違反前揭期限或範圍之修正，專利專責機關得於審定書中敘明不接受之理由，逕爲審定；惟，倘逾限之修正可爲審查人員所接受，仍可受理[101]。

申請人同時申請誤譯訂正及修正說明書、申請專利範圍或圖式者，得分別提出訂正及修正申請，亦得以訂正申請書分別載明其訂正及修正事項；同時申請誤譯訂正及更正說明書、申請專利範圍或圖式者，亦同[102]。

原申請案或分割後之申請案，有下列情事之一，專利專責機關得逕爲最後通知[103]：(1)對原申請案所爲之通知，與分割後之申請案已通知之內容相同者；(2)對分割後之申請案所爲之通知，與原申請案已通知之內容相同者；(3)對分割後之申請案所爲之通知，與其他分割後之申請案已通知之內容相同者。

申請人逾期不依通知辦理時，專利專責機關得就現有資料續行審查[104]。

專利專責機關就申請案之說明書、申請專利範圍或圖式之文字或符號有明顯錯誤者，得依職權訂正，並通知申請人[105]。

出最後通知。100年專利法修正案，同註21，第43條修正說明六(三)。

[100] 專利法第43條第4項。

[101] 專利法第43條第5項。100年專利法修正案，同註21，第43條修正說明七(一)&(二)。

[102] 專利法施行細則第38條，第61條第1項準用之。專利申請案因誤譯提出訂正申請後，如經審查准予訂正者，該訂正本即取代申請時依外文本所翻譯之中文本，作爲續行審查之基礎。是以，其申請案如同時申請誤譯訂正及修正者，應先審查訂正申請，以作爲後續修正申請之比對基礎。101年專利法施行細則修正案，同註29，第38條修正說明二。

[103] 專利法第43條第6項。此爲100年修正時所增訂，蓋以既與已發給之審查意見內容相同，自得對於各該申請案逕爲最後通知，以避免因分割申請而就相同內容重複進行審查程序。100年專利法修正案，同註21，第43條修正說明八。

[104] 專利法施行細則第34條，第61條第1項準用之。依該規定，專利專責機關通知面詢、實驗、補送模型或樣品、修正說明書、申請專利範圍或圖式，屆期未辦理或未依通知內容辦理者，專利專責機關得依現有資料續行審查。至於檢送之模型、樣品或書證，經專利專責機關通知限期領回者，申請人屆期未領回時，專利專責機關得逕行處理。專利法施行細則第87條。

[105] 專利法施行細則第35條，第61條第1項準用之。

專利審查人員應就專利申請案有無下列不予專利之事由予以審查[106]：

一、發明案不符發明之定義，設計案不符設計之定義（第21條、第121條）。

二、非專利保護客體（第24條、第124條）。

三、不符合先申請主義，就同一發明、相同或近似之設計，有兩件以上之申請案，而非最先申請者（第31條、第128條第1項至第3項）。

四、不具備專利要件暨充分揭露要件（第22～23條暨第26條第1項至第3項，第122～123條暨第126條第1項）。

五、說明書或圖式未依法定程式載明其內容（第26條第4項、第126條第2項）。

六、不符合單一性原則（第33條、第129條第1項暨第2項）。

七、分割後之申請不得逾越原申請案申請時說明書、申請專利範圍或圖式所揭露之範圍（第34條第4項，第142條第1項準用之）。

八、修正說明書、申請專利範圍或圖式時，逾越申請時原說明書、申請專利範圍或圖式所載之範圍（第43條第2項，第142條第1項準用之）。

九、中文本之補正或誤譯之訂正，不得逾越申請時外本所揭露之範圍（第44條第2項暨第3項、第133條第2項，第142條第1項準用第44條第3項）。

十、改請後之申請案，不得逾越原申請案申請時說明書、申請專利範圍或圖式所揭露之範圍（第108條第3項、第131條第3項、第132條第3項）。

十一、同日申請發明專利及新型專利，未依法選擇發明專利，或新型專利當然消滅或撤銷確定者（第32條第1項暨第3項）。

修正前原將生物材料之寄存列為發明專利申請案核駁之事由，民國100年修法時予以刪除，理由為[107]：令申請人寄存生物材料旨在使該發明所屬

---

106 專利法第46條及第134條。
107 100年專利法修正案，同註21，第46條修正說明二(二)。

技術領域中具有通常知識者，能瞭解其內容並據以實現。申請人未寄存者為揭露不完整，可以違反第26條第1項之規定為由不予專利。除此，增訂多項核駁事由，明定修正，補正或誤譯之訂正不得逾越原申請案申請時說明書、申請專利範圍或圖式所揭露之範圍。

依專利法施行細則第39條，該發明專利申請案審定前，任何人認為發明應不予專利者，得附具理由及相關證明文件向專利專責機關陳述意見[108]。

申請案經審查後，專利專責機關應作審定書，送達申請人[109]。審查人員應於審定書上具名，以示負責[110]。

第二項　審定暨公告

審定結果為不予專利者，應通知申請人限期申復；屆期未申復者，逕為不予專利之審定[111]。核駁審定書應備具理由[112]且不予公告。應予專利者，則應將其申請專利範圍、圖式予以公告之[113]。

審定核准之申請案應予公告，經公告之專利案，任何人均得申請閱覽、抄錄、攝影或影印其審定書、說明書申請專利範圍、摘要、圖式及全部檔案資料，惟專利專責機關依法應保密者，不在此限[114]。93年修正施行前專利法採異議制，故一旦專利專責機關核准審定，即應予以公告，俾使公眾得對該審定專利案提出異議。現行法刪除異議制，專責機關並不即時公告該案，須

---

108 專利專責機關並發布發明專利第三方意見作業要點，自109年9月1日施行。有關第三方意見作業要點，詳見本章第二節第三項「實體審查的申請」。
109 專利法第45條第1項，第142條第1項準用之。修正前原明定送達對象可為代理人，民國100年修法時以申請人倘已委任代理人，且其受送達之權限未受限制者，送達自應向該代理人為之，毋須明定，故而刪除。
110 專利法第45條第3項，第142條第1項準用之；民國90年修正前專利法第38條第4項明定其於專利法施行後一年內實施。其立法理由，請參閱83年專利法修正案，同註8，頁738。
111 專利法第46條第2項，第142條第1項準用之。
112 專利法第45條第2項，第142條第1項準用之。
113 專利法第47條第1項，第142條第1項準用之。專利法第86條明定專利專責機關應公開或公告之事項得以電子方式為之。專責機關業於民國101年11月21日以智著字第10117003750號公告，自102年1月1日起停止發行紙本公報（包括專利公報及發明公開公報），改發行電子公報（光碟版）與網路公報。網路公報刊載於智慧財產權e網通，https://tiponet.tipo.gov.tw/030_OUT_V1/home.do。
114 專利法第47條第2項，第142條第1項準用之。

俟申請人於審定書送達後三個月內，繳納證書費及第一年專利年費，始予公告。屆期未繳費者，不予公告[115]。

申請人因天災或不可歸責於己之事由，逾期未繳納者，得依法申請回復原狀並補行應之行為[116]，不需加倍繳納。倘申請人非因故意，未如期繳費者，得於繳費期限屆滿後六個月內，繳納證書費及二倍之第一年專利年費後，由專利專責機關公告之[117]。此為民國100年修法時所增訂，藉以貫徹鼓勵研發、創新之專利制度之意旨；使因一時疏忽未繳費者，仍得於繳納證書費及兩倍之第一年專利年費後取得專利權[118]。

專利申請人有延緩公告專利之必要者，應於繳納證書費及第一年專利年費時，備具申請書，載明理由向專利專責機關申請延緩公告[119]。准予延緩公告之期限不得逾六個月[120]。至於六個月延緩期限，係自原預定公告日期起算六個月；申請人亦得指定延緩之期限，惟不得逾六個月[121]。

---

115 專利法第52條第1項，第142條第1項準用之。

116 專利法第17條第2項及第3項。

117 專利法第52條第2項，第142條第1項準用之。

118 按證書費及第一年專利年費繳納期間，屬法定不變期間；實務上，常有申請人非因故意而未依限繳納之情事，雖有可歸責於申請人之可能，基於鼓勵研發之意旨，仍予其補繳之機會。100年專利法修正案，同註21，第52條修正說明四。

119 專利法施行細則第86條。蓋以申請人基於特定事由，常有須延緩公告專利之情形，爰明定申請延緩公告專利之應備要件。請參閱民國93年專利法施行細則修正條文對照表，頁41～42。http://www.tipo.gov.tw/patent/patent_law/patent_law_9_3.asp（最後瀏覽日期：民國93年6月6日）（以下簡稱「93年專利法施行細則修正案」）。過往，公告、閱覽之目的，當在進行公眾審查；惟對於擬向國外申請之發明、創作而言，將因我國先行公告，致使向國外申請之案件喪失其新穎性。因此，民國69年於專利法施行細則明定，申請人得於專利專責機關指定期間內述明理由，請求延緩公告，至於延緩之期限以六個月為限。91年修正前專利法施行細則第27條。該規定曾於民國91年修正施行細則時遭刪除；民國93年修正施行細則時又增列此規定。

120 93年修正施行之專利法施行細則原訂得延緩公告的期限為三個月，理由為：申請案於審定或處分後，已有三個月期間可供申請人考量是否申請領證並公告，申請延緩公告專利宜有適當期限之限制。93年專利法施行細則修正案，同上。民國105年修改專利法施行細則時則以：部分創作一旦公開易遭仿襲，致使專利產品喪失商機，是以權衡社會公益（避免重複發明等）與專利申請人之權益，將延緩公告之期限延長為六個月，使專利申請人得依其產業策略需求，調整專利技術公告之時點。105年專利法施行細則修正條文對照表，第86條修正說明，請參閱全國法規資料庫，file:///D:/Admin/Downloads/%E5%B0%8D%E7%85%A7%E8%A1%A8_1050307%20(2).PDF（最後瀏覽日期：民國109年9月10日）。

121 請參閱93年專利法施行細則修正案，同註119，頁42。

另有經核准而毋須公告之情事，即審定核准之申請案，係由申請權人依專利法第35條提出申請者，因其先前由非申請權人申准時，即已公告，不須另予公告。

第三項　再審查

申請人對於不予專利的審定有不服時，得於審定書送達後二個月內，申請再審查；倘因申請程序不合法或申請人不適格而不受理或駁回者，得逕依法提起行政救濟[122]。再審查時，應由專利專責機關指定未曾審理該案的審查人員審查之[123]，其目的在力求公正。

再審查程序所審查之事由與審查程序同[124]。初審審查程序中，專利專責機關得依申請或職權所為之行為[125]，於再審查程序中亦同。經再審查認為有不予專利之情事時，在審定前應先通知申請人，限期申復[126]。再審查之審定書，應由審查人員具名，送達申請人[127]；若為不予專利者，應備具理由[128]。經再審查認無不予專利之情事者，應予專利，則一如審查程序，應將申請專利範圍及圖式予以公告。

民國100年修法時明定發明專利申請案於再審查時，申請人仍得修正說明書、申請專利範圍或圖式；惟，設計專利申請案申請人不得為之[129]。

發明專利申請案申請人應注意得修正之範圍，倘申請經初審發給最後通知，而為不予專利之審定者，申請人於再審查階段所為之修正，仍應受第43條第4項各款規定之限制。除非專利專責機關於再審查時認定原審查程序發給之最後通知不當者，則可不受第43條第4項各款規定之限制[130]。

專利專責機關得於下列情事中逕為最後通知：(1)再審查理由仍有不予專利之情事者。(2)再審查時所為之修正：①仍有不予專利之情事者；②違

---

122 專利法第48條，第142條第1項準用之。
123 專利法第50條，第142條第1項準用之。
124 相對於再審查程序，審查程序於實務上多以「初審」稱之。
125 專利法第42條暨第43條，第142條第1項準用之。
126 專利法第46條第2項，第142條第1項準用之。
127 專利法第45條第3項暨第50條，第142條第1項準用之。
128 專利法第45條第2項，第142條第1項準用之。申請人不服審定結果，得依法提起行救濟。
129 專利法第49條第1項。
130 專利法第49條第2項。

反第43條第4項各款規定者[131]。

第五節　提升發明專利實體審查效率之措施

發明專利實體審查耗費時日及審查資源，早期公開制提供申請人充分的時間，考量是否申請實體審查；因此使專利專責機關毋需投入資源審查無開發實益的發明案。然而，對於進入實體審查程序者，仍需時至少20個月的時間[132]。如何提升發明專利實體審查效率，自為各國所戮力以赴者。

加速審查作業方案（Accelerated Examination Program，簡稱'AEP'）[133]暨專利審查高速公路計畫（Patent Prosecution Highway，簡稱'PPH'）[134]，便為目前我國專利專責機關及部分國家所採行者[135]。

第一項　加速審查作業方案

加速審查作業方案，顧名思義，專利專責機關將較迅速地審查專利申請案。該方案係於民國98年開始試辦，並於99年1月1日開始受理申請。此方案僅適用於符合下列要件之發明專利申請案：(1)經專利專責機關通知，即將進行實體審查或再審查者——僅由申請人提出實體審查或再審查申請之際，仍不得申請加速審查，因斯時專利專責機關尚有相關作業程序，為免作業複雜、不利加速審查，故然。反之，申請案已進入實體審查階段即可。(2)該專利申請案已公開（不論是否已進行審查）——此要件目的在避免申請人利

---

131 專利法第49條第3項。即，申請人之修正限於下列事項：(1)請求項之刪除；(2)申請專利範圍之減縮；(3)誤記之訂正；(4)不明瞭記載之釋明。

132 請參閱經濟部智慧財產局，「專利各項申請案件處理時限表」，民國109年5月19日修正公告。以生活用品類為例，平均首次通知期間為十五個月，處理期間為二十個月；生物技術、醫藥品、農藥及食品類等平均首次通知期間為十八個月，處理期間為二十四個月。審查期間長短應與技術難易、先前技術多寡，以及申請案件數多寡有必然關係。

133 發明專利加速審查作業方案，經濟部智慧財產局民國105年3月18日局智專字第10512201280號修正發布，民國105年4月1日施行。

134 專利審查高速公路（PPH）計畫，https://topic.tipo.gov.tw/patents-tw/cp-721-870867-dfb82-101.html（最後瀏覽日期：民國109年7月23日）。

135 以下有關AEP與PPH內容係分別參考經濟部智慧財產局，「發明專利加速審查作業方案」答客問（民國109年7月15日修正版）；及經濟部智慧財產局，「專利審查高速公路（PPH）計畫」答客問（民國107年2月1日修正版）。

用AEP窺知申請案得否核准，並於不准時、撤回尚未公開之專利申請案。是以，提出加速審查，該專利申請案必須已公開，否則，應一併申請提早公開（需繳規費新台幣一千元）。除此，僅發明專利申請人得提出加速審查的申請。申請加速審查的事由有四，申請人得就同案申請多次加速審查，一則因實體審查有初審及再審查，申請人得對不同階段申請加速審查；二則因後續加速審查屬參考性質，不影響第一次加速審查的作業。專利專責機關審查結果通知的時間因申請事由不同而異，惟實際審查時間，須另視申請案件所屬技術領域而定。茲說明如下。

一、外國對應申請案經專利局實體審查而核准者（申請事由1）

方案並未限制核准該對應案之外國專利局為何，是以，大陸地區之對應案亦可。主張本事由之要件為經實體審查核准者，縱令對應案為新型案，倘經實體審查而核准，如韓國，仍得據以申請加速審查。又，所謂核准，係指最後核准通知，僅「無不予專利之檢索報告」及「簡短審查意見」不足以主張本事由 [136]。倘外國對應案於不同外國專利局獲准，申請人得於加速審查申請書中，一併提出該些國家的核准資料。

依此事由申請加速審查不需另繳納規費，專利專責機關將於申請人提出申請後（齊備相關文件）六個月內發出審查結果通知 [137]。

二、外國對應申請案經美日歐專利局核發審查意見通知書及檢索報告但尚未審定者（申請事由2）

適用本事由之外國對應案限於美國、日本及歐洲專利局核發之審查意見通知書及檢索報告。審查意見通知書係指經實體審查者而言，如美國專利商標局之非最終核駁通知（non-final rejection），日本特許廳之拒絕理由通知書（a notification of reasons for refusal），及歐洲專利局之「依EPC第96(2)之

---

[136] 倘國內申請案業經專責機關核發過審查意見通知，令申請人限縮其申請專利範圍，且申請人已修正成較狹窄之申請專利範圍，而外國核准範圍較前揭申請案大者，為避免行政成本的浪費，申請人不得據以為加速審查國內申請案之依據。發明專利加速審查作業方案，同註133，事由1。

[137] 惟，實際審查時間仍視申請案件所屬技術領域而定。發明專利加速審查作業方案，同上。

通知」（communication pursuant to Art. 96(2)）暨「擬核准」（intent to grant）或「擬核准歐洲專利之通知」（communication about intention to grant a European patent）。至於依「專利合作條約」（Patnt Coorperation Treaty，簡稱'PCT'）作成之國際初步審查報告（international preliminary examination report）則非屬之。

檢索報告則指美、日、歐國際檢索機構依PCT所製成之國際檢索報告或歐洲專利局之歐洲檢索報告。

依此事由申請加速審查者，不需另繳納規費，專利專責機關將於申請人提出申請後（齊備相關文件）特定期間內發出審查結果通知。倘外國專利案申請範圍與國內申請案無異，前揭特定期間為六個月；倘二者申請專利範圍有差異，前揭特定期間為九個月[138]。

三、為商業上之實施所必要者（申請事由3）

此事由係指專利案申請人自為商業上之實施，與早期公開制中因第三人（非專利案申請人）為商業上實施，致申請優先審查者不同。據此事由申請加速審查者，申請人需繳納規費新台幣四千元，並應檢附商業實施證明文件，如：依所請發明製成產品之事證、販售型錄或已洽談授權契約之文件等。專利專責機關將於申請人提出申請後（齊備相關文件）九個月內發出審查結果通知。

四、所請發明為綠能技術相關者（申請事由4）

我國綠能相關技術發明專利加速審查之範疇為節省能源技術、減碳技術及節省資源使用等發明專利申請案，茲例示如下[139]：(1)太陽能；(2)風力能、風力能；(3)生物能；(4)水力能；(5)地熱能；(6)海洋能；(7)氫能及燃料電池、氫能及燃料電池；(8)二氧化碳封存；(9)廢棄物能源；(10)LED照明及(11)綠能汽車之技術領域；惟，不以前揭技術領域為限。舉凡與綠能相關之技術均可，例如申請案包含新能源、替代能源等對環境有助益之節省能源產

---

138 同上。

139 「發明專利加速審查作業方案」答客問，同註135，第38點，頁7。

品、低碳排放品、資源回收再利用等，皆屬於綠能技術之範疇。

　　依此事由申請加速審查需繳納規費新台幣四千元，專利專責機關將於申請人提出申請後（齊備相關文件）九個月內發出審查結果通知。

第二項　專利審查高速公路計畫

　　此計畫之目的亦在於加速審查，限於已公開之發明專利申請案 [140]，並須由發明專利案申請人提出PPH的申請。發明專利案申請人僅得就AEP及PPH擇一行使。此計畫係適用於申請人先後向兩個不同國家申請專利並依專利法第28條主張優先權之情事，先受理國之專利局為第一申請局（office of first filing，簡稱 'OFF'），後受理國之專利局為第二申請局（office of second filing，簡稱 'OSF'）；申請人得據OFF之實體審查結果（核准者）向OSF申請PPH，俾加速審查。申請PPH毋須繳納規費，惟，提起PPH申請時，倘該專利申請案尚未公開，應一併申請提早公開（需繳規費新台幣一千元）。

　　為使以我國為OFF之申請案得據我國之審查結果向他國之OSF申請PPH，專利專責機關另行訂定「支援利用專利審查高速公路（TW-SUPA）審查作業方案」[141]（TW-Support Using the PPH Agreement 審查作業方案，簡稱 'TW-SUPA方案'）。依該方案，提出申請之專利申請案須具備下列要件：(1)我國發明專利申請案，其係被一外國對應申請案指定作為國際優先權基礎案，該外國對應申請案之專利局限於與我國合作實施PPH計畫者；(2)提出申請之時點，不得逾越外國對應申請案之申請日後六個月；(3)我國申請案已經通知即將進行實體審查，且尚未發出首次審查意見通知函；以及(4)我國申請案於提出本方案時，若該申請案尚未公開者，必須依專利法第37條第2項規定申請提早公開。

　　我國所採行之PPH，分為一般型PPH與增強型PPH（PPH Mottainai）；前者，申請人不得據OSF之實體審查結果（核准者）向OFF申請PPH；至於後者，則既允許申請人據OFF之實體審查結果（核准者）向OSF申請PPH，亦允許申請人據OSF之實體審查結果（核准者）向OFF申請PPH。目的在充

140須公開之目的與AEP同，為避免申請人利用 PPH 窺知申請案得否核准，並於不准之情事、撤回尚未公開專利申請案。

141現行方案係民國105年03月18日（智專字第10512201280號）修正發布施行。

分利用實體審查結果（無論先完成者爲OFF或OSF），俾加速審查作業。是以，於增強型PPH中，不再依受理申請案前後分爲OFF與OSF，而改以完成實體審查先後區分爲「先審查專利局」（office of earlier examination，簡稱'OEE'）與「後審查專利局」（office of later examination，簡稱'OLE'）。

目前與我國有PPH互惠的國家包括美國、日本、西班牙、韓國、波蘭與加拿大六國。其中與美國採一般型PPH，其餘五國爲增強型PPH[142]。

目前與我國合作PPH的國家有美國、西班牙及日本，美國屬一般型PPH，西班牙則爲增強型PPH，日本原爲一般型PPH，自民國103年5月1日起改爲增強型PPH。擬向我國專利專責機關提出PPH之申請案應先依專利法第28條主張國際優先權。

一般型PPH，申請案須(1)以美國申請案爲優先權基礎案，或(2)屬PCT申請案並指定美國爲優先權基礎案；且該PCT申請案未曾主張優先權。前揭美國申請案包括暫時專利申請案（provisional application for patent）。增強型PPH，申請案須屬下列情事之一：(1)以西班牙、日本、韓國、波蘭或加拿大之申請案爲優先權基礎案；(2)屬PCT申請案並指定前揭國家之申請案爲優先權基礎案，且該PCT申請案未曾主張優先權；(3)我國申請案被前揭國家之申請案依該國專利法據以主張爲優先權基礎案；或(4)與前揭國家之申請案主張相同之優先權基礎案。

申請PPH時，其所有請求項均須「充分對應」美、日、西、韓、波、加專利局審查達到可核准的一項或多項請求項。所謂充分對應，係指我國申請案之所有請求項與外國對應申請案（經審查達到可核准者）的請求項範圍相同或更爲限縮：(1)請求項範圍相同，係指請求項範圍完全相同或僅有翻譯文字差異；(2)請求項範圍更爲限縮，係指將外國對應案請求項進一步加入爲說明書（及／或申請專利範圍）所支持之另外技術特徵，即作進一步限定之修正，此類請求項宜儘量以附屬項形式爲之。

---

142 「專利審查高速公路（PPH）計畫」答客問，同註135，第7點。其中與日本及韓國分別自民國109年5月1日及109年7月1日起改爲永久性增強型PPH（PPH MOTTAINAI永久型計畫）。

第七章 ｜ 專利權限

　　賦予專利權人專利權的目的，在藉由保護的手段，鼓勵其發明創作，俾達到產業科技水準提升的目的。至於專利權人得享有之權利範圍及專利權期間，自有探討之必要。

第一節　專利權期間

　　專利權就性質上為一排他性之權利，其賦予專利權人享有排除他人未經其同意而製造、販賣之要約、販賣、使用或進口其發明之權利；是以，世界各國均無予權利人無限期之排他權利者[1]。易言之，僅予專利權人於特定期間內，享有專利權。蓋專利制度既以鼓勵發明創作與提升產業科技為目的，自應限制專利權人使用專利之期限，方得兼顧大眾與產業利益。

　　專利權期間之長短，因創作技術性的高低而不同[2]，是以發明、新型及設計專利各有不同之期間，各國皆然。

　　專利權期間之長短，決定因素有三[3]：

一、回收成本所需時間：所謂成本，包括研發、製造及促銷成本等。產品上市後，往往需要一段時間，其所得利潤方足以平衡其所投入的成本。

二、產品上市所需時間：如廠房設備、原料供應、人力召募等所需時間。

三、使產業得以儘早利用該技術：此有助於產業科技水準的提升。

　　基於前兩項因素之考量，專利權期間宜較長俾符合專利權人之權益。第

1　1 Stephen Ladas, Patent, Trademarks, and Related Rights, National and International Protection 386 (1975).

2　部分國家就發明重要性之層次不同而制定不同發明專利權期間。Ladas, 同上, at 387. 更有少數國家以飲食品及醫藥品對國民福祉的重要性，而予專利權人極為有限的專利權期間，俾保護國民生計與健康。Ladas, 同註。

3　請參閱拙著，論專利法上醫藥品專利權期間之延長——以美國法為主，華岡法粹，第24期，頁171～217（民國85年10月）。

三項因素之考量，則專利權期間不宜過長。二者宜審慎評估，權衡專利權人之權益暨產業整體之利益，方不致失衡。揆諸世界各國之專利制度，產業科技水準越高者，專利權期間越長；反之，則越短。蓋以，產業科技發達的國家，可替代的技術眾多，且發展快速；在無損於產業科技的情況下，自得賦予專利權人較週延的保護及較長的專利權期間。

各國對於專利權期間之起算日，亦有不同的規範，目前多採自申請日起算，如：我國、英、法、德、美國，過往有採自核准審定公告日者，如：修正前之我國及日本。WTO/TRIPs協定亦採自申請日起算[4]。

我國專利法所定期間，因時期不同，自申請日起算及自核准審定公告日起算者均有之。由我國歷次修正，或可窺知其各別具有的意義暨目的。

民國83年修正前專利法規定，發明、新型及新式樣專利權期間各別自審定公告日起十五年、十年及五年，且分別不得逾申請日起十八年、十二年及六年[5]。此為民國68年修正通過之規範。

回顧民國68年修正前之專利法，則採自申請日起算，發明、新型、新式樣專利權期間分別為十五年、十年及五年。當年修正之理由為：專利申請案之審查頗具技術性，審查人員必須對申請案是否具備專利要件加以審查；公告期間遭異議時，更須費時日，始告確定；致使專利案件遷延時日，為社會人士所詬病，更使專利權人無法享有完整的專利權期間。因此，參酌外國立法例，作如是之修正，使專利權人得享有完整的專利權期間，例如：發明專利之十五年。同時，又兼顧申請人藉拖延程序，從事其準備工作，故明定自申請之日起不得逾越之年限[6]。

第一項　發明專利、新型專利暨設計專利

現行專利法自民國83年起將專利權期間修改為專利權期限，分別為發明專利權自申請日起算二十年屆滿，新型專利權自申請日起算十年以及設計專

---

[4]　WTO/TRIPs協定第33條。

[5]　83年修正前專利法第6條第2項、第99條第2項及第114條第2項。

[6]　68年專利法修正案，立法院公報，第68卷，第22期，院會紀錄，頁12～42（民國68年3月17日）（以下簡稱「68年專利法修正案」）。

利權自申請日起算十五年（申請日必須併入計算）[7]。主要修正在於專利權期限自申請日起算。惟此並不意謂申請人自申請日起即享有專利權，按申請專利之發明、新型及設計，於公告之日起始取得專利權及專利證書[8]。

　　揆諸他國立法例，亦有多國採自申請日起算，如：德國、法國、英國等[9]；甚至WTO/TRIPs協定亦明定專利權期間不得少於自申請日起二十年[10]。

　　專利權期限既自申請日起算，專利權利理應自申請日起存在，其實不然，專利權利之存在始期決定於公告之日，以致申請日至公告日前，並未享有專利權利。亦即，二十年並不代表發明專利權之權利期間，而僅為其不得逾該期間之限制。惟，又回到民國68年修正前專利法之疑慮，亦即，專利權取得期間之長短受制於審查程序所需時間。此外，即使為同種類之專利權人（如均為發明專利權），亦將因專利專責機關所需審查期間不同，而各有不同的專利權期間。

　　我國於民國91年1月1日正式成為WTO會員。為因應TRIPs協定第70條第2項之規定[11]，增訂專利期限計算之過渡規定[12]：發明專利案暨設計專利案，於民國91年1月1日仍存續者，其專利權期限依修正施行後之規定辦理。按民國83年修正前之專利法，發明專利權期間係自審定公告之日起算十五年，83年修法時改為自申請日起二十年；設計專利於民國91年1月1日前為自申請日起十年，91年1月1日修正施行之專利法改為自申請日起十二年。至我國加入WTO時，仍有循舊法專利權期間存續之發明專利案及設計專利案，

7　專利法第20條第2項、第52條第3項、第114條第3項及第135條。其中，新型專利權期限於民國92年修法時，由「自申請日起算十二年屆滿」改為「十年」屆滿，蓋以新型專利採行形式審查，審查期間大幅縮減，申請人可迅速取得專利，故改其專利權期限為十年。92年專利法修正案，立法院公報，第92卷，第5期，院會紀錄，專利法101條修正說明四（即現行專利法第114條）（民國92年1月15日）（以下簡稱「92年專利法修正案」）。

8　專利法第52條第2項、第120條及第142條第1項準用之。

9　英國專利法第25條；德國專利法第16條；法國智慧財產權法第611-2條。

10　WTO/TRIPs協定第33條。

11　依WTO/TRIPs協定第70條第1項，會員毋須就入會前已完成之處分行為予以更正，使符合WTO/TRIPs協定之規定；同條第2項則規定會員對於適用WTO/TRIPs協定時仍存在之各項與協定有關的事務，均應遵守協定的規定予以保護。

12　專利法第148條。

依現行法，將各別依新制計算其專利權期限。茲以發明專利舉例說明：設甲於民國82年1月11日申請發明專利，83年1月21日核准審定公告，依舊法，其專利權期間應至98年1月20日；此時依第148條第1項但書，重新計算其專利權期限，應至民國102年1月10日。

新型專利之專利權期限，自93年7月1日起，由申請日起十二年改為十年。為有利於專利權人之權益，凡於前揭修正施行日前已審定公告者，適用舊法之十二年期限[13]。

依民國108年修正施行之專利法，設計專利之專利權期限延長為十五年[14]。凡於修正施行日（民國108年11月1日）仍存續之設計專利，其專利權期限適用新法十五年之規定；又，因逾期未繳年費於前揭「修正施行日」後申請復權者亦適用新法十五年之規定[15]。

第二項　專利權期間之延長及延展

專利權人取得專利權後，得否以不可歸責於己之原因，致無法實施其專利權為由，請求延展專利權期間？宜審慎考量。專利權不同於其他智慧財產權，其以排除他人實施某項技術、創作為權利範圍，准其專利權，即限制他人使用該項技術；而在沒有競爭對手的市場上，專利權人自得以較高的價位推出其產品，如此，對消費大眾並無益處。專利權期間的延展，僅專利權人得到實益，自不得任意准許延展，延展之期間及次數亦必須加以限制，且僅發明專利准予延展。專利權期間的延展，並非陌生的名詞。我國早於民國33年制定專利法時，即已將戰事列為專利權期間延展之唯一事由[16]。他國立法例亦多有延展之規範。延展之事由主要有二[17]：(1)「未有足夠利潤者」（inadequate remuneration）；以及(2)「戰事損失」（warloss）。前者以專利權人未能於專利權期間內，就其所投注之各項成本取得適度的報酬；後者則以專利權人因戰事無法實施其專利而遭受損失；准其延展，目的均在使專利權

---

13 專利法第148條第2項。條文中以審定公告乙詞，蓋因93年修正施行前專利法中，新型專利仍採實體審查。

14 專利法第135條。

15 專利法第157-4條。

16 民國38年施行之專利法第55條，即現行專利法第66條。

17 2 Baxter, World Patent Law & Practice §6.01, at 6-9~6-19 (1968 & Supp. 2002).

人得以享有並取得與其所投注之資力、人力、時間等成本成比例之利益。

近年來，由於研發醫藥品的重要性與日俱增，而有將醫藥品專利列為得延長專利權期間之標的的立法趨勢。我國於民國83年修法時亦增訂醫藥品、農藥品暨其製法發明專利權期間延長之相關規定[18]。茲就醫藥品等專利權期間延長暨戰事延展事由說明如下。

一、醫藥品等專利權期間延長

溯至民國75年，我國開始賦予醫藥品發明專利。早期不予醫藥品專利，係以其與人類生命、健康有密切關聯，倘准予專利，一旦有權利濫用之情事，將危及國民健康；此外，醫藥品專利將抑制其他同業對醫藥品製法之改進[19]。然而，隨著產業科技水準的提升，已有必要藉專利之賦予，引進國外技術、激勵國人自行研發，並杜絕仿冒行為[20]。至於醫藥品專利權期限，則與其他物品、方法之發明專利相同。

按醫藥品及農藥品之製造販賣，須依藥事法第39條及農藥管理法第9條，經中央主管機關[21]查驗登記、核發許可證，始可為之。而於許可證核發前，須先取得藥物之臨床試驗或農藥檢驗報告。由於檢驗相當費時，致使專利權人於取得許可證、實施其專利權時，所餘專利權期間已不足供其回收所投入的成本。是以，現行專利法明定醫藥品、農藥品及其製法專利均得延長其專利權期間[22]。

按專利專責機關須在考量國民健康之前提下，會同中央目的事業主管機關（如衛生福利部、農委會……等），核定延長期間之辦法，即現行之「專利權期間延長核定辦法」[23]。

18　專利法第53條至第57條。有關「醫藥品專利權期間延長」議題之探討，請參閱拙著，同註3。

19　拙著，同上。按以開放醫藥品專利，使得就該藥品專利所完成之他種製法專利必須取得藥品專利權人之同意，方得實施其製法專利，降低後者研發不同製法之意願。

20　拙著，專利法，頁40（民國82年5月）。

21　所謂中央主管機關，指衛生福利部（藥事法第2條）與行政院農業委員會（農藥管理法第2條）。

22　專利法第53條。

23　專利法第53條第5項。現行辦法為中華民國107年4月11日經濟部經智字第10704601450號令、衛生福利部衛授食字第1071402972號令、行政院農業委員會農農科字第1070709474號

(一) 專利權期間延長之要件

依法得申請延長之要件如下。

1. **專利內容**：須為醫藥品、農藥品或其製造方法之發明專利，核准延長專利權期間之標的，則以許可證所載之有效成分及用途為限[24]。易言之，逾越許可證所載之有效成分或用途之專利技術不得延長。又，所謂醫藥品，不及於動物用藥品[25]；蓋以得延長之醫藥品，限於增進人類健康與福祉之醫藥品[26]。

2. **申請人**：申請延長者須為專利權人[27]。專利權為共有時，除契約另有約定代表者外，各共有人皆得單獨為之；又，專屬被授權人亦得申請延長[28]。

3. **專利權之實施須取得許可證者**：依其他法律（如：藥事法，農藥管理法），必須取得許可證，方能實施者[29]。

4. **許可證於公告後始取得者**[30]：許可證係於專利案公告後始取得者；倘中央目的事業主管機關認可之試驗在公告前開始持續至公告後者，自公告日起算；開始日在專利案公告日之後者，取得許可證之期間自該試驗開始日起算[31]。為取得許可證而無法實施發明期間之訖日，為取得許可證之前一

令會銜修正發布；並自民國107年4月1日施行。

24 專利法第53條第1項及第56條。

25 專利法第53條第3項。

26 100年專利法修正案，立法院公報，第100卷，第81期，院會紀錄，第53條修正說明四（民國100年11月29日）（以下簡稱「100年專利法修正案」）。

27 請參閱專利法第57條第1項第4款。

28 經濟部智慧財產局，專利審查基準彙編，第二篇「發明專利實體審查」，第十一章「專利權期間延長」，第2.2點，頁2-11-2（民國107年）。

29 專利法第53條第1項，並請參閱同法第57條第1項第1款。

30 專利法第53條第1項。

31 「專利權期間延長核定辦法」第8條第1項。依專利權期間延長核定辦法第4條，醫藥品或其製造方法得申請延長專利權之期間包含：(1)為取得中央目的事業主管機關核發藥品許可證所進行之國內外臨床試驗期間——此期間以經專利專責機關送請中央目的事業主管機關確認其為核發藥品許可證所需者為限；(2)國內申請藥品查驗登記審查期間。惟，准予延長之期間，應扣除(1)可歸責於申請人之不作為期間；(2)國內外臨床試驗重疊期間；及(3)臨床試驗與查驗登記審查重疊期間。核定辦法第6條，農藥品或其製造方法得申請延長專利權之期間包含：(1)為取得中央目的事業主管機關核發農藥許可證所進行之國內外田間試驗期間——此期間以經專利專責機關送請中央目的事業主管機關確認其為核發農藥許

日[32]。修正前原定「專利案公告後至取得許可證需時二年以上」，方得申請延長。100年修法時以就專利權之保護而言，縱無法實施之期間未超過二年，仍屬專利權保護期間之喪失，故而刪除該下限[33]。筆者不以為然，揆諸當年立法，係考量對其他發明專利權人之公平性[34]；蓋以發明專利權人於取得專利權後平均約需一至兩年時間將發明專利技術提供於市場上，倘醫藥品專利權人得就公告後兩年之未實施申請延長，對其他非醫藥之發明專利權人有欠公允。此次修法似忽略前揭立法意旨。

5. 許可證須為第一次取得者：該許可證必須為該發明第一次依法取得之許可證[35]。

除醫藥品、農藥品及其製法以外之發明專利，均不得申請延長；又縱屬前揭專利，惟毋庸取得許可證者，亦不得延長。

專利權人得申請延長的期間為五年，所核准者不得逾越其取得許可證所需時間，所需時間逾五年者，以五年為限[36]。又，無論延長之期間為幾年，均以一次為限[37]。

然而，並非所有合於法定要件之醫藥品、農藥品或其製法專利均得申請延長，依專利法，仍須受限於下列事由[38]：

可證所需者為限；(2)國內申請農藥登記審查期間。在國內外從事之田間試驗期間，以各項試驗中所需時間最長者為準。但各項試驗間彼此具有順序關係時得合併計算；又，准予延長之期間，應扣除(1)可歸責於申請人之不作為期間；(2)國內外田間試驗重疊期間；及(3)田間試驗與登記審查重疊期間。

32　專利權期間延長核定辦法第8條第2項。

33　100年專利法修正案，同註26，第53條修正說明二(四)。

34　此二年之規定係基於公平性及行政效率之考量，蓋以凡發明技術之開發上市平均需時二年，是以，許可證之取得若非需時兩年以上，則毋庸予以延長，俾符合公平性。再者，令專利權人動輒申請專利權期間之延長，將影響行政效率。

35　此由專利法第53條第1項「……以取得第一次許可證……」可知，又參閱第57條第1項第5款。

36　專利法第53條第2項後段。五年的上限，係基於產業發展之公益考量，使專利權早日成為公共財，供產業利用。

37　專利法第53條第1項後段。若第一次申請延長二年，爾後即不得再行申請延長二年，而主張前後四年仍短於上限之五年。

38　民國90年修正前專利法另有兩項限制，即互惠原則及追加專利。(1)互惠原則——專利權人為外國人時，必須其所屬國家與我國訂有雙邊互惠條約或協定者，始得申請延長；90年

1. **「延長」規定之不溯既往**：專利申請案係於民國83年專利法修正施行前（民國83年1月23日）提出者，不得依法申請延長[39]。

2. **申請期限**：延長專利申請案必須於取得第一次許可證後三個月內提出，且不得於專利權期限屆滿前六個月內為之[40]，亦即，必須於屆滿前六個月前為之。該「六個月」之限制，係因專利專責機關必須指定審查人員審查[41]。指定審查人員審查的目的在於審查請准許可證之技術內容是否涵蓋於專利案，以及准予延長之專利技術須限於許可證所載之有效成分及用途。

　　專利專責機關受理醫藥品、農藥品及製法專利權間延長之申請時，應將申請書之內容公告之[42]。申請延長專利權期間者，倘專利專責機關於原專利權期間屆滿時尚未審定者，其專利權期間視為已延長；惟，經審定不予延長者，至原專利權期間屆滿日止[43]。

修正前專利法第51條第4項。按以醫藥品專利之延長規定，尚非各國所普遍採行，故以訂有雙邊互惠條約或協定者為限。83年專利法修正案，法律案專輯，第179輯(上)，頁94（民國84年8月）（以下簡稱「83年專利法修正案」）。惟一旦加入WTO，該規定將不符普遍最惠國待遇原則，因此民國90年修法時已將第4項刪除。(2)追加專利——只得與其原專利權一併延長，而不得單獨申請延長，嗣後依法視為獨立專利權者，亦同。90年修正前專利法第53條。惟，民國90年修法時，以國內優先權取代追加專利之鼓勵改良發明創作，故廢除追加專利制度，此規定亦一併刪除。

39 專利法第147條。其目的在於明定不溯既往之原則。83年專利法修正案，同註38，頁184。

40 專利法第53條第4項。申請案之提出，必須具有申請書及證明文件。依專利權期間延長核定辦法第3條第1項，申請書應由專利權人或其代理人簽名或蓋章，並載明下列事項：(1)專利證書號數。(2)發明名稱。(3)專利權人姓名或名稱、國籍、住居所或營業所；有代表人者，並應載明代表人姓名。(4)申請延長之理由及期間。(5)取得第一次許可證之日期。並依條第2項，檢附依法取得之許可證影本及申請許可之國內外證明文件一式二份。依第5條及第7條，應備之文件為(1)國內外臨床試驗或田間試驗期間與起、訖日期之證明文件及清單；(2)國內申請藥品查驗或農藥登記審查期間及其起、訖日期之證明文件；(3)藥品或農藥許可證影本。

41 專利法第55條。

42 專利權期間延長核定辦法第3條第3項。

43 專利法第54條。此規定為民國100年修法時所增訂，擬制專利權期間之延長，目的在使專利權利於專利權期間屆滿後至審定前的期間內，不致呈不確定狀態；是以，前揭擬制之法律效果僅係暫時性，倘責機關審定不予延長專利權期間，則該擬制之法律效果自始不存在。100年專利法修正案，同註26，專利法第54條修正說明二。

　　經專利專責機關核准延長發明專利權期間之範圍，僅及於許可證所載之有效成分及用途所限定之範圍[44]；專利專責機關應通知專利權人檢附專利證書以便於證書上填入核准延長專利權之期間[45]。倘經審查為取得許可證而無法實施發明之期間超過申請延長專利權期間者，仍以專利權人所申請延長專利權期間為限[46]。

(二) 延長之舉發撤銷

　　為提高核准延長審查之準確性與可信度，任何人得對不當之核准延長提起舉發[47]。有關延長發明專利權期間舉發之處理，準用專利法有關發明專利權舉發之規定[48]。舉發成立或撤銷確定，其效力因不同之事由可分兩種[49]：

1. **原核准延長期間，自始不存在**：(1)無取得許可證之必要；(2)未取得許可證；(3)申請人非專利權人；(4)申請延長之許可證非屬第一次許可證或該許可證曾辦理延長者；(5)核准延長專利權之醫藥品為動物用藥品[50]。
2. **超過之期間，視為未延長**：核准期間超過無法實施之期間[51]。

(三) 醫藥品專利權期間延長之利弊

　　醫藥品、農藥品或其製法專利權期間之准予延長，係以專利權人在申請

44　專利法第56條。
45　專利權期間延長核定辦法第3條第4項。
46　專利權期間延長核定辦法第9條。例如專利權公告後無法實施的期間有四年六個月，而專利權人僅申請延長專利權期間四年；依延長辦法，專責機關將僅准予延長四年。
47　專利法第57條第1項。修正前同條第2項明定任何有可回復之法律上利益者，得於被延長之專利權消滅後，申請舉發。92年修法時予以刪除，謂第68條（現行專利法第72條）之規範已足以涵蓋。換言之，有前揭情事，仍得舉發撤銷。
48　專利法第83條。
49　專利法第57條第2項。
50　專利法第57條第1項第1款、第2款、第4款、第5款及第6款。
51　專利法第57條第1項第3款。民國108年修法前於舉發事由中明定：以取得許可證所承認之外國試驗期間申請延長專利權者，核准期間逾越該外國專利主管機關認許者，應予撤銷超過的期間。108年修法時基於專利權期間的延長係以衛福部或農委會核發許可證所採認之期間為準，無關乎該發明是否曾於國外申請延長專利權；是以，無需審究國外專利主管機關就該發明專利所核定之專利權延長期間。108年專利法部分條文修正案，立法院公報，第108卷，第36期，院會紀錄，專利法第57條修正說明一(一)（民國108年4月16日）（以下簡稱「108年專利法部分條文修正案」）。

許可證的期間內，無法實施其專利權，俟取得許可證，始得著手實施專利權；此時，其專利權期間已不足以使其就該發明專利之實施獲取合理之利益。是以，准其延長以彌補因申請許可證所無法實施的期間。其他國家訂有「未有足夠利潤」規範者，亦多以醫藥品及其製法專利因申准許可證致無法實施為由，符合前揭規定而准予其延長。其立法宗旨訴諸於他類發明，固然可採，惟對於醫藥品專利，則有進一步探討之必要。

　　醫藥品專利權期間延長之利弊，由贊成與反對其延長之正反兩面的見解可知：

1. **應予延長者**：就醫藥品發明人而言，個人從事、完成發明之情事已不復多見，代之而起者，為具規模的藥廠，由其所設的研發部門（research & development，簡稱R&D）進行研究發明。藥廠於投入大量人力、資力及時間所完成的發明，倘無法從中獲取相當之利潤，將無以平衡其所投入的成本；法定許可證的取得又使其實施專利權的期間大為縮減，在無法獲取利益，甚至虧損的情況下，必大為降低藥廠研發新產品的意願，其因此受到損失者，仍為全體國民。

2. **不應延長者**：就全體國民而言，擁有專利權之醫藥品，其價格必高於一般藥品（無專利權者），此因其排他性權利，在無同業競爭的情況下，所必然導致的結果；對於經濟情況不佳的國民，恐有無力購買之虞。延長醫藥品專利權期間，更使國民無法早日以較普遍之一般價格購買，甚至因此延誤其醫治期間。

　　前揭二因素之重要性實為伯仲之間，如何取捨，端賴立法者運用其智慧為之。

　　揆諸他國立法例，有於准予醫藥品專利的同時，規範其強制授權者，法國即為典型的例子。法國自西元1990年起准予醫藥品及其製法專利權期間之延長：凡須依「公共衛生法」（Public Health Code）申請上市許可始得實施專利者，得申請附加之保護（supplementary protection）[52]；專利權人得因此延長其專利權期間，但該期間不得逾原專利權期滿後七年及取得許可證後十七

---

52 法國智慧財權法第L.611-3條；其尚須符合本法所定要件及施行細則所定程序。

年[53]，是以，以其取得許可證所需時日逾自申請日起三年，始有申請延長之必要[54]，且延長後之期限不得逾自申請日起二十七年。又基於公共衛生之考量，衛生主管機關得隨時調查專利權人下列情事：(1)有無實施；(2)所供應之數量能否滿足大眾需要；以及(3)所定價格是否過高。若有前揭情事之一者，專利專責機關應於衛生主管機關提出要求後，依職權授權其他適格之人實施[55]。此法應足以兼顧醫藥品與製法專利權人以及全體國民之權益。

我國專利法，並未明定醫藥品、農藥品或其製法專利之強制授權，倘有權利濫用、不實施，或哄抬價格時，應如何補救？若其行為並未對國民健康構成相當程度之影響者，固可不予處置；反之，應適用強制授權制度。或依當時情況，以其性質與公益有關為由；或因當時正有流行病症需要醫藥者，則以「因應國家緊急危難或其他重大緊急情況」為由，核准第三人實施其專利權[56]。當可防止專利權人的不當實施或價格之過高。

二、戰　事

發明專利權人因中華民國與外國發生戰事受損失者，得申請延展專利權期間五年或十年，並且只得延展一次；惟，屬於交戰國人之專利權，則不得申請延展[57]。相較於醫藥品專利權期間延長之規定，本規定顯然欠缺周延。例如，申請延展的期間為何？倘若受損失的期間不及五年，得否申請延展？倘損失的期間為六年，得延展的期間又為何？

第二節　專利權效力

專利權者，謂賦予專利權人於特定期間內，享有排除他人未經其同意而

---

[53] 法國智慧財權法第L.611-2條（第1項第3款）。

[54] 倘所需時日短於自申請日起三年而准其延長，則為符合其延長不得逾許可後十七年，其延長後之專利期限反而短於該法定專利權期間之自申請日起二十年。

[55] 法國智慧財權法第L.613-16條及第L.613-17條。

[56] 專利法第87條第1項及第2項第1款。

[57] 專利法第66條。依91年修正專利法施行細則第38條，專利權人依專利法第66條申請延展時，應載明受戰事損失之事實，有證明文件者，並應檢附之。專利專責機關於核准時，應通知專利權人檢附專利證書，俾填入核准延展之期間。惟，民國91年修正施行細則時，以戰事之發生，毋庸舉證，予以刪除。

實施其專利的權利 [58]。至於專利權所及之範圍，關乎專利權人及第三人的權益，自有明定之必要，故專利法明定，以發明及新型之申請專利範圍或設計之圖式為主，必要時，得參酌發明或新型專利之說明書及圖式或設計專利之說明書 [59]。惟，摘要不得用以解釋申請專利範圍 [60]。

第一項　專利權利

一、發明專利權

發明專利可分物之發明專利及方法發明專利兩種，其專利權利的實施亦因此而有所差異 [61]。

(一) 物之發明專利權

物之發明的實施，指製造、為販賣之要約、販賣、使用，或為上述目的而進口該物之行為。

(二) 方法發明專利權

方法發明的實施，指使用該方法及使用、為販賣之要約、販賣或為上述目的而進口該方法直接製成之物的行為。

二、新型專利權 [62]

新型物品的實施，指製造、為販賣之要約、販賣、使用，或為上述目的

58　專利法第58條第1項，第120條準用之及第136條第1項。條文中所謂「本法另有規定外」，指專利法所定專利權效力所不及之情事。如發明專利之第59條至第61條之情事，新型專利之第120條準用第59條之情事，以及設計專利之第142條第1項準用第59條之情事。

59　專利法第58條第4項，第120條準用之及第136條第2項。

60　專利法第58條第5項，第120條準用之。

61　專利法第58條第2項及第3項；物之發明專利於民國102年修正前專利法係以物品發明專利稱之，民國100年修法時以「物之發明」，包括物品發明與物質發明，與新型及設計之標的限於「物品」不同，故而修正為物之發明。100年專利法修正案，同註26，專利法第58條修正說明三。條文中所謂「本法另有規定者」係指專利法第59條至第61條之專利權效力所不及的情事。

62　專利法第120條準用第58條第2項。

而進口該新型專利物品之權。

三、設計專利權[63]

就設計所指定施予之物品的實施，指製造、為販賣之要約、販賣、使用，或為上述目的而進口該設計及近似設計專利物品之權。按設計專利所保護者，為物品之外觀設計，同一設計附著於不同物品，所產生的效果未必相同；故設計申請案提出時，必須指定施予其設計之物品[64]，核准專利時，其專利權亦僅及於所指定施予之物品。

較之民國83年修正前專利法，專利權利由「專有」特定權利，修改為「專有排除他人未經其同意」；其修正理由在配合WTO/TRIPs協定有關「排他性權利」之規範[65]。揆諸民國83年修正前之文字，「專有」者，強調唯獨專利權人所持有的權利；以再發明專利權人而言，則有未洽。蓋以渠等雖有權排除第三人之不法行為，本身並無實施其專利權之權利，因其發明過程，利用到原發明專利權人之發明的主要技術內容，須俟取得後者之授權始得為之。是以，有權利排除他人之不法行為，並不當然意謂其有權利實施該專利，因此，「排除他人……」權限並不等同於「專有」。揆諸專利法其他規範內容、專利權限，確宜以「排除他人……」定之。惟，保留「專有」二字，用語是否得當有待商榷。「專有排除他人未經其同意」，指僅有權利人有權排除他人實施（未經同意者）。同樣以再發明為例：當第三人仿冒再發明之全部內容時，原發明專利權人與再發明專利權人均有權阻止其行為，所謂「專有排除……」亦屬不當。

無論發明、新型或設計專利，其專利權之實施均涵蓋製造、為販賣之要約、販賣、使用及進口權。其中，進口權為民國83年修法時所增訂[66]，為禁

63　專利法第136條第1項。

64　專利法第129條第3項。

65　83年專利法修正案，同註38，頁762、812及825。WTO/TRIPs協定第28條有關專利權限規範為 "A patent shall confer on its owner the following exclusive rights:……"，即「專利權應有下列排他性權利……」之意。

66　民國83年修法時，明定進口權之規定僅適用於我國籍專利權人及所屬國家與我國有互惠保護條約或協定之專利權人，須俟我國加入WTO後始全面適用於WTO會員國，此為修正前專利法第56條第4項所明定。我國於民國91年1月1日加入WTO，現行法已刪除此項規定。

止「眞品平行輸入」（parallel import）之規定。「眞品」（genuine product）者[67]，相對於「仿冒品」，係合法製造、販賣之產品；所謂「眞品平行輸入」，係指由專利權人以外之第三人自他國進口眞品販賣，致與國內相同發明（或新型、設計）專利產品於市場上構成競爭之情事。此時，專利權人之排他性權利受到損害，其得否禁止該第三人之進口行為，端視專利權所屬的國家是否禁止眞品平行輸入而定。應否准予眞品平行輸入，向有正反面之見解。

(一) 贊成說：准予眞品平行輸入，有助於業者間的競爭，防止專利權人壟斷市場、哄抬價格[68]，有利於消費大眾。

(二) 反對說：眞品平行輸入，將使貿易商搭便車（free ride），在毋需負擔設置廠房設備的費用暨促銷費用的情況下，得以較低的價格販賣產品，而低廉的成本與欠缺品質保證，又易於導致不公平競爭，對專利權人之權益構成損害。

　　眞品平行輸入之准否，無論專利權或商標權，除權衡其利弊外，應取決於客觀環境。以專利權為例[69]，即考量一國之產業水準，一國的產業科技水準越高，便可予以專利權人較周延的保護，蓋以同質性的技術較多元，消費大眾可選擇不同的、可替代性的產品。反之，一國的產業科技水準越低，可替代性的產品有限；消費大眾在無從選擇的情況下，便受到專利權人排他權利的箝制，須以較高的價格購買專利權人的產品。此時，開放眞品平行輸

---

67 「眞品」者又稱「水貨」，惟，為免與「走私貨物」之「水貨」造成混淆，以「眞品」稱之較妥。

68 此揆諸民國68年修正專利法所增列之第43條第1項第6款「自國外輸入之物品，係原發明人租與或讓與他人實施所產製者」之修法理由甚明——確定專利販賣權的合理保護範圍。發明專利權及新型專利權中，有關販賣權利，宜予適度的限制範圍，以兼顧國內廣大消費者的利益；尤其為避免外國專利權人，於取得我國專利權後，其產品價格較同一發明在國外市場之價格為高，並造成市場壟斷，影響國內消費及經濟利益。因此，增列准許與該項專利相同之產品進口。至於該條款規定「原發明人」而非「專利權人」，蓋以多數國家均允許發明人，將其向某一國申請專利的權利讓與他人，亦即將申請權讓與他人；我國亦然。為使本條款涵蓋發明人為我國之專利權人及非專利權人之情事，故做如是之規定。68年專利法修正案，同註6，頁19。

69 以商標為例，則應考量工商企業環境，是否已十分健全，俾於企業及消費大眾間予以取捨，決定應否禁止或開放眞品平行輸入。

入，增加市場競爭，一則使專利權人面臨競爭而不致漫無限制地抬高價錢，另一則使消費大眾有較多的消費選擇。

已開發國家及WTO/TRIPs協定均採禁止真品平行輸入之規定，此由專利權限中，有排除他人未經其同意而進口專利物品之權利可知。又按，專利權人若有濫用權利之情事，得適用公平交易法之獨占規定規範之。是現行專利法亦明確規範專利權限，並禁止真品平行輸入。

第二項　例外規定

專利權的效力，固有其獨占之性質，惟終究非屬絕對性獨占，否則，既有悖於專利制度之提升產業產科技水準目的，亦有違公平交易之「獨占」規範。是以，專利法在賦予專利權人排他性權利的同時，列舉專利權效力所不及之例外情事 [70]。

一、非出於商業目的之未公開行為

此為100年修法時所增訂之事由，修法理由謂 [71]：相對於專利權人之產業上實施，第三人自行利用發明、且非以商業為目的之行為，非屬專利權效力之範圍。筆者以為此應係因修正前之「無營利行為者」衍生之疑義所做的修正 [72]。至於本款之適用要件有二 [73]：(1)主觀要件——行為人非出於商業目的；及(2)客觀要件——行為人無公開之行為。

二、為研究或實驗為目的實施發明之必要行為

研究或實驗既有助於科技水準的提升，自應准其實施他人之發明。相較於修正前之「為研究、教學或試驗實施其發明，而無營利行為者」，100年修法時刪除「教學目的」及「無營利行為者」。

修法理由謂現今教學型態之多樣化，未必均屬非營利之公益性質，是以不宜均排除專利權之效力；應究其行為是否符合第1款及本款之一般性免責

70　專利法第59條至第61條，第120條及第142條第1項準用第59條。
71　100年專利法修正案，同註26，第59條修正說明一(一)1。
72　詳見例外情事二之說明。
73　100年專利法修正案，同註26，第59條修正說明一(一)2。

判斷[74]。惟，本款既已刪除「無營利行為者」，於此以教學未必均屬非營利之公益性質為由刪除之，似有所矛盾[75]。

　　至於「無營利行為者」，修法理由謂以發明專利標的為對象之研究實驗行為，有助於發明之改良或創新的提升，是以此等行為不應受制於「非營利目的」[76]。筆者以為此亦與近年各國實務上對「無營利行為者」之見解與過往不一有關。過往，係以實驗研究行為本身是否直接與營利有關而定，近年則將其擴及間接可預期之利益。以美國為例，西元2002年，美國聯邦巡迴上訴法院於Madey v. Duke University [77] 乙案中指出：實驗免責不適用於任何具商業性質之行為，甚且，不適用於從事維持行為人合法事業（legitimate business）之行為，不問其是否隱含商業性質；換言之，行為人究係營利性質或非營利性質，並非適用實驗免責之決定因素[78]。法院進而指出，大學研究使其(1)吸引學生就讀、增加學費收入；(2)取得研究計畫的經費補助；此舉已成為大學的通常業務（ordinary business），故而不適用實驗免責[79]。是以，不論機構或大學的行為是否訴諸商業利益，凡其行為係推廣本身的合法事業，而非單純基於趣味、好奇心或學術探究者，無實驗免責之適用。

　　由Madey案可知，實驗免責既以非營利為前提，凡其行為具有直接、間

74　100年專利法修正案，同註26，第59條修正說明一(二)。倘「教學」涉及研究實驗，或可解釋其屬於研究或實驗行為。

75　查「教學」係於民國83年修法時所增訂，理由為在教學領域內，有須藉實施他人發明、新型或新式樣（即現行法之設計）專利以達到教學效果者，基於學術領域的提升，自應准其在無營利之教學前提下，實施該專利。此原則原為多數國家所採行。Ladas, 同註1, at 413.

76　100年專利法修正案，同註26，第59條修正說明一(二)。

77　307 F.3d 1351 (Fed. Cir. 2002), *cert. denied*, 539 U.S. 958, 123 S.Ct. 2639, 156 L.Ed. 2d 656 (2003). 此案中原告Madey教授於任職被告Duke U.期間，將自行研發並取得專利權的兩部雷射機器，置於學校實驗室中。嗣因故Madey離開被告學校，但被告仍繼續使用前揭機器。Madey因此對被告提起告訴，主張專利權侵害及其他訴因。就專利權侵害部分，聯邦地院指出，實驗免責係指基於研究、學術或非營利目的之實驗；其進而適用實驗免責，認定Duke U.的行為不構成專利權侵害。Madey上訴。聯邦巡迴上訴法院廢棄有關實驗免責之判決。有關實驗免責，請參閱拙著，由美國專利實務探討專利侵害之實驗免責，台北大學法學論叢，第64期，頁85～120（民國96年12月）。

78　307 F.3d at 1362.

79　法院指出，研究行為不僅教育啟發學生及教員、提升該校或機構的聲譽，並可吸引更多的研究經費補助、更優秀的學生及教職員。307 F.3d at 1362.

接可預期之利益者，便不得主張免責；據此，得以主張實驗免責之行爲將極爲有限。然而，此又有悖於實驗研究免責之立法意旨——鼓勵對他人專利技術實驗研究，如還原工程，以利技術的提升與改良。現行法將實驗研究免責之要件「無營利行爲者」刪除，俾避免類似Madey案之爭議。

三、申請前已在國內實施，或已完成必須之準備者

　　本款旨在確保先使用者之權益。舉凡申請前已使用之相同於發明、新型或設計的物品或幾近完成者（完成必須之準備），其行爲均不受日後專利權之效力所及。民國100年修法時以使用僅爲實施態樣之一，而將「使用」改爲「實施」，使包含製造、爲販賣之要約、販賣、使用或進口等實施專利之行爲。適用本款之先實施人或完成必須準備之人可爲自行完成發明之人及自他人處合法獲得者[80]。按部分發明人或創作人雖較早於申請人之申請日前完成發明或創作，但不擬提出申請案，亦不擬對申請人之專利案提出舉發；姑不論該發明人或創作人之怠於行使其權利，其既係先實施或完成準備之人，自不宜禁止其繼續實施其發明或創作[81]。至「申請前」應指「申請日前」而言[82]，若有主張優先權者，即指「優先權日前」[83]。所謂「完成必須之準備」，係指客觀上，足以認定行爲人已完成實施該發明或創作前應爲之預備

80　經濟部智慧財產局，專利法逐條釋義，頁192（民國103年9月）。

81　秦宏濟，專利制度概論，頁111～112（民國34年）。此原則爲「先申請主義」國家所採用，稱爲 "right of personal possession"，由於適用於先完成發明之人，故有認爲與 "right of priority" 有關。此原則不爲「先發明主義」國家所採，蓋以先完成發明之人既逕行使用而不於特定期間內申請者，法律即以喪失新穎性爲由，不予保護。Ladas, 同註1, at 413~416. 筆者以爲，立法原意雖善，惟卻不免有矛盾之處；按申請前既已有物品使用，該專利案是否具有新穎性已值得商榷。先使用者得申請舉發撤銷該案之專利權，如是，既無專利權之存在，亦無專利法第59條第1項第3款適用之餘地。除非發明創作人之使用係秘密使用，或仍在準備階段，未於發明或新型、設計專利申請前公開。

82　按以「申請前」既包括「優先權日前」，此之申請前自應指申請日前方爲合理。請參閱專利法施行細則第62條。又，專利專責機關發行之專利法逐條釋義亦將申請前視爲申請日前。專利法逐條釋義，同註80，頁194。

83　專利法施行細則第62條。

行為[84]。惟必須限於其原有事業目的範圍內繼續利用[85]，亦即，以已經實施或完成準備之事業目的範圍為限。修正前專利法僅明定「原有事業」，並於施行細則中明定其指「原有事業規模」；100年修法時以德、日及歐洲專利公約均未就事業規模設限為由，修改為事業目的範圍[86]。筆者以為修正前規範較為妥適，現行法的限制並不具任何實益，更有悖於先申請主義之真諦。蓋以，該限制旨在令先實施者得以實施之前提下，兼顧專利權人之權益；換言之，先實施者之實施不得不當損及專利權人之權益。現行法之「事業目的範圍」，將使先實施者得就其所實施之技術恣意擴大規模與專利權人競爭，置專利權人於不利的地位。我國既採先申請主義，專利權人之權利本應優於先實施者，不宜本末倒置。

若先前之實施者，非其本身之發明，而係自專利申請人處得知發明後未滿十二個月，並經申請人聲明保留其專利權者，則基於保護發明人或創作人之立法本意，仍受到專利權效力之拘束，而必須禁止其實施或從事其他構成侵害專利權之行為[87]。

100年修法時將「在申請前六個月內，於專利申請人處得知」，改為「於專利申請人處得知其發明後未滿六個月」，理由為：專利申請人（包括實際申請人及其前權利人）之發明於申請日前雖經公開，有可能享有六個月之優惠期[88]。民國106年修法配合優惠期之延長，而將本款但書改為十二個月。倘已逾十二個月未申請專利，則基於產業發展，使第三人得利用該技術[89]。

四、僅由國境經過之交通工具或其裝置

使過境之交通工具或其裝置不受專利權的拘束，目的在維持國際交通的

---

84 此原為民國91年修正前專利法施行細則第33條所明定，惟，究係指行為人已完成必須之廠房設備，抑或完成製造材料之準備，有待商榷。民國91年修正時，以「完成必須之準備」宜由法院認定而予以刪除。

85 專利法第59條第2項，第120條及第142條第1項準用之。

86 100年專利法修正案，同註26，第59條修正說明二(二)。

87 專利法第59條第1項第3款但書，第120條及第142條第1項準用之。

88 100年專利法修正案，同註26，第59條修正說明一(三)3。

89 已逾十二個月者，該案亦極可能已喪失新穎性。設計專利準用專利法第59條，本款於設計專利仍採用六個月期間。專利法第59條，第142條第1項準用之及第142條第4項。

順暢[90]。此項規定源自巴黎公約第5-3條（Art.5 ter）[91]。目的在維持交通暢通的公共利益[92]。

五、善意被授權人之實施

非專利申請權人所取得之專利權，並授權予他人；嗣因申請權人舉發而撤銷時，前揭被授權人在舉發前，已善意在國內實施或已完成必須之準備者，得繼續實施。本款適用之要件，除了原專利權人為非申請權人外，尚包括：(一)專利申請權人已舉發撤銷原專利權，並依專利法第35條申請獲准專利[93]；(二)被授權人於舉發前，已實施或完成必須之準備，且其行為為善意者。其目的當在保護善意之被授權人；其實施之範圍，則限於其原有事業目的範圍內繼續利用，以兼顧專利權人之權益[94]。基於衡平原則，固應允許被授權人繼續實施，惟此等情事不同於前揭二之事由，是以，應令被授權人給付權利金予專利權人，方為合理[95]。此即非意定授權（non-voluntary licensing）下之法定授權，據此，實施者不待專利權人同意，依法當然有權實施，惟必須支付權利金。依專利法，被授權人須自收到專利權人書面通知

---

90 秦宏濟，同註81，頁112。

91 該條係於西元1925年海牙會議中所增訂。其適用對象以發明專利為限。G.H.C. Bodenhausen, Guide to the Application of the Paris Convention for the Protection of Industrial Property 82 (1968, reprinted 1991). 依巴黎公約之規定，其適用於一締約國之交通工具行經他締約國之情事。所謂締約國的交通工具，以船隻而言，係指其船隻註冊國，亦即，其所懸掛之國旗所屬國家而言。至於所指之交通工具，則包括海上船隻、陸上車輛以及航空器，凡其交通工具本身或必要之裝置均有本規範之適用，至於其所裝載之貨物等則不予適用。Bodenhausen, 同註, at 83. 巴黎公約第5-3條規定，於締約國家內有下列情形之一者，不構成專利權之侵害：(1)其他締約國家之船舶暫時或偶然進入該國領海時，在該船舶上使用構成專利內容之設計於船體、機械、艙柱及迴轉裝置或其他附屬物；但此項設計以專為使用於該船舶之需要為限。(2)其他締約國家之航空器或陸上車輛暫時或偶然進入該國時，在該航空器或陸上車輛或其附屬物之構造或操作上使用構成專利內容之設計。

92 Bodenhausen, 同註91, at 82; Ladas, 同註1, at 417.「由國境經過之交通工具或其裝置」為發明、新型及設計專利所不及，目的在維持國際交通的順暢。巴黎公約第5-3條僅適用於發明專利，惟揆諸其意旨，應同時適用於發明、新型及設計專利為宜。

93 申請權人若僅舉發撤銷，而未依專利法第35條申請專利者，則既無專利權之存在，亦無專利權效力是否適用的問題。

94 專利法第59條第2項，第120條及第142條第1項準用之。有關「事業目的之範圍」，請參閱本文前揭三之說明。

95 專利法第59條第3項，第120條及第142條第1項準用之。

之日起，支付權利金。筆者則以爲權利金之支付，應溯至申請權人取得專利權時開始支付。至於被授權人因此所受之任何損害，應屬其與非申請權人間私法上的問題。

六、耗盡原則（exhaustion doctrine）

專利權人之權利不及於其所製造、或經其同意製造之專利物販賣後，使用或再販賣該物者，且專利權人等之製造、販賣，不以國內爲限 [96]，此即耗盡原則。專利權的耗盡，首見於西元1873年Adams v. Burke [97] 之美國案例，聯邦最高法院指出，向專利權人之受讓人合法購得專利物品者，不受專利權人對受讓人所加諸之條件的拘束；買受人之使用權與專利權人排他之製造、販賣權利並不衝突 [98]。

耗盡原則主要分國內耗盡與國際耗盡。前者指專利權人的權利僅於首次交易發生於國內時耗盡；後者則指專利權人的權利因跨國的交易行爲而耗

---

96 專利法第59條第1項第6款，第120條及第142條第1項準用之。所謂製造、販賣，應涵蓋專利權人本人及其被授權人等之行爲，且包括再販賣之行爲。同款後段明定其不以在國內爲限，惟設若該等行爲均在國外完成，且未輸入國內，則已非國內專利權之效力所及。此係專利制度之屬地主義；反之，行爲人應考量其行爲有無侵害當地之專利權。

97 84 U.S. 453 (1873).此案中原專利權人Merrill與Horner於西元1863年取得一項改良式棺材蓋（coffinlids）的專利。1865年，他們將專利讓與Lockhart與Seelye，讓與契約中附加區域限制，即，以波士頓市（Boston）爲中心，半徑10哩的圓周範圍內。在該區域外，專利權仍屬Merroil等人所有。Merroil等人嗣將其專利權全部讓與Adams（即本案原告）。被告Burke係殯葬業者，他在前揭Boston區域內向Lockhart等人購得一付棺材，運到Natick（距離Boston約17哩，亦即已不在前揭區域內）。專利權人Adams因此對Burke提起專利侵權之訴。

98 84 U.S. at 456.德國最高法院亦於西元1902年提出專利耗盡的見解：耗盡原則係指在確認專利權人持有排他性權利的同時，亦強調，專利權人在製造專利產品並販賣後，其就該出售產品之權利已耗盡；同理，專利權人授權他人實施時，被授權人製造並販賣產品後，專利權人對該產品亦無權利可言。當事人間不得以契約排除「耗盡原則」的適用。該原則係因應專利侵害所衍生者，亦即專利權人不得干預合法買受人對該特定產品之使用，更不得主張後者之行爲構成侵害。惟該原則之適用，限於同一國境內，是以，在A國合法製造、販賣之專利產品，進口到擁有相同專利之B國時，仍對B國專利權人構成侵害，其理論基礎爲屬地主義與專利權之獨立性（independence of patent）。在任何一國所取得的排他性專利權，不得因他國之專利權而受到任何侵害；耗盡原則僅適用於該國所核准之專利權，而不擴及他國的相同發明專利權。英譯載於Ulrich Schatz,The Exhaustion of the Patent Rights in the Common Market, 2 IIC 1, 2 (1971)，轉引自Ladas, 同註1, at 398.

盡。採國內耗盡者，專利權人的權利僅於首次交易發生於國內時耗盡，不因跨國交易而耗盡；採國際耗盡者，專利權人的交易不論屬國內外，其權利均耗盡。我國法係採國際耗盡原則[99]。另有「區域耗盡」，如歐盟區域內的耗盡，亦即在歐盟區域內的交易構成耗盡，惟，區域外的交易不構成耗盡。

　　本款之適用，應以專利權人與其被授權人，均係依同一國之專利法所為者。例如：甲同時持有我國及南韓兩國之專利權，甲於韓國授權乙實施專利權，甲於我國則自行實施其專利權，設若乙製造、販賣之專利產品輸入我國，此時仍對甲之我國專利權構成侵害，而無前揭耗盡原則之適用，蓋以甲授權予乙實施之專利權，係韓國專利權而非我國專利權是也。

七、善意實施者

　　專利權人未於補繳期限屆滿前繳納，致專利權消滅（第70條第1項第3款），專利權人嗣繳納三倍年費回復專利權效力並經公告者，其間（消滅公告後至復權公告前）善意實施或已完成必須之準備者，得於其原有事業目的範圍內繼續利用。蓋以專利權既經公告消滅，已屬公共財，任何人均得利用該發明；縱令嗣經復權，基於信賴保護原則，自不得令善意實施者負侵權之責，更應賦予繼續實施的權利。

　　此為民國100年修法時所增訂，應屬正確的立法，惟，此規定在顧及善意實施者權益之際，忽略專利權人應有之排他權利。此款之適用應令善意實施者於復權公告後支付權利金予專利權人方平衡雙方權益。是以，應參照第59條第3項，增訂善意實施者支付權利金之規定。

　　再者，專利權人倘係主張不可歸責於己之事由致未繳納年費者，一旦申請回復原狀，亦與前揭「非因故意」之回復原狀，有相同疑慮，亦即善意實施者於消滅公告至復權公告前之實施是否構成侵權及嗣後得否實施。是以，本款之適用應同時涵蓋第17條第2項及第70條第2項回復原狀方屬妥適。

99　其目的在於允許國內業者得以低於國內之價格自國外購買輸入專利產品販賣。83年專利法修正案，同註38，頁226～227。修正前另定有，由法院依事實認定得為販賣之區域，100年修法時予以刪除，理由為既已採國際耗盡，便無由法院認定得為販賣區域之必要。

八、取得上市許可之研究、試驗行為

　　民國100年修法時增訂，以申請查驗登記許可為目的，其申請之前、後所為之試驗及直接相關之實施專利之行為，均為專利權效力所不及[100]。以學名藥為例，倘學名藥廠無法於專利權有效期間內開始從事試驗，將使專利權人於專利權期間屆滿後仍繼續於市場上享有獨占地位。是以，本條明定：為取得藥事法所定藥物查驗登記許可（無論新藥或學名藥），或國外藥物上市許可為目的，而從事之研究、試驗及其必要行為[101]。又所謂研究、試驗及其必要行為，包括臨床前試驗（pre-clinical trial）及臨床試驗（clinical trial），涵蓋試驗行為本身及直接相關之製造、為販賣之要約、販賣、使用或進口等實施專利之行為。

　　我國藥事法自民國108年8月20日施行西藥專利連結制度[102]，一則確保醫藥品專利權人之權益，一則鼓勵學名藥廠質疑專利的有效性或回避發明

---

100 專利法第60條。本事由依其性質，僅適用於發明專利。此規定源於藥事法第40-2條第5項，針對作為上市學名藥之準備，而於新藥專利期間所進行之試驗行為，明定為專利權效力不及之事項，性質上屬專利法第59條「專利權效力所不及」之規定，故改於專利法明定之，並刪除前揭藥事法之規定。

101 美國專利法第271(e)(1)條（35 U.S.C. §271(e)(1)）亦有類似規定，其立法源自於Roche Products, Inc. v. Bolar Pharmaceutical Co.乙案。733 F.2d 858 (Fed. Cir. 1984), *cert. denied*, 469 U.S. 856 (1984). 該案中原告專利權人Roche藥廠（以下簡稱'Roche'）擁有一項專利藥品Dalmane，其專利權期間至西元1984年1月17日屆滿。被告Bolar藥廠（以下簡稱'Bolar'）擬於Dalmane藥品專利權期間屆滿後上市學名藥，依法必須取得上市許可（平均需時約兩年），Bolar遂於1983年年中自國外進口製造Dalmane之藥材成分，著手製造Dalmane之學名藥，俾從事試驗，據以向FDA取得上市許可。同年7月28日Roche向聯邦地院提起訴訟，控告Bolar侵害其Dalmane之專利權。聯邦地院以微罪不舉及實驗免責認定不構成侵權，Roche因此上訴。聯邦巡迴上訴法院廢棄原判決，指出被告的行為構成專利權侵害，理由為：被告使用、測試原告專利藥品，係基於取得上市許可，是為營利目的，而非基於趣味、好奇或原理之探究。西元1984年，聯邦國會制定「藥價競爭暨專利期間回復法」（Drug Price Competition and Patent Term Restoration Act of 1984），又稱「海奇－維克斯曼法」（Hatch-Waxman Act）。該法增訂專利法第271(e)(1)條有關專利免責之規定。依該規定，倘於美國境內從事製造、使用、販賣之要約、販賣，或進口至美國有關專利發明之行為，其目的僅在於依聯邦法規，為取得上市而須檢具製造、使用或販賣藥品或動物用生物藥品所需的資訊，則該等行為不構成專利侵害。

102 藥事法第48-3條至第48-22條。衛福部為因應西藥專利連結制度另發布西藥專利連結施行辦法（民國108年8月20日施行）及西藥專利連結協議通報辦法（民國108年8月20日施行）。

（invent around）不同的藥品，進而有助於病患用藥的權益[103]。

九、混合兩種以上醫藥品而製造之醫藥品或方法，其專利權效力，不及於依醫師處方依處方箋調劑之行為及所調劑之醫藥品

此為民國75年修法時，配合當時第4條之開放醫藥品專利，所增訂的條文[104]。按兩種以上的醫藥品，混合製造具有新藥效之醫藥品，就該醫藥品本身及製造方法，均可給予專利；惟，顧及保障醫療行為，使不受限制，故明定混合醫藥品之專利（不論製造方法或物品），不及於醫生的處方及處方調劑的醫藥品[105]，此規定僅適用於發明專利。新型暨設計專利所保護之內容，本不包括醫藥品，自無適用之可能。

---

103 有關美國與我國專利連結制度之概述及弊端，請參閱拙著，由美國實務探討逆向付費和解協議於專利法上之適法性，中原財經法學，第37期，頁1〜49（民國105年12月）。又為因應專利連結制度，專利專責機關提出專利法第60-1條修正草案：令專利權人接獲通知謂許可證申請人主張專利權應撤銷或其行為不構成侵害時，得對許可證申請人依第96條第1項規定，請求除去或防止侵害。專利權人未於接獲前揭通知後45日內提起訴訟者，許可證申請人得就是否構成侵權，提起確認之訴。

104 專利法第61條。

105 75年專利法修正案，法律案專輯，第102輯，頁11、29及129（民國75年）。

第八章 | 專利權之處分與公示制度

專利權性質上屬財產權，是以，專利權人得就其專利權爲各種處分行爲，如，讓與、信託、授權、設定質權；專利權亦可爲繼承之標的。專利權人並得於符合法定條件下更正其專利內容。凡此，均攸關他人權益而有公示之必要；甚至，在申請案申請程序中，亦有公開之必要性存在，是以，公示制度爲專利制度中不可或缺的重要事項。

第一節　專利權之移轉、信託、授權與設質

本節依序介紹以專利權爲標的之主要處分行爲：移轉、信託、授權及設定質權。

除以下法定程序外，有關讓與、授權、再授權、信託及設定質權之處分行爲，依法須經第三人同意者，另應檢附第三人同意之證明文件[1]。

第一項　移　轉

專利權的移轉（assignment），主要包括繼承及讓與[2]。繼承權的取得，依民法有關繼承之規定，繼承人擬繼承被繼承人之專利權，應附具證明文件（死亡與繼承證明文件），向專利專責機關申請專利繼承登記[3]。專利權爲

1　專利法施行細則第68條。依法須經第三人同意情事，例如，專利權共有者，專利權之讓與、授權、信託及設定質權均須全體共有人同意；應有部分之讓與、信託及設定質權亦均須其他共有人同意。專利之再授權須得專利權人或專屬被授權人同意。依民法第15-2條應得輔助人同意，或民法第79條應得法定代理人同意者。請參閱101年專利法施行細則修正案，第68條修正說明二，https://topic.tipo.gov.tw/public/Attachment/8123174475.pdf（最後瀏覽日期：民國109年9月1日）。

2　專利法第6條第1項明定申請權與專利權均得讓與或繼承。此亦爲各國專利法所採行。1 Stephen Ladas, Patent, Trademarks, and Related Rights, National and International Protection 436~437 (1975).

3　專利法施行細則第69條。此原於93年修正施行前專利法第65條所明定。現行法以其屬程序事項，故刪除之。繼承人或其代理人（在中華民國境內無住所或營業所者，應委任代理人

共有時，共有人死亡，依民法繼承規定，由其繼承人繼承其應有部分。惟，倘無繼承人者，法無明定，宜參酌商標法與著作權法，依應有部分之比例分配之[4]。

衍生設計專利權，因其從屬性質，應與其原設計專利權一併繼承，不得單獨為之[5]。

讓與之事由，舉凡買賣、贈與、併購及互易……等專利權利移轉之行為均屬之。按發明專利權人以其專利權讓與他人，非經向專利專責機關登記，不得對抗第三人[6]。凡有讓與之情事發生，應由原專利權人或受讓人附具讓與契約或讓與證明文件，向專利專責機關申請專利權讓與登記[7]；發明專利

代為辦理）申請繼承登記時，應檢具下列書件：(1)申請書1份──申請人應為繼承人，申請人應簽名或蓋章，如有委任代理人者，得僅由代理人簽名或蓋章。申請人指定送達代收人者，申請人仍應簽名或蓋章。繼承人為多數時，應自行編號依序填寫，如未委任代理人或指定送達代收人，請指定其中一人為應受送達人，如未指定者，以第一順序申請人為應受送達人。(2)申請規費。(3)死亡與繼承證明文件1份──稽徵機關核發之稅款繳清證明書，或核定免稅證明書，或不計入遺產總額證明書，或同意移轉證明書之副本1份。應注意者，(1)繼承人尚未成年，應由法定代理人簽署。(2)拋棄繼承者，須出具法院之拋棄繼承證明文件。(3)衍生設計專利、聯合新式樣專利應：①與母案一併辦理繼承登記；②逐案辦理繼承登記，並檢送申請書、死亡、繼承證明文件、遺產稅相關證明文件。衍生設計專利應繳納繼承登記規費，聯合新式樣則毋須另繳納繼承登記規費。經濟部智慧財產局，專利申請表格暨申請須知，專利權繼承登記申請須知。（民國109年7月21日）。繼承人有多人，而僅由其中一人或數人繼承時，應另檢附以下文件之一：(1)法院出具之拋棄繼承證明文件；(2)遺囑公證本；(3)全體繼承人共同簽署之遺產分割協議書。經濟部智慧財產局，專利權繼承登記申請書「六、附送書件」。

4　商標法第46條準用第28條第4項；著作權法第40條第3項。

5　專利法第138條第1項。衍生設計專利權未與原設計專利權一併讓與者，衍生設計專利權失所附麗而失其效力；反之，僅以衍生設計專利權讓與者，因從權利不得為讓與之標的，故而讓與契約無效。此外，原設計專利權因未繳年費或拋棄當然消滅或撤銷確定，而衍生設計專利權有二以上仍存續者，應一併讓與。專利法第138條第2項。

6　專利法第62條，第120條及第142條第1項準用之。

7　專利法施行細則第63條。此原為民國93年修正施行前專利法第63條所明定，並規定應由各當事人署名，現行法以其屬程序事項故刪除之。又民國93年修正專利法施行細則時，以讓與契約等文件已足資認定當事人間有讓與合意之事實，故明定可由原專利權人或受讓人單方申請讓與登記。93年專利法施行細則修正條文對照表，頁29。http://www.tipo.gov.tw/patent/patent law/專利法施行細則修正條文對照表.doc（最後瀏覽日期：民國93年6月13日）（以下簡稱「93年專利法施行細則修正案」）。受讓人或其代理人（在中華民國境內無住所或營業所者，應委任專利代理人代為辦理）申請讓與登記，應檢具下列書件：(1)申請書1份──申請人應簽名或蓋章，如有委任代理人者，得僅由代理人簽名或蓋章。申請人

權為共有時，專利權之讓與，須經共有人全體同意，方得為之；俾免因各共有人對專利權的處分，影響其他共有人的權益[8]。至於共有人自己應有部分之讓與，亦須經其他共有人之同意，方可[9]；此規定旨在避免受讓人與其他共有人之理念不同，無法共事。惟，一如專利申請權應有部分之讓與，宜參酌著作權法第40-1條第1項後段明定，其他共有人，無正當理由者，不得拒絕同意。

衍生設計專利權，因其從屬性質，應與其原設計專利權一併讓與，不得單獨為之[10]。

第二項　信　託

配合信託法的制定，專利法亦明定專利權可為信託之標的[11]。專利權人以其專利權設定信託予他人時，應由原專利權人或受託人附具申請書及證明文件向專利專責機關登記，方得對抗第三人[12]。

指定送達代收人者，申請人仍應簽名或蓋章。受讓人或讓與人多數時，應自行編號依序填寫，如未委任代理人或指定送達代收人，請指定其中一人為應受送達人，如未指定者，以第一順序申請人為應受送達人。(2)申請規費。(3)讓與契約或讓與證明文件1份（公司因併購申請承受專利權者，為併購之證明文件）──讓與原因為贈與，且讓與人為自然人者，須再檢附稽徵機關核發之稅款繳清證明書、或核定免稅證明書、或不計入贈與總額證明書，或同意移轉證明書之副本1份。另應注意：(1)專利權為共有時，除契約另有約定外，非經共有人全體之同意，不得讓與他人；專利權之共有人非經其他共有人之同意，亦不得以其應有部分讓與他人。(2)衍生設計專利、聯合新式樣專利之讓與，應①與母案一併辦理讓與登記；②逐案辦理讓與登記，並檢送申請書、讓與契約或讓與證明文件。衍生設計專利應繳納讓與登記規費；聯合新式樣專利則毋須另繳納讓與登記規費。經濟部智慧財產局，專利權讓與登記申請須知。

8　專利法第64條，第120條及第142條第1項準用之。
9　專利法第65條第1項，第120條及第142條第1項準用之。
10　專利法第138條第1項。衍生設計專利權未與原設計專利權一併讓與者，衍生設計專利權失所附麗而失其效力；反之，僅以以衍生設計專利權讓與者，因從權利不得為讓與之標的，故而讓與契約無效。此外，原設計專利權因未繳年費或拋棄當然消滅或撤銷確定，而衍生設計專利權有二以上仍存續者，應一併讓與。專利法第138條第2項。
11　專利法第62條，第120條及第142條第1項準用之。
12　專利法施行細則第64條。信託登記因目的不同，檢附之文件亦不同：(1)申請信託登記：信託契約或證明文件1份；(2)申請信託塗銷登記：信託契約或信託關係消滅證明文件1份；(3)申請信託歸屬登記：信託契約或信託歸屬證明文件1份。(4)申請信託變更登記：變更證明文件1份。除此，申請人或其代理人（在中華民國境內無住所或營業所者，應委任專利代理人代為辦理）申請登記時應檢附：(1)申請書1份──申請人簽名蓋章；受託人及

　　發明專利權爲共有時，專利權之信託，須經共有人全體同意，方得爲之；俾免因各共有人對專利權的處分，影響其他共有人的權益[13]。至於共有人自己應有部分之信託，亦須經其他共有人之同意，方可[14]。宜參酌著作權法第40-1條第1項後段明定，其他共有人，無正當理由者，不得拒絕同意。

　　衍生設計專利權，因其從屬性質，應與其原設計專利權一併信託，不得單獨爲之[15]。

第三項　授　權

　　授權（license）者，專利權人同意他人實施其專利權之謂也。專利權人並因此取得對價，如：權利金、被授權人之交互授權（cross license）。任何逾越授權權限之實施專利行爲仍構成專利之侵害。

一、授權態樣

　　授權態樣可依授權之權利範圍及授權性質予以區分。

(一) 依授權性質區分

　　依授權性質可分爲意定授權（或自願授權，voluntary license）與非意定授權（或非自願授權，involuntary license）。

1. **意定授權**：此係當事人基於契約自由原則，將專利權授權予他人使用，在不違反公平競爭的前提下，當事人得逕行約定授權事項。

　　委託人姓名稱；如有委任代理人者，得僅由代理人簽名或蓋章。申請人指定送達代收人者，申請人仍應簽名或蓋章。受託人或委託人多數時，應自行編號依序填寫，如未委任代理人或指定送達代收人，請指定其中一人爲應受送達人，如未指定者，以第一順序申請人爲應受送達人。(2)申請規費。應注意者：(1)專利權爲共有時——除契約另有約定外，非經共有人全體之同意，不得信託他人。專利權之共有人非經其他共有人之同意，亦不得以其應有部分信託他人。(2)衍生設計專利、聯合新式樣專利應①與母案一併辦理信託登記；②逐案辦理信託登記，並檢送申請書、信託契約或證明文件。衍生設計專利案應繳交信託登記規費；聯合新式樣專利案則毋須另繳納信託登記規費。經濟部智慧財產局，專利權信託登記申請須知。

13　專利法第64條，第120條及第142條第1項準用之。

14　專利法第65條第1項，第120條及第142條第1項準用之。

15　專利法第138條第1項。此外，原設計專利權因未繳年費或拋棄當然消滅或撤銷確定，而衍生設計專利權有二以上仍存續者，應一併信託。專利法第138條第2項。

2. **非意定授權**：此係因法律所明定之事由，賦與專利權人以外之第三人通常實施權，亦稱廣義的法定授權。又因有無公權力的介入，可分狹義的法定授權及強制授權。依現行法，狹義的法定授權有：
   (1) 雇用人之實施權 [16]：受雇人利用雇用人之資源，設備所完成之非職務上的發明，雇用人得於給付補償金後取得實施權。
   (2) 出資人之實施權 [17]：出資聘人研發，專利權屬發明人時，出資人理應得實施該專利權，且不需再行支付補償金。
   (3) 善意被授權人之實施權 [18]：自非申請權人之專利權人處取得授權者，倘專利權經撤銷，並由申請權人申請取得專利權，原善意之被授權人得繼續於其事業規模內使用。惟，於收到專利權人書面通知之日起，須給付權利金予專利權人。

　　強制授權者，不同於前揭事由，縱有法定事由存在，擬取得強制授權，須向專利專責機關申請始可。

(二) 依權利範圍區分

　　授權，因被授權人所取得權利之排他性可分為：(1)非專屬授權（或「非排他性授權」、「通常實施權」，non-exclusive license）；(2)單一授權（sole license）；以及(3)專屬授權（或「排他性授權」，exclusive license）[19]。

1. **非專屬授權**：被授權人僅取得通常實施權，專利權人得任意將專利權再授權予第三人實施。非意定授權均為非專屬授權。
2. **單一授權**：被授權人為唯一的被授權人，專利權人不得再授權予第三人實施；但專利權人本人仍得實施。
3. **專屬授權**：被授權人為唯一得實施專利權之人，專利權人除不得再授權予第三人外，其本人亦不得實施。

16　專利法第8條第1項但書。

17　專利法第7條第3項但書。

18　專利法第59條第1項第5款暨第3項，第120條及第142條第1項準用之。

19　Ladas, 同註2, at 439.

現行專利法僅將意定授權分為專屬授權及非專屬授權[20]。專屬被授權人之權利[21]：(1)排除專利權人及第三人之實施；(2)將被授予之權利再授權第三人實施，除非原授權契約另有約定。至於非專屬被授權人，既無權排除他人實施，亦不得逕自將被授予之權利再授權第三人實施，除非先行取得專利權人或專屬被授權人之同意[22]。

二、授權效力

一如「讓與」之情事，專利權之意定授權，原則上亦以當事人合意即可，惟基於他人權益，專利權在共有的情況下，各共有人固有權利實施，惟倘其將專利權授權他人實施時，須經共有人全體同意方可[23]。

衍生設計專利權，因其從屬性質，應與其原設計專利權一併授權，不得單獨為之[24]。

三、授權登記

專利權人將其專利權授權他人實施，及被授權人之再授權他人實施，須向專利專責機關登記，方得對抗第三人[25]。

申請專利權授權（或再授權）登記，應由專利權人或被授權人（原被授權人或再被授權人）檢附授權契約或證明文件暨申請書，向專利專責機關為之[26]。與授權（或再授權）有關之登記態樣有三[27]：(1)申請授權（或再授權）登記者，其授權（或再授權）契約或證明文件；(2)申請授權（或再授權）變更登記者，其變更證明文件；(3)申請授權（或再授權）塗銷登記者——被授權人（或再被授權人）出具之塗銷登記同意書、法院判決書及判

---

20 專利法第62條第2項，第120條及第142條第1項準用之。
21 專利法第62條第3項暨第63條第1項，第120條及第142條第1項準用之。
22 專利法第63條第2項，第120條及第142條第1項準用之。本項須取得專屬被授權人同意之情事，係指此處之非專屬被授權人係自該專屬被權人處取得授權之故。
23 專利法第64條，第120條及第142條第1項準用之。
24 專利法第138條第1項。此外，原設計專利權因未繳年費或拋棄當然消滅或撤銷確定，而衍生設計專利權有二以上仍存續者，應一併授權。專利法第138條第2項。
25 專利法第62條第1項暨第63條第3項，第120條及第142條第1項準用之。
26 專利法施行細則第65條第1項。另請參閱93年專利法施行細則修正案，同註7，頁30～31。
27 專利法施行細則第65條第1項及第66條第1項。

決確定證明書或依法與法院確定判決有同一效力之證明文件。因授權（或原／再授權）期間屆滿而消滅者，毋須檢附。

授權（或再授權）契約或證明文件，應載明下列事項[28]：(1)發明、新型或設計名稱或其專利證書號數；(2)授權（或再授權）種類、內容、地域及期間——僅就部分請求項授權（或再授權）他人實施者，應於授權（或再授權）內容應載明其請求項次；授權期間應以專利權期間為限；再授權範圍，以原授權之範圍為限。

授權契約中亦有約定由何人支給年費之必要，現行專利法雖明定任何人均得繳納年費，惟，按年費逾限未繳，將構成專利權消滅；倘未明訂，則專利權人有因不滿授權內容而拒繳，致專利權消滅之虞，或被授權人亦有因不願再繳權利金而拒繳年費，使其專利權歸於消滅。是以，為兼顧雙方當事人之權益，宜於契約中明定由誰繳納年費[29]。

第四項　設定質權

專利權得否設定質權，迄有爭議。民國83年修正前專利法並未明文規定專利權得設定質權，部分作者以：專利法既無否准設定質權的規定，則依民法第900條，「可讓與之債權及其他權利，均得為權利質權的標的物」，專

28　專利法施行細則第65條第2項至第4項及第66條第2項暨第3項。申請專利權授權（再授權）登記應備具(1)申請書1份——申請人應簽名或蓋章，如有委任代理人者，得僅由代理人簽名或蓋章。申請人指定送達代收人者，申請人仍應簽名或蓋章；被授權人或授權人多數時，應自行編號依序填寫，如未委任代理人或指定送達代收人，應指定其中一人為應受送達人，如未指定者，以第一順序申請人為應受送達人。(2)申請規費。並因登記事由不同，各須檢附下列文件：(1)申請授權（再授權）登記：授權（再授權）契約或證明文件1份。授權契約或證明文件，應載明專利名稱、專利證書號數及授權種類、內容、地域及期間。(2)申請授權（再授權）變更登記：變更證明文件1份。(3)申請授權（再授權）塗銷登記：被授權人（再被授權人）出具之塗銷登記同意書、法院判決書及判決確定證明書或依法與法院確定判決有同一效力之證明文件1份。惟，因授權（原授權或再授權）期間屆滿而消滅者，免予檢附。除此，應注意：(1)專利權為共有時，除契約另有約定外，須經共有人全體之同意，方得授權他人。(2)衍生設計專利、聯合新式樣專利應①與母案一併辦理授權（再授權）登記；②逐案辦理授權（再授權）登記，並檢送申請書、授權（再授權）契約或證明文件。衍生設計專利並應繳納授權（再授權）登記規費；聯合新式樣專利案則毋須繳納授權（再授權）登記規費。經濟部智慧財產局，專利權授權登記申請須知。

29　Ladas, 同註2, at 445.

利權既爲得讓與的權利，自得爲質權之標的物 [30]。更有主張設定質權應依讓與程序爲之 [31]。

惟，過去實務上認定不宜准之，況質權之設定，依民法，須將專利證書交與質權人，致專利權人無從繼續實施其專利權，恐構成83年修正前專利法第67條所定「特許實施」事由（即，未實施）之虞。民國83年修法時依民法第900條之意旨，明定專利權得爲質權之標的 [32]，又專利權之設定質權屬權利質權，無論專利權本身或專利證書，均毋需移轉占有，專利權人（債務人）仍得實施其專利權；至於質權人（債權人），除非與專利權人另訂有授權契約，否則不得實施該專利權。惟，專利申請權仍不得爲質權之標的 [33]。

發明專利權爲共有時，除共有人自己實施外，非經共有人全體之同意，不得設定質權；又，未經其他共有人之同意，亦不得以自己之應有部分設定質權 [34]。蓋以，倘債務人無力清償債務，將使其設定爲質物之應有部分成爲拍賣之標的，爲不特定之第三人取得；致使其餘共有人須與理念未一致之得標者共事。故而明定各共有人應有部分之設質，亦應取得其他共有人之同意。

衍生設計專利權，因其從屬性質，應與其原設計專利權一併設定質權，不得單獨爲之 [35]。

專利權之質權設定應由專利權人或質權人，附具證明文件，向專利專責機關申請登記，未經登記不得對抗第三人 [36]。專利專責機關爲登記時，應將有關事項加註於專利證書及專利權簿 [37]。有關專利權質權之登記有三種，除

---

30 何孝元，工業所有權之研究，頁50（重印三版，民國80年3月）；甯育豐，工業財產權法論，頁221（三版，民國71年）。

31 甯育豐，同上。

32 專利法第6條第3項。83年專利法修正案，法律案專輯，第179輯（上），頁32～33（民國84年8月）（以下簡稱「83年專利法修正案」）。

33 專利法第6條第2項。

34 專利法第64條及第65條第1項，第120條及第142條第1項準用之。

35 專利法第138條第1項。此外，原設計專利權因未繳年費或拋棄致當然消滅或撤銷確定，而衍生設計專利權有二以上仍存續者，應一併設定質權。專利法第138條第2項。

36 專利法第62條第1項，第120條及第142條第1項準用之；專利法施行細則第67條第1項。

37 專利法施行細則第67條第4項。

申請書及專利證書外，應檢附之文件亦不同[38]：(1)質權設定登記——其質權設定契約或證明文件；(2)質權變更登記——變更證明文件；(3)質權塗銷登記——債權清償證明文件、質權人出具之塗銷登記同意書、法院判決書及判決確定證明書或依法與法院確定判決有同一效力之證明文件。其中，質權設定契約或證明文件，應載明下列事項[39]：(1)發明、新型或設計名稱或其專利證書號數；(2)債權金額及質權設定期間——質權設定期間，以專利權期間為限。

第二節　專利內容之更正

專利內容之更正，涉及專利權限所及之專利範圍，是以，專利法明定更正案之申請期間且須在不變更實質內容之前提下，方可更正之。此外，既已取得專利權者，尚須符合下列規定：更正內容的限制及取得關係人的同意；更正案須經實體審查，並於核准後公告之。

第一項　更正案之申請期間與更正內容之態樣

原則上，專利權人於公告取得專利權後，得申請更正專利[40]。倘專利案繫屬於舉發程序，則專利權人僅得於下列期間申請更正[41]：(1)通知答辯期

---

38 專利法施行細則第67條第1項。申請專利權質權登記，應備具：(1)申請書1份——申請人應簽名或蓋章，如有委任代理人者，得僅由代理人簽名或蓋章。申請人指定送達代收人者，申請人仍應簽名或蓋章。(2)申請規費。(3)專利證書。並因不同登記事由而檢附不同文件：(1)質權設定登記——質權設定契約或證明文件1份；(2)質權變更登記——變更證明文件1份；(3)質權塗銷登記：債權清償證明文件、質權人出具之塗銷登記同意書、法院判決書及判決確定證明書或依法與法院確定判決有同一效力之證明文件1份。應注意者，(1)專利權為共有時，除契約另有約定外，非經共有人全體之同意，不得設定質權。專利權之共有人非經其他共有人之同意，亦不得以其應有部分設定質權。(2)衍生設計專利、聯合新式樣專利均應：①與母案一併辦理質權登記；②逐案辦理質權登記，並檢送申請書、質權設定契約或證明文件1份。衍生設計專利並應繳納質權登記規費，聯合新式樣專利案則毋須另繳納質權登記規費。經濟部智慧財產局，專利權質權登記申請須知。
39 專利法施行細則第67條第2項及第3項。
40 專利法第67條，第120條準用之及第139條。
41 專利法第74條第3項，第120條及第142條第1項準用之。專利權人倘於舉發案審查期間申請更正，應於更正申請書中載明舉發案號。專利法施行細則第70條第6項及第81條第5項。

間；(2)補充答辯期間；以及(3)申復期間；惟，於舉發程序中，專利案另繫屬於訴訟案件者，無前揭期間之限制。

新型專利案之申請更正期間，除前揭舉發之情事，僅得於下列期間為之[42]：(1)新型專利技術報告申請案受理中；(2)訴訟案件繫屬中。

得更正事項，因發明專利、新型專利及設計專利本質上之差異而不同。故而就發明專利及新型專利與設計專利分述之。

一、發明專利及新型專利

發明及新型專利權人得就下列事項申請更正專利說明書，申請專利範圍或圖式[43]。

(一) **請求項之刪除**：此事由為民國100年修法時所增訂，蓋以刪除請求項亦屬申請專利範圍之減縮，故而明定之[44]。惟，既當然涵蓋於申請專利範圍之減縮，另行規範似有令人誤解二者無關之虞。

(二) **申請專利範圍之減縮**：原申請專利範圍過廣，專利權人擬縮減其專利範圍，此舉僅對專利權人較為不利，不致影響大眾權益，因此准許其更正。反之，若為擴充申請專利範圍，影響大眾權益，獨惠於專利權人者，自為法所不許。

(三) **誤記或誤譯事項之更正**：既為誤記或誤譯之事項，在不影響他人權益下，自應准其更正。

(四) **不明瞭記載之釋明**：說明書，申請專利範圍及圖式內容，有記載不明

---

42 專利法第118條。

43 專利法第67條第1項暨第2項，第120條準用之。依同法施行細則第70條第1項至第5項，專利權人應檢具申請書及相關文件提出申請。申請書應載明下列事項，並各於更正理由中載明適用專利法第67條第1項之款次：(1)更正說明書者——其更正之頁數、段落編號與行數、更正內容及理由。更正內容，應載明更正前及更正後之內容；其為刪除原內容者，應劃線於刪除之文字上；其為新增內容者，應劃線於新增之文字下方。(2)更正申請專利範圍——其更正之請求項、更正內容及理由。倘刪除部分請求項，不得變更其他請求項之項號。(3)更正圖式——其更正之圖號及更正理由；倘刪除部分圖式，不得變更其他圖之圖號。應檢附文件如下：(1)更正後無劃線之說明書、圖式替換頁；(2)更正申請專利範圍者，其全份申請專利範圍；(3)依本法第69條規定應經被授權人、質權人或全體共有人同意者，其同意之證明文件。

44 100年專利法修正案，立法院公報，第100卷，第81期，院會紀錄，第69條修正說明二(二)（即現行專利法第67條）（民國100年11月29日）（以下簡稱「100年專利法修正案」）。

確，致混淆之情事時，應准專利權人更正之，使臻明確。

二、設計專利

設計專利權人僅得就下列事項申請更正專利說明書或圖式[45]：(1)誤記或誤譯之訂正；及(2)不明瞭記載之釋明。

此與設計專利所保護之內容爲其物品之形狀、花紋、色彩有關，按其多爲視覺輔以圖式即可明瞭，除非圖式記載有誤，否則不致有不明瞭其記載之情形，又實務上，亦無專利權人以申請範圍過廣，申請縮減之情事。

第二項　更正之限制

更正之限制，指(1)更正範圍之限制；及(2)必要時應先取得關係人同意。

一、更正範圍之限制

發明專利及新型專利之更正[46]：(1)不得逾越申請時說明書、申請專利範圍或圖式所揭露之範圍；(2)不得實質擴大或變更公告時之申請專利範圍；(3)以說明書、申請專利範圍及圖式之外文本申請專利者，誤譯之訂正，不得逾越申請時外文本所揭露之範圍。

設計專利之更正[47]：(1)不得逾越申請時說明書或圖式所揭露之範圍；(2)不得實質擴大或變更公告時之圖式；(3)以說明書及圖式之外文本申請專利者，其誤譯之訂正，不得超出申請時外文本所揭露之範圍。

45　專利法第139條第1項。依同法施行細則第81條第1項至第4項，專利權人應備具申請書，並檢附更正後無劃線之全份說明書或圖式。前揭申請書應載明下列事項：(1)更正說明書者－其更正之頁數與行數、更正內容及理由。更正內容，應載明更正前及更正後之內容；其爲刪除原內容者，應劃線於刪除之文字上；其爲新增內容者，應劃線於新增之文字下方。(2)更正圖式者，其更正之圖式名稱及更正理由。(1)及(2)之更正理由均應載明適用本法第139條第1項之款次。

46　專利法第67條第2項至第4項，第120條準用之。

47　專利法第139條第2項至第4項。

二、取得關係人之同意

發明專利與新型專利之更正案中，請求項之刪除、及申請專利範圍之減縮，將使權利人得主張之排他權利之技術範圍受到限縮。倘該專利涉及第三人之權益，自應取得第三人之同意方屬公允。是以，發明專利與新型專利權經授權予他人實施、或設定質權予他人，均應先取得被授權人或質權人之同意方可；專利權為共有時，非經共有人全體之同意，不得就請求項之刪除、及申請專利範圍之減縮為更正之申請[48]。

設計專利之更正並無請求項之刪除、及申請專利範圍減縮之情事，自毋需取得關係人同意之必要。

第三項　更正之審查暨公告

發明專利與設計專利之取得，須經實體審查，是以，二者之更正案亦須經實體審查；依民國108年修正前專利法，新型專利之取得，只須經形式審查，其更正案便僅須進行形式審查。民國108年修法時則以新型專利權之更正案亦應採實體審查，蓋以其更正必與專利權是否合於專利要件之實體問題有關；基於維持專利權內容之穩定性，避免因權利內容之變動衍生問題，故然[49]。

專利專責機關對於專利更正案之審查，應指定專利審查人員審查，並作成審定書送達申請人[50]。

無論發明專利、新型專利或設計專利，倘更正案係於舉發案審查期間提出者，應合併審查及合併審定；並應先就更正案進行審查[51]，蓋以更正案之結果可能影響舉發案之審定。同一舉發案審查期間，有兩件以上之更正案者，申請在先之更正案，視為撤回[52]。經准予更正時，專利專責機關應將更

---

48 專利法第69條，第120條準用之。

49 108年專利法部分條文修正案，立法院公報，第108卷，第36期，院會紀錄，專利法第118條修正說明一（民國108年4月16日）（以下簡稱「108年專利法修正案」）。

50 專利法第68條第1項，第120條及第142條第1項準用之。

51 專利法第77條第1項，第120條及第142條第1項準用之，以及專利法施行細則第74條第1項前段。

52 專利法第77條第3項，第120條及第142條第1項準用之。又，依同法施行細則第70條第6項

正說明書、申請專利範圍或圖式之副本送達舉發人，僅刪除請求項者，不在此限；不准更正者，則應通知專利權人限期申復；屆期未申復或申復結果仍應不准更正者，得逕予審查[53]。

專利專責機關於核准更正後，應公告其事由[54]；說明書、申請專利範圍及圖式經更正公告者，溯自申請日生效[55]。

所謂申請日究係指專利案之申請日，抑或更正案之申請日，法未明定。筆者以為應指前者而言，蓋以更正既係縮減申請專利範圍、更正或釋明記載事項，有助於專利權利範圍的釐清，自宜溯自專利案之申請日。

專利案之更正與專利申請案之修正，區別在於，更正適用於取得專利權後，修正適用於專利申請案審定前或處分前；又因發明、新型與設計性質上之差異而有所不同。茲表列如下（所引條文均為專利法條文）。

	修正	更正
申請期間	1.發明／設計專利申請案（第43條，第142條第1項準用之） (1)審查意見通知前。（第1項） (2)審查意見通知後指定期間內。（第3項）	1.發明／設計專利 (1)取得專利權後。 (2)舉發案審查期間——僅得於通知答辯、補充答辯或申復期間更正；例外為訴訟案件繫屬中。（第74條第3項，第142條第1項準用之）

及第81條5項，案審查期間申請更正者，並應於更正申請書載明舉發案號。

53 專利法第77條第2項，第120條及第142條第1項準用之，及專利法施行細則第74條第1項後段。

54 專利法施行細則第84條，專利專責機關於核准更正後，應將下列事項刊載於專利公報：(1)專利證書號數；(2)原專利公告日；(3)申請案號；(4)發明、新型或設計名稱；(5)專利權人姓名或名稱；(6)更正事項。

55 專利法第68條第2項暨第3項，第120條及第142條第1項準用之。核准更正者，舉發審定書主文應分別載明更正案及舉發案之審定結果；不准更正者，僅於審定理由中敘明之。專利法施行細則第74條第2項。

	修正	更正
	2.新型專利申請案 (1)通知修正函前。（第109條） (2)通知修正函後指定期間內。（第120條準用第43條第3項）	**2.新型專利** (1)舉發案審查期間——僅得於通知答辯、補充答辯或申復期間更正；例外為訴訟案件繫屬中。（第120條準用第74條第3項） (2)新型專利技術報告申請案受理中。（第118條第1款） (3)訴訟案件繫屬中。（第118條第2款）
修正／更正內容暨限制	**1.發明專利申請案** (1)除誤譯外，不得逾越申請時說明書、申請專利範圍或圖式所揭露之範圍（包括初審、再審）。（第43條第2項） (2)最後通知者，其申請專利範圍之修正限於：（第43條第4項） ①請求項之刪除。 ②申請專利範圍之減縮。 ③誤記之訂正。 ④不明瞭記載之釋明。 **2.新型專利申請案** 除誤譯外，不得逾越申請時說明書、申請專利範圍或圖式所揭露之範圍。（第120條準用第43條第2項）	**1.發明／新型專利**（第67條，第120條準用之） (1)除誤譯外，不得逾越申請時說明書、申請專利範圍或圖式所揭露之範圍。（第2項） (2)不得實質擴大或變更公告時之申請專利範圍。（第4項） (3)得更正事項：（第1項） ①請求項之刪除。 ②申請專利範圍之減縮。 ③誤記之訂正。 ④不明瞭記載之釋明。 **2.設計專利**（第139條） (1)除誤譯外，不得逾越申請時說明書、圖式所揭露之範圍。（第2項） (2)不得實質擴大或變更公告時之圖式。（第4項） (3)得更正事項：（第1項） ①誤記或誤譯之訂正。 ②不明瞭記載之釋明。

	修正	更正
	3.設計專利申請案 除誤譯外，不得逾越申請時說明書、圖式所揭露之範圍。（第142條第1項準用第43條第2項）	

第三節　公開暨公告、專利證書、專利權簿

專利制度攸關產業科技的發展，專利案的核准與異動自亦關乎產業與權利人之權益；是以，前揭事由之發生，專利專責機關必當予以公告，並於核准專利時、核發專利證書予專利權人。又，為配合發明專利案之早期公開制，專利專責機關亦須最遲於法定期間屆至時（申請日起十八個月後）將發明專利申請案公開。依本法應公開、公告之事項，專利專責機關得以電子方式公開、公告之[56]。更為確保公眾暨產業權益，專利專責機關設置專利權簿供公眾閱覽。

第一項　公開暨公告

一、公開

我國專利法於民國90年修法時，針對發明專利申請案採行早期公開制[57]，並於民國91年10月26日開始施行。據此，專利專責機關於民國92年5

---

56 專利法第86條。專責機關於民國101年11月21日以智服字第10117003750號公告，自102年1月1日起停止發行紙本公報（包括專利公報及發明公開公報），改發行電子公報（光碟版）與網路公報。網路公報刊載於智慧財產權e網通，https://tiponet.tipo.gov.tw/030_OUT_V1/home.do。

57 請參閱本篇第六章第二節「發明專利之早期公開制」。

月1日發行「發明公開公報」[58]。經公開之申請案，任何人均得申請閱覽[59]。

　　申請人得申請提早公開其申請案[60]。惟，早期公開之行政作業需時約三個月，是以，得申請提早公開之期間為自申請日起（主張優先權者，最早優先權日起）十五個月內；逾十五個月期間者，專利專責機關已開始進行公開準備作業、並即將公開[61]。反之，申請人不得申請延緩公開，蓋以其有違早期公開制之立法目的——避免重複發明與浪費資源，促進產業科技提升[62]。

　　申請人於公開前撤回申請案者，原則上，即不予公開；惟，撤回之時間已逾申請日起十五個月者，因公開之行政作業已進行，仍將公開。一旦公開，縱令申請人於公開前或公開後撤回申請案，該案仍為其他後案是否合於專利要件之引證[63]。發明專利申請案於公開前業經核准審定公告[64]，或不予專利者，仍公開於專利公報[65]。

二、公告

　　公告者，告知大眾特定之事由，或因與公眾之權益有關，或為宣示與專利有關之特定人的權利。舉凡與專利有關的事項，均應刊登於專利公報，惟亦有例外不予公告或不即時公告之情事。茲分別說明如下。

---

58 依專利法施行細則第31條，專利專責機關公開發明專利申請案時，應包括下列事項：(1)申請案號；(2)公開編號；(3)公開日；(4)國際專利分類；(5)申請日；(6)發明名稱；(7)發明人姓名；(8)申請人姓名或名稱、住居所或營業所；(9)委任代理人者，其姓名；(10)摘要；(11)最能代表該發明技術特徵之圖式及其符號說明；(12)主張本法第28條第1項國際優先權之各第一次申請專利之國家或世界貿易組織會員、申請案號及申請日；(13)主張本法第30條第1項國內優先權之各申請案號及申請日；(14)有無申請實體審查。

59 經濟部智慧財產局，專利閱卷作業要點第2點（民國102年2月1日）。

60 專利法第37條第2項。

61 參閱經濟部智慧財局，發明專利早期公開問答集，頁3（民國91年10月）。http://www.tipo.gov.tw/attachment/tempUpload/ 398614482/早期公開答問手冊.doc（最後瀏覽日期：民國93年6月20日）。

62 同上，頁5。

63 發明專利早期公開問答集，同註61，頁6。

64 筆者則以為揆諸早期公開制之立法目的及當年修正草案，倘已經審定公告者，毋需再行公開。請參閱本篇第六章第二節「發明專利之早期公開制」。

65 按申請人得於申請案尚未公開前申請實體審查，是以，實體審查未必在申請案公開後始得進行。此揆諸專利法第37條「自……申請日起三年內，……申請實體審查。」甚明。

(一) 應予公告之事由

專利法上應公告的事由如下[66]。

1. **發明專利申請案之實體審查的申請**[67]：發明專利案之實體審查，事關申請人暨第三人權益，故需公告周知。

2. **新型專利案之專利技術報告的申請**[68]：專利技術報告雖非行政處分，不具任何拘束力，惟足供專利權人行使權利的依據、或第三人提起舉發的參考。是以，無論何人申請專利技術報告，專利專責機關均應予以公告，俾使利害關係人得適時知悉[69]。

3. **專利案之公告**：發明暨設計專利申請案經核准審定、或新型專利申請案之准予專利後，申請人應於審定書或處分書送達後三個月內，繳納證書費及第一年年費。專利專責機關將於申請人繳納前揭費用後予以公告[70]。經公告之專利案，任何人均得申請閱覽、抄錄、攝影或影印其審定書、說明書、申請專利範圍、摘要圖式及全部檔案資料。但專利專責機關依法應予保密者，不在此限[71]。

4. **專利權變更暨更正**：專利權人經訴訟或協調而為變更[72]及專利權的更正[73]，均應予以公告。

---

66 專利法第84條，第120條及第142條第1項準用之。

67 專利法第39條第2項。

68 專利法第115條第2項。

69 92年專利法修正案，立法院公報，第92卷，第5期，院會紀錄，專利法第103條修正說明四（即現行專利法第115條）（民國92年1月15日）。

70 專利法第52條第1項，第120條及第142條第1項準用之。專利專責機關公告專利時，應刊載下列事項：(1)專利證書號數；(2)公告日；(3)發明專利之公開編號及公開日；(4)國際專利分類或國際工業設計分類；(5)申請日；(6)申請案號；(7)發明、新型名稱或設計名稱；(8)發明人、新型創作人或設計人姓名；(9)申請人姓名或名稱、住居所或營業所；(10)委任專利代理人者，其姓名；(11)發明專利或新型專利之申請專利範圍及圖式；設計專利之圖式；(12)圖式簡單說明或設計說明；(13)主張本法第28條第1項國際優先權之各第一次申請專利之國家或WTO會員、申請案號及申請日；(14)主張本法第30條第1項國內優先權之各申請案號及申請日；(15)生物材料或利用生物材料之發明之寄存機構名稱、寄存日期及寄存號碼；(16)同一人就相同創作於同日另申請發明專利之聲明。專利法施行細則第83條。

71 專利法第47條第2項，第120條及第142條第1項準用之。

72 專利法第10條。

73 專利法68條第2項，第120條及第142條第1項準用之。

5. **專利權期間延長** [74]：醫藥品、農藥品或製造方法發明專利權，依法有可延長之事由時，得申請延長專利權期間。專利專責機關受理專利期間延長之申請時，應將申請書之內容予以公告；而於核准延長時，亦應公告之。

6. **專利權期間延展** [75]：發明專利權人因中華民國與外國發生戰事而受損失者，得申請延展專利權五年至十年。專利專責機關核准後，應公告之。

7. **專利權之讓與**：專利權有讓與之情事發生時，應予以公告。

8. **專利權之信託**：專利權之信託，應予以公告。

9. **專利權之授權**：專利權之授權實施及授權塗銷登記，應予以公告。

10. **專利權之強制授權**：專利權有強制授權之情事者 [76]，專利專責機關應予公告。

11. **專利權撤銷、消滅**：專利權之撤銷 [77]，使其專利權之效力自始不存在 [78]；專利權之消滅，使其自特定事由發生之日或次日消滅 [79]；二者皆有公知大眾之必要，故為公告之事由。

12. **專利權之設定質權**：專利權之設定質權，為處分權利的一種，為保護社會大眾，自有公告之必要。

13. **其他應公告事項**：例如：審定書或其他文書無法送達時，採公示送達，於專利公報公告之 [80]；專利權被撤銷，專利專責機關應公告註銷專利證書；專利專責機關發布之各項行政措施（例如：各種作業要點規則等）。

(二) 例外情事

原則上，核准審定或處分之專利案，專利專責機關於申請人繳納法定之費用後應即時予以公告，例外情事為：

74　專利法第53條及專利權期間延長核定辦法第3條第3項。

75　專利法第66條。

76　專利法第87條暨第90條，第120條準用之。

77　專利法第71條、第119條及第141條。

78　專利法第82條第3項，第120條及第142條第1項準用之。

79　專利法第70條，第120條及第142條第1項準用之。

80　自刊登公報之日起滿三十日，視為已送達。專利法第18條。

1. **延緩公告**[81]：經核准專利之審定或處分，申請人得繳納證書費及第一年年費時，檢具申請書，載明理由，申請延緩公告。主要理由多為：(1)其擬向國外申請專利，一旦該申請案提出前，公告於我國專利公報，便喪失新穎性；或(2)開發創作需些許時日，過早公開，恐遭仿冒……等。至於要求延緩的時間以六個月為限，係為兼顧先申請主義之及早公開的立法意旨以及公眾利益。

2. **毋需公告**[82]：按，依專利法第35條提出申請者，申請案業於先前為非申請權人持有時，公告於專利公報，自無再行公告的必要。

第二項　專利證書

申請專利之發明、新型及設計，自公告之日起，給予專利權，並發給證書[83]。專利證書之目的，當為證明證書上所載之專利權人、專利權內容、持有期間及相關異動等。是專利證書之內容，應包括[84]：

一、專利權人姓名或名稱。

二、發明人、創作人或設計人之姓名。

三、專利證書號數。

四、發明、新型或設計之名稱。

五、專利權期間。

六、發給證書之年、月、日。

專利證書若滅失、遺失或毀損時，專利權人得以書面敘明理由，申請補發或換發[85]。又當事人關於專利事項，得繳納費用，申請發給證明書件[86]。

---

81 專利法施行細則第86條。

82 專利法第35條第2項，第120條及第142條第1項準用之。

83 專利法第52條第2項，第120條及第142條第1項準用之。

84 91年修正前專利法施行細則第41條。民國91年修正施行細則時，以專利證書內容應記載之事項屬技術性之細節，由專利專責機關衡酌實際需要另行規定即可，而將其予以刪除。91年專利法施行細則修正條文對照表，http://www.tipo.gov.tw/attachment/tempUpload/176181162/專利法施行細則修正對照表（發布版）.doc（最後瀏覽日期：民國93年4月20日）。惟實務上大致內容應仍包含該些事項。

85 專利法施行細則第80條。

86 專利規費收費辦法第8條第1項第1款：「申請發給證明書件，每件新臺幣一千元。」

第三項　專利權簿

　　專利專責機關應備置專利權簿，記載核准專利、專利權異動及法令所定之一切事項，供民眾閱覽、抄錄、攝影或影印 [87]。其作用，使能了解該項專利權的一切情形，如：法律行爲等，而毋須查閱繁複的卷宗。因此，專利權簿必須明確記載諸多事由，包括 [88]：

　　一、發明、新型或設計名稱。

　　二、專利權期限。

　　三、專利權人姓名或名稱、國籍、住居所或營業所。

　　四、委任代理人者，其姓名及事務所。

　　五、申請日及申請案號。

　　六、主張本法第28條第1項國際優先權之各第一次申請專利之國家或世界貿易組織會員、申請案號及申請日。

　　七、主張本法第30條第1項國內優先權之各申請案號及申請日。

　　八、公告日及專利證書號數。

　　九、受讓人、繼承人之姓名或名稱及專利權讓與或繼承登記之年、月、日。

　　十、委託人、受託人之姓名或名稱及專利權信託、塗銷或歸屬登記之年、月、日。。

　　十一、被授權人之姓名或名稱及授權登記之年、月、日。

　　十二、質權人姓名或名稱及專利權質權設定、變更或消滅登記之年、月、日。

　　十三、強制授權之被授權人姓名或名稱、國籍、住居所或營業所及核准或廢止之年、月、日。

　　十四、補發證書之事由及年、月、日。

　　十五、延長或延展專利權期限及核准之年、月、日。

87　專利法第85條，第120條及第142條第1項準用之。

88　專利法施行細則第82條。101年修正施行細則時以本法已廢除聯合新式樣制度，故而刪除有關聯合新式樣之記載事項，即原第9款「聯合新式樣專利案之申請日及公告日」。惟現行法仍訂有衍生設計，卻未規範應予以記載。似有未妥，宜於施行細則第82條中明定之，或解釋爲涵蓋於第18款中。

十六、專利權消滅或撤銷之事由及其年、月、日；如發明或新型專利權之部分請求項經刪除或撤銷者，並應載明該部分請求項項號。

十七、寄存機構名稱、寄存日期及號碼。

十八、其他有關專利之權利及法令所定之一切事項。

　　前揭事由中，第1款至第3款、第5款及第8款為必要記載事項，其他則端視有無法定事由發生而定；若有，則必須登載之；若未發生，自無登載之餘地。

第九章 │ 專利權之撤銷與消滅

　　專利權人取得專利權後，仍有因被舉發而遭撤銷，或有法定消滅事由發生而消滅之情事。茲分述如下。

第一節　公眾審查制──舉發制

　　我國專利制度中之公眾審查制於93年修正施行前採二階段：審定公告期間之異議制，及取得專利權後之舉發制。民國92年修法時廢除異議制，保留舉發制，並自93年7月1日生效，任何人對專利案認為有不符法定情事時，得提出舉發，要求再審查，撤銷其專利權。

第一項　舉發人

　　舉發人者，依法得提起舉發之人。原則上，任何人均可提起舉發，此揆諸舉發規定甚明。以發明專利為例，專利法第71條第1項明定：……任何人得向……提起舉發[1]。民國100年修法時刪除專利專責機關依職權審查之規定[2]。又，所謂任何人不包括專利權人本身，蓋以既有悖於舉發案之兩造當事人進行原則；且舉發不成立時，對第三人有一事不再理之效力[3]。

1　新型專利之第119條第1項及設計專利之第141條第1項亦有相同規範。
2　理由以：專利權之撤銷，應採兩造當事人進行為原則，不宜由專利專責機關依職權進行；是以參酌他國專利法予以刪除。100年專利法修正案，立法院公報，第100卷，第81期，院會紀錄，第71條修正說明二(一)（即現行專利法第69條）（民國100年11月29日）（以下簡稱「100年專利法修正案」）。
3　經濟部智慧財產局，專利審查基準彙編，第五篇「舉發審查」，第一章「專利權之舉發」，第2.1.1點，頁5-1-2（民國108年）。「對第三人有一事不再理之效力」乙節，係避免專利權人自行舉發，於舉發不成立確定後，對第三人具有拘束力；使後者無從對其舉發。然而，此論點有矛盾之處，蓋以，一事不再理之「一事」，以同一事實暨同一證據再為舉發之謂。倘專利權人刻意以有利於己之事證提起舉發，致舉發不成立，第三人仍得以其他事證對渠等之專利權提起舉發。

然而，於特定舉發事由及舉發期間，舉發人須爲利害關係人 [4]。如：申請權爲共有，而非由全體共有人申請專利者。專利權究應由何人持有，較與產業發展無直接關聯，惟，仍關乎公平性之公共法益，是以，僅由具利害關係之人得提起舉發，於此，應指未參與共同申請之共有人。同理，由非申請權人申請取得專利權，僅關乎申請權人之權益，自應由申請權人提起舉發 [5]。

舉發之提起，固得對有效存在之專利案爲之；惟，縱令專利權已消滅，倘對特定之人有可回復之法律上的利益，仍得對之提起舉發。前揭特定之人須提出事證證明其「可回復之法律上的利益」爲何 [6]，亦即，須證明其具利害關係人身分。例如，專利權人對舉發人提起專利侵權之訴，專利權是否曾有效存在，便關乎舉發人有無侵權 [7]。

第二項　舉發撤銷之事由

列爲舉發撤銷之事由，以該專利權之取得有違專利法之規範爲主，或因專利技術內容有瑕疵，或因取得專利權者非合法之專利權人。至於違反單一性原則者，與公共法益及產業之發展無直接關聯，是以，非舉發撤銷之事由。有關舉發撤銷之事由，說明如下 [8]。

4　專利法第71條第2項、第119條第2項及第141條第2項。

5　舉發人主張其爲利害關係人，應於舉發申請書敘明並提出證明。未附具證明文件或證明形式不明顯者，應通知限期補正，逾限未補正或未申復者，「舉發不受理」。專利審查基準彙編，同註3，第2.1.2點，頁5-1-2。

6　依專利法施行細則第71條，舉發人於專利權當然消滅後提起舉發者，應檢附對該專利權之撤銷具有可回復之法律上利益之證明文件。依智慧財產案件審理法第16條第1項，當事人主張或抗辯「專利權」有應撤銷之事由，法院應就其主張或抗辯有無理由自爲判斷，不適用其他法律有關停止訴訟程序之規定。據此，專利侵權被告得於訴訟中主張專利權有應撤銷之事由，而毋需向專利專責機關提起舉發；尤其當專利權已消滅時。

7　舉發人應證明其爲適格之利害關係人，如，檢附侵權訴訟之起訴或判決等文件。又，侵權訴訟之被告與舉發人一致。專利審查基準彙編，同註3，第2.1.2點，頁5-1-2。

8　專利法第71條第1項、第119條第1項及第141條第1項。民國83年修正前專利法第67條第4項，另定有撤銷事由：專利權人於專利局第一次特許實施公告之日起逾二年，無正當理由，仍未在國內實施或未適當實施其發明者，專利局得依關係人之請求，撤銷其專利權。83年修法時已刪除該規定。（按：特許實施即現行專利法之強制授權。）

一、不符發明、新型暨設計定義者

申請專利之發明、新型暨設計必須各別符合專利法上之發明、新型及設計的定義，否則不予專利；縱令給予專利，亦應撤銷之。

(一) **發明定義**：依專利法第21條，發明係指利用自然法則之技術思想的創作。

(二) **新型定義**：依專利法第104條，係指利用自然法則之技術思想，對於物品之形狀、構造、裝置或組合的創作。

(三) **設計定義**：依專利法第121條，係指(1)對於物品之全部或部分之形狀、花紋、色彩或其結合，透過視覺訴求的創作；或(2)應用於物品之電腦圖像及圖形化使用者介面。

二、非專利保護客體

申請專利之發明、新型暨設計必須為專利保護客體，否則不予專利；縱令給予專利，亦應撤銷之。

(一) **發明**：須非專利法第24條所列之內容。亦即，不得為(1)動、植物及生產動、植物之主要生物學方法（微生物學之生產方法除外）；(2)人類或動物之診斷、治療或外科手術方法；及(3)妨害公共秩序或善良風俗者。

(二) **新型**：依專利法第105條，新型之創作不得妨害公共秩序或善良風俗。

(三) **設計**：設計之創作，須非專利法第124條所列之內容。亦即，不得為(1)純功能性之物品造形；(2)純藝術創作；(3)積體電路電路布局及電子電路布局；及(4)物品妨害公共秩序或善良風俗者。

三、不符合專利要件

申請專利之發明暨設計必須具備專利要件，否則不予專利；縱令給予專利，亦應撤銷之。新型專利申請案採形式審查，專利專責機關准否專利時並不審查其是否具備專利要件；倘新型專利不具備專利要件，則構成舉發撤銷之事由。

(一) **發明專利要件**：應具備專利法第22條第1項及第2項之產業上可利用性、

新穎性及進步性，且不得有第23條之擬制喪失新穎性。

(二) **新型專利要件**：專利法第120條準用第22條第1項暨第2項之產業上可利用性、新穎性及進步性，且不得有第120條準用第23條之擬制喪失新穎性。

(三) **設計專利要件**：專利法第122條第1項暨第2項之產業上可利用性、新穎性及創作性，且不得有第123條之擬制喪失新穎性。

四、不符說明書／圖式之記載內容或充分揭露要件

基於專利制度之以提升產業科技水準爲目的，專利權的賦予須能發揮此效果方可。是以，專利申請人於申請發明或新型專利時必須於說明書中載明其發明創作名稱、發明創作內容、記載申請專利範圍及（或）圖式；申請設計專利時，亦應依法記載其說明書及圖式。無論發明、新型或設計專利申請案，申請人均應將其發明、創作或設計內容充分揭露，俾使同技術或技藝領域中具通常知識之人得據以實施 [9]。申請專利之發明暨設計不符前揭規定者，不予專利；縱令給予專利，亦應撤銷之。新型專利申請案採形式審查，專利專責機關准否專利時並不審查前揭事項；倘新型專利不符前揭要件，則構成舉發撤銷之事由。

五、違反先申請主義

我國專利法採先申請主義 [10]，是以申請專利之發明暨設計違反前揭規定者，不予專利；縱令給予專利，亦應撤銷之。新型專利申請案採形式審查，專利專責機關准否專利時並不審查前揭事項；倘新型專利違反前揭要件，則構成舉發撤銷之事由。

六、一案二請

原則上，申請人僅得就一項發明申請一件專利。惟，考量發明專利與新型專利分別採實體審查及形式審查，爲使申請人於取得發明專利前，能有專

9　專利法第26條，第120條準用之及第126條。
10　專利法第31條，第120條準用之及第128條。

利權的保障；民國100年修法時增訂申請人得同時申請發明專利與新型專利[11]。然而，專利法仍不允許申請人就同一項發明取得兩件專利權。是以，同一發明獲准新型專利權後，專利專責機關又擬就該發明核准發明專利時，申請人屆期未擇一者，不予發明專利[12]。違反此規定，構成舉發事由。

發明專利審定前，新型專利權已當然消滅或撤銷確定者，自不得就該相同之發明再予其發明專利[13]。違反此規定，自亦構成舉發事由。

七、後案[14]逾越原申請案範圍

無論發明專利、新型專利或設計專利，一旦申請人提出申請案，並依法取得申請日，便不得變更其發明、創作或設計之實質內容。專利法允許申請人或專利權人就其申請案或專利案予以修正、補正、分割、更正及改請，惟，不得逾越原申請案之說明書、申請專利範圍及圖式。違反者，各依其繫屬於申請程序或已取得專利權，而各為不准專利及舉發撤銷之事由。

(一) 分割案──分割後之申請案逾越原申請案申請時於說明書、申請專利範圍或圖式所揭露之範圍（專利法第34條第4項，第120條暨第142條第1項準用之）。

(二) 修正案──修正後之申請案逾越原申請案申請時於說明書、申請專利範圍或圖式所揭露之範圍（專利法第43條第2項，第120條及第142條第1項準用之）。

(三) 中文本之補正──補正之中文本逾越原申請案申請時於外文說明書、申請專利範圍或圖式所揭露之範圍（專利法第44條第2項、第110條第2項及第133條第2項）。

(四) 誤譯之訂正──中文本誤譯之訂正，逾越原申請案申請時於外文說明書、申請專利範圍或圖式所揭露之範圍（專利法第44條第3項，第120條及第142條第1項準用之）。專利案中中文本誤譯之訂正，逾越原申請案申請時於外文說明書、申請專利範圍或圖式所揭露之

---

11 專利法第32條。
12 專利法第32條第1項。
13 專利法第32條第3項。
14 本文將所有經修正、補正、分割、更正及改請之申請案均暫以後案稱之。

範圍（專利法第67條第3項，第120條準用之及第139條第3項）。

(五) 更正案——更正後之專利案逾越原申請案申請時於說明書、申請專利範圍或圖式所揭露之範圍。（專利法第67條第2項，第120條準用之及第139條第2項）更正案實質擴大或變更公告時之申請專利範圍（發明暨新型）及圖式（設計）（專利法第67條第4項，第120條準用之及第139條第4項）。

(六) 改請案——發明與新型之間的改請、新型與設計之間的改請，及發明改請設計，改請後之申請案逾越原申請案申請時於說明書、申請專利範圍或圖式所揭露之範圍（專利法第108條第3項、第132條第3項）。原設計與衍生設計之間的改請，改請後之申請案逾越原申請案申請時於說明書或圖式所揭露之範圍（專利法第131條第3項）。

八、專利權人不符互惠原則者

專利法第4條明定申請人所屬國家對我國國民之專利申請案不予受理者，我國亦得不受理其申請案。倘專利專責機關誤准專利者，理應撤銷之。此規定原為93年修正施行前專利法之異議事由，因應異議制之廢除，將該規定列為舉發撤銷事由。

九、專利申請案非由全體共有人提出申請者

此事由為92年修法時所增訂，惟修正案中並未載明其增訂理由為何。筆者以為增訂之理由為：專利法第12條第1項既明定專利申請權為共有者，應由全體共有人提出申請；倘專利案僅由共有人中之一人或數人申請取得，則應予其他共有人舉發撤銷該專利權之權利。民國100年修法時更令未列名之共有人得於舉發撤銷確定後，得偕所有共有人依專利法第35條申請專利[15]。筆者以為，專利案有違反專利法第12條第1項之情事時，實不宜列為舉發撤銷事由，而應參酌第10條之規範，由共有人間達成協議或依其他法令取得調解、判決文件向專利專責機關申請變更權利人名義，方為妥適[16]。

---

15 100年專利法修正案，同註2，第35條修正說明二(一)。

16 請參閱本篇第四章第一節第三項「重新申請案」。

十、專利權人為非專利申請權人

專利法第5條明定申請權暨申請權人之定義，申請人不符前揭規定者，自非專利申請權人；其因此取得的專利權，理應予以撤銷，令申請權人得依專利法第35條重新申請取得專利[17]。

十一、衍生設計之申請要件及其限制

衍生設計須與原設計近似、且屬同一人所有；衍生設計僅與另一衍生設計近似，與原設計不近似者不得申請。衍生設計之申請日不得早於原設計之申請日，亦不得於原設計專利公告後始提出申請（專利法第127條）。違反前揭規定者，為不准專利及舉發之事由。

得對發明專利、設計專利及新型專利提起舉發之情事，各以前二者核准審定時及後者核准處分時之規定為準[18]。惟，前揭事由七之(一)分割案、(二)修正案、(五)更正案及(六)改請案，屬本質之事由，是以，依舉發時之規定[19]。

第三項　舉發撤銷程序

專利權有應撤銷之事由者，舉發人得依法定程序提起舉發。

一、舉發程序

舉發人應備具申請書，載明舉發聲明、理由，並檢附證據；倘發明專利或新型專利有二項以上之請求項，得僅就部分請求項提起舉發[20]。

對發明專利或新型專利之舉發，舉發聲明中應敘明請求撤銷全部或部分

17　請參閱本篇第四章第一節第三項「重新申請案」。

18　專利法第71條第3項、第141條第3項及第119條第3項。發明專利與設計專利之核准，專利專責機關係依審定時之規定進行審查；新型專利之核准亦係依處分時之規定為之；其有無得舉發撤銷之事由，自應各依審定時或處分時之規定為準。100年專利法修正案，同註2，第71條修正說明四(一)。

19　專利法第71條第3項但書、第141條第3項但書及第119條第3項但書。100年專利法修正案，同註2，第73條修正說明四(二)（即現行專利法第71條）。

20　專利法第73條第1項暨第2項，第120條準用之。設計專利係「一設計一申請」，並無請求項，是以第142條第1項僅準用第73條第1項，而無準用第73條第2項之情事。

請求項之意旨；僅就部分請求項提起舉發者，並應具體指明請求撤銷之請求項；對設計專利之舉發，舉發聲明中應敘明請求撤銷設計專利權[21]。又，舉發聲明於提起舉發後不得變更或追加，惟，得予以減縮[22]。

　　舉發人應於舉發理由中敘明所主張之法條及具體事實，並敘明各具體事實與證據間之關係[23]。舉發人擬補提理由或證據者，應於舉發後三個月內為之，逾期不予審酌[24]。

　　對專利權之舉發，應以其尚在有效專利期間為原則。惟，專利權存續期間所形成之法律效力，不因其消滅而喪失，因此，若有當事人可因該專利權之撤銷，而回復其法律上利益者，理應准其提起舉發或續行舉發程序，始為公允[25]。例如：某甲被控侵害某乙之專利權，嗣該項專利權因故消滅，某甲仍得對該項專利提起舉發，予以撤銷，使其自始不發生效力；如此，某甲之被控侵害案件始可撤銷。是以，專利法明定，利害關係人對於專利權之撤銷，有可回復之法律上利益者，得於專利權當然消滅後，提起舉發[26]。

二、專責機關之審查程序

　　專利專責機關接到舉發申請書後，應將其副本送達專利權人；通知其答辯[27]。有下列情事之一，專利專責機關得逕予審查[28]：(1)專利權人未於副本

21　專利法施行細則第72條第1項。

22　專利法第73條第3項，第120條及第142條第1項準用之。不得為舉發聲明之變更或追加，旨在確定舉發範圍，使雙方集中論辯之爭點，並有利於審查程序之進行。至於減縮舉發聲明者，因無悖於前揭意旨，故而不予限制。100年專利法修正案，同註2，第73條修正說明三。

23　專利法施行細則第72條第2項。

24　專利法第73條第4項，第120條及第142條第1項準用之。修正前專利法明定補提理由或證據期間為舉發後一個月，於審定前提出者，專責機關仍應審酌。民國108年修法時則以避免舉發程序之延宕，延長前揭補提期間為三個月，並明定逾期不予審酌。108年專利法部分條文修正案，立法院公報，第108卷，第36期，院會紀錄，專利法第73條修正說明二（民國108年4月16日）（以下簡稱「108年專利法修正案」）。

25　83年專利法修正案，法律案專輯，第179輯(上)，頁117～143（民國84年8月）（以下簡稱「83年專利法修正案」）。並參閱司法院大法官釋字第213號解釋：「……行政處分因期間之經過或其他事由而失效者，如當事人因該處分之撤銷而有可回復之法律上利益時，仍應許其提起或續行訴訟。」

26　專利法第72條，第120條及第142條第1項準用之。另請參閱註6。

27　專利法第74條第1項，第120條及第142條第1項準用之。

28　專利法第74條第2項、第4項暨第5項，第120條及第142條第1項準用之。

送達後一個月內答辯——惟，專利權人先行敘明理由申請展期，並經核准者不在此限；(2)專利專責機關認有必要，通知舉發人陳述意見、專利權人補充答辯或申復，當事人所提陳述意見或補充答辯有遲滯審查之虞，或其事證已臻明確者。除此，舉發人或專利權人未於前揭通知送達後一個月內為之，專責機關不予審酌，除非有准予展期之情事。

專利專責機關在舉發聲明範圍內，得依職權審酌舉發人未提出之理由及證據，並應通知專利權人限期答辯；屆期未答辯者，逕予審查[29]。專利專責機關亦得依申請或依職權通知專利權人限期為下列各款之行為[30]：(1)到專利專責機關面詢；(2)為必要之實驗、補送模型或樣品——專利專責機關認為有必要時，得到現場或指定地點勘驗。

舉發案件審查期間，專利權人得就其專利案申請更正；專利專責機關應將更正案及舉發案合併審查、合併審定；應先就更正案進行審查，倘經審查准予更正時，專責機關應將更正說明書、申請專利範圍或圖式之副本送達舉發人；並於舉發審定書主文分別載明更正案及舉發案之審定結果[31]。倘經審查認應不准更正者，應通知專利權人限期申復；屆期未申復或申復結果仍應不准更正者，專利專責機關得逕予審查；經審查不准更正者，僅於審定理由中敘明之[32]。

同一舉發案審查期間，專利權人先後提出兩件以上之更正案者，申請在先之更正案，視為撤回[33]。

專利專責機關就舉發案之審查，應指定專利審查人員審查，並作成審定

29　專利法第75條，第120條及第142條第1項準用之。

30　專利法第76條，第120條及第142條第1項準用之。

31　專利法第77條第1項，第120條及第142條第1項準用之。專利法施行細則第74條第1項前段暨第2項前段。無論專利權人係於舉發前或舉發後提出；亦不論該更正案係單獨提出或於舉發案答辯時所提出，為平衡舉發人與專利權人攻擊防禦方法之行使，均應將更正案與舉發案合併審查及合併審定，以利紛爭之解決。又因更正案之提出往往與舉發事由有關，倘專利專責機關准予更正者，舉發審查之標的已有變動，自應將更正說明書、申請專利範圍或圖式送交舉發人，使其有陳述意見的機會。100年專利法修正案，同註2，第77條修正說明二(一)暨(二)。

32　專利法施行細則第74條第1項後段暨第2項但書。

33　專利法第77條第2項，第120條及第142條第1項準用之。惟於二件舉發案分別提出之更正案，並無前揭規定之適用。

書，送達專利權人及舉發人[34]；於發明案及新型案之舉發審定，應就各請求項分別為之[35]。同一專利權有多件舉發案者，專利專責機關認有必要時，得合併審查；並得合併審定[36]。惟，應將各舉發案提出之理由及證據通知各舉發人及專利權人；各舉發人及專利權人得於專利專責機關指定之期間內就各舉發案提出之理由及證據陳述意見或答辯[37]。又，倘舉發案涉及侵權訴訟案件之審理者，專利專責機關得優先審查[38]。然而，法院既須依智慧財產案件審理法第16條逕行判斷專利權之效力，舉發案之審查似已無迫切性。

　　避免審查程序延宕，舉發案審查期間，專利專責機關認有必要時，得與舉發人與專利權人協商，訂定審查計畫，俾有利於舉發案審查程序之進行[39]。

---

34 專利法第79條第1項，第120條暨第142條第1項準用之。102年修正施行前專利法第70條明定應指未曾審查原案之審查人員；100年修法時予以刪除。理由為：申請案之審查，係就申請案之技術內容與檢索所得之先前技術進行比對，就其是否具備專利要件進行審查；而舉發案則係就舉發人所提之舉發理由及證據，審查系爭專利是否違反法定事由。二者（申請案與舉發案）之審查內容及適用程序不同，是以原申請案審查人員於舉發審查時並無迴避之必要。100年專利法修正案，同註2，第79條修正說明二。筆者則以為，二者所據以審查之引證資料固然不同，惟申請案之符合專利要件、先申請主義等重要項審查，亦為舉發事由。是否當然無迴避之必要，有待商榷。

35 專利法第79條第2項，第120條準用之。設計專利並無請求項，自無準用之必要。依專利法施行細則第73條，專利專責機關就舉發案之審查及審定，應於舉發聲明範圍內為之。並應於舉發審定書主文，載明審定結果；發明暨新型舉發案應就各請求項分別載明。

36 專利法第78條，第120條及第142條第1項準用之。

37 專利法施行細則第75條。

38 專利法第101條，第120條及第142條第1項準用之。此項為民國92年修法時所增訂。溯至93年修正施行前專利法第94條明定關於發明專利權之民事或刑事訴訟，於申請案、異議案、舉發案、撤銷案確定前，得停止偵查或審判。92年修法時修正案就侵害發明專利權已無刑罰，且已廢除異議程序，刪除條文中「刑事訴訟」及「異議案」。並增訂第2項及第3項，使法院應注意舉發提出之正當性，並令專利專責機關得優先審查涉及侵權訴訟案件之舉發案。理由如下：(1)實務上利害關係人或侵權人藉提起舉發程序阻止侵權案件之審理；(2)為保障專利權人合法權益，如有侵權爭端涉訟，有必要使舉發案，早日審查確定。92年專利法修正案，立法院公報，第92卷，第5期，院會紀錄，第90條修正說明三暨四（即現行專利法第101條）（民國92年1月15日）（以下簡稱「92年專利法修正案」）。民國100年修法時又因應智慧財產案件審理法第16條第1項規定當事人主張或抗辯專利權有應撤銷之原因，法院應予判斷，故而刪除專利法第103條第1項及第2項。100年專利法修正案，同註2，專利法第103條修正說明二（即現行專利法第101條）。

39 專利法施行細則第76條。此係參酌智慧財產案件審理細則第30條第2項所增訂。規定倘舉發人與專利權人未依審查計畫適時提出攻擊防禦方法，專利專責機關得依專利法第74條第

　　舉發人得於審定前撤回舉發申請，惟專利權人已提出答辯者，基於保障專利權人之程序利益，應經專利權人同意；專利專責機關應將撤回舉發之事實通知專利權人；自通知送達後十日內，專利權人未爲反對之表示者，視爲同意撤回[40]。

第四項　舉發審定之效力

　　專利舉發案之審定結果，或爲舉發不成立而有一事不再理之適用；或爲舉發成立而撤銷專利之效力。

　　專利舉發案經審查，審定舉發不成立者，任何人不得據同一事實及同一證據對該專利再爲舉發[41]，此即一事不再理。現行法復將一事不再理擴及依智慧財產案件審理法第33條向智慧財產法院提出之新證據，經智慧財產法院審理認無理由者[42]。蓋以前揭新證據既經專利專責機關爲有無理由之答辯，且經智慧財產法院審理，自亦應適用一事不再理，令任何人不得就同一事實及同一證據再爲舉發[43]。

　　專利權經舉發審查成立者，應撤銷其專利權；其撤銷得就各請求項分別爲之；專利權經撤銷確定者，專利權之效力，視爲自始不存在[44]。倘僅部分請求項遭撤，則僅該部分請求項之專利權之效力，視爲自始不存在；其餘仍

3項（即現行專利法第74條第5項）規定逕予審查。101年專利法施行細則修正案，專利法施行細則第76條修正說明二，https://topic.tipo.gov.tw/public/Attachment/8123174475.pdf（最後瀏覽日期：民國109年9月1日）。

40　專利法第80條，第120條及第142條第1項準用之。至於撤回舉發後同一舉發人得否再提舉發乙事，修法理由以任何人均可提起舉發，即使限制原舉發人不得再提起，其仍可由第三人再行提起，是以限制原舉發人不得再提出舉發，並無實益。100年專利法修正案，同註2，專利法第82條修正說明二(二)（即現行專利法第80條）。此與商標法不同，依商標法第53條，異議人撤回異議者，不得就同一事實，以同一證據同一理由，再提異議或評定。第62條評定案準用之。

41　專利法第81條第1款，第120條及第142條第1項準用之。

42　專利法第81條第2款，第120條及第142條第1項準用之。依智慧財產案件審理法第33條，關於撤銷專利權之行政訴訟中，當事人於言詞辯論終結前，就同一撤銷理由提出之新證據，智慧財產法院仍應審酌；專利專責機關就前揭新證據應提出答辯書狀，就該證據之主張有無理由予以表明。

43　100年專利法修正案，同註2，專利法第83條修正說明二（即現行專利法第81條）。

44　專利法第82條第1項暨第3項，第120條及第142條第1項準用之。

爲有效之專利權。至於撤銷確定，係指下列情事之一[45]：(1)未依法提起行政救濟者；(2)提起行政救濟經駁回確定者。

原設計經撤銷確定，衍生設計專利權未必一併撤銷，此揆諸專利法第138條第2項甚明。惟，衍生設計專利僅屬從權利，法應明定未撤銷之衍生設計得視爲獨立之設計專利權，倘有二以上彼此近似衍生設計專利存續者，應擇一爲獨立之設計專利權（主權利），其餘從屬之，或數個彼此不近似之衍生設計專利權，宜令其視爲各別獨立之專利權，方爲妥適[46]。

第二節　專利權之消滅

專利權之消滅，係指不待專利專責機關處分，便當然消滅之謂。茲就當然消滅之事由、法律效果及其與舉發制之區別予以說明。

第一項　消滅事由

專利權消滅之事由如下[47]。

一、專利權期滿時，自期滿後消滅

專利法賦予專利權人幾近絕對的排他性權利以實施其發明、新型及設計專利，是以，除非有專利法第53條延長專利權期間（限於發明專利），或第66條延展專利權期間（限於發明專利）之情事；否則，於專利權期滿時，專利權即歸於消滅，使社會大眾均得享用、運用該專利物品、方法或設計。

二、專利權人死亡而無繼承人者

專利權人既已死亡，且無繼承人，則專利法保護專利權人的目的已不復存在，自應視爲當然消滅。俾開放該專利物品、方法或設計予公眾廣泛製造運用，以提升產業科技水準[48]。

---

45 專利法第82條第2項，第120條及第142條第1項準用之。
46 請參閱本篇第一章第二節第二項「設計專利與衍生設計專利」。
47 專利法第70條第1項，第120條及第142條第1項準用之。
48 現行法刪除「專利權於依民法第1185條規定歸屬國庫之日起消滅。」之規定，理由爲本款

三、專利權人逾期未繳專利年費

第二年以後之專利年費，專利權人逾補繳期，而仍不繳費時，專利權自原繳費期限屆滿後消滅[49]。乃法律明定之當然效果，不待專利專責機關為處分。專利法規定專利權人繳納年費的主要目的之一，即在藉以了解專利權人對於繼續持有該項專利權的意願為何。專利權人既逾補繳期仍未繳費，即以其不擬繼續持有該專利權，而視其為當然消滅。尤須注意者，其消滅日期係溯至原繳費期限屆滿後，而非以補繳期屆滿後為準。又，有專利法第17條第2項回復原狀之事由者，不在此限。是以，專利權人因天災或不可歸責於己之事由，延誤法定期間者，倘原因消滅時，仍在法定期間後一年內，則得於原因消滅後三十日內，以書面敘明理由，向專利專責機關申請回復原狀，並同時繳納年費。至於法定期間究係指原繳費期間，抑或六個月之補繳期？或謂後者為法定之補繳期間，自為法定期間。依專利審查基準彙編，「致無法如期繳納專利年費或補繳專利年費」[50]，似亦承認補繳期六個月為法定期間。筆者則以為，應指原繳費期間而言。理由有二：(1)所謂法定期間，應

「原意為專利權歸屬公共財，並非歸屬於國庫」。100年專利法修正案，同註2，第72條修正說明二(二)（即現行專利法第70條）。此次修法似誤解立法原意，筆者以為原規定並無不妥，該規定旨在配合民法第1185條之程序，定其專利權消滅之日，而非謂專利權應歸國庫。換言之，當一般財產應歸國庫之日，即為專利權消滅之日。我國民法第1178條第1項明定，法院應依公示催告程序，定六個月以上之期限，公告繼承人，命其於期限內承認繼承。倘所定期限屆滿，無繼承人承認繼承，則依同法第1185條，被繼承人之遺產於清償債務，並交付遺贈物後，如有賸餘，歸屬國庫。就專利權而言，則因無人繼承而歸於消滅。蓋以專利權不同於有形之動產或不動產，其屬個人之智慧財產，係為提升產業科技、鼓勵發明創作所賦予之排他性權利，是以，在無人主張繼承的情況下，早日將專利技術提供大眾使用，較之由政府拍賣專利權，使某人繼續持有專利權，並由政府取得專利權之價金，更具提升產業科技之實益。

49 按專利申請案經核准審定或處分後，須俟申請人繳納證書費及第一年年費始予以公告，專利權自公告之日起生效；申請人屆期未繳費者，不予公告。專利法第52條第1項暨第2項，第120條及第142條第1項準用之。是以，第一年年費之繳納係取得專利權之要件，不致有專利生效後第一年年費未繳之情事。另請參閱92年專利法修正案，同註38，專利法第66條修正說明三（即現行專利法第70條）。有關年費繳納請參閱本篇第十章「專利權人之義務暨強制授權」，第一節「年費的繳納」。

50 經濟部智慧財產局，專利審查基準彙編，第一篇「程序審查及專利權管理」，第十六章「期間」，第4點，頁1-16-3（民國102年）。

指「原繳費期間」，如此，則回復原狀時，方得延續原專利權期間；若指「補繳期」而言，則回復原狀將使其僅回溯到補繳期間，實有未妥。致使專利權期間是否存續，須視專利權人於申請回復原狀的同時，是否加倍補繳原補繳期之年費而定。(2)基於產業科技之提升與公共利益考量，使一專利案長期處於不定狀態，更屬不當。倘以「補繳期」爲法定期間，將使專利權自原繳費期後，有最長一年半的不定狀態。又若第三人以其逾補繳期未補繳已當然消滅而使用之，嗣專利權人因第17條第2項而回復原狀，第三人之權益應如何規範[51]。

現行法又增訂非因故意未繳費之回復專利權。專利權人因一時疏忽，未於補繳期限內繳納年費者，得於補繳期限屆滿後一年內，以非因故意爲由申請回復專利權，並繳納三倍之專利年費後，由專利專責機關公告之[52]。理由爲，六個月補繳專利年費期間，屬法定不變期間[53]，不得申請展期，且屆期未繳費，即生不利益之結果；基於專利法鼓勵研發、創新之意旨，令專利權人得以非因故意爲由，申請回復專利權[54]。倘專利權人仍逾期未繳，則不得再以不可歸責於己之事由申請回復原狀[55]。

四、專利權人拋棄時，自其書面表示之日消滅

專利權人自願拋棄專利權，該專利技術將因此成爲公共財，係有利於產業科技及社會大眾，且其性質上一如任何人拋棄其財產權，本應不待政府機關之核准，因此，視爲當然消滅。惟，顧及與該專利權有利害關係之人的利益，專利權人拋棄其專利權時，必須：(1)以書面爲之；(2)有被授權人或質權人者，需取得其同意[56]。

---

51 請參閱本篇第十章第一節「年費的繳納」。
52 專利法第70條第2項，第120條及第142條第1項準用之。專利審查基準彙編，第一篇「程序審查及專利權管理」，第十七章「專利權之取得與維持」，第3.3點，頁1-17-4（民國102年）。非因故意，如所委託之專利代理人疏忽未繳納，專利權人忘記繳納，不在國內等等均是。
53 此處將補繳期視爲法定期間之見解，實有未妥：請參閱本文頁237倒數第4行以下。
54 100年專利法修正案，同註2，第72條修正說明三(一)（即現行專利法第70條）。又，雖非故意，仍屬可歸責於專利權人之情事，是以，須繳納三倍年費。
55 專利法第17條第3項。
56 專利法第69條第1項，第120條及第142條第1項準用之。

　　專利權爲共有時，須全體共有人同意，方得拋棄專利權[57]。倘共有人拋棄其應有部分，則毋需經其他共有人同意，其應有部分將歸其他共有人所有[58]。惟，各共有人得分配之比例爲何，宜參酌商標法之以各共有人之應有部分比例分配之[59]。

第二項　法律上之效果

　　前揭事由[60]之發生，均使專利權當然消滅，不待專利專責機關的處分，因此，專利權人不得因專利權消滅，提起行政救濟。消滅事由發生，雖致專利權消滅，但於消滅之日前，該專利權原有之效力不受影響。亦即，專利權係有效存續至消滅日期之前一天。

　　原設計專利權因專利權人未繳年費、或拋棄而消滅，惟專利權人持續繳納其衍生設計專利之年費，或未將其一併拋棄者，衍生設計專利權將仍存續。倘衍生設計專利權有二以上仍存續者，不得單獨讓與、信託、繼承、授權或設定質權[61]。然而，衍生設計專利畢竟僅爲從權利，專利法應明定將存續之衍生設計專利視爲獨立之設計專利，有數個相互近似之衍生設計專利續時，應令專利權人擇一爲獨立之設計專利；或數個彼此不近似之衍生設計專利權，宜令其視爲各別獨立之專利權[62]，方爲妥適。

第三項　撤銷與消滅之區別

　　專利權的撤銷與當然消滅之區別，主要爲：

57　專利法第64條，第120條及第142條第1項準用之。

58　專利法第65條第2項，第120條及第142條第1項準用之。

59　商標法第46條第2項準用第28條第3項。

60　以上四項消滅事由，係自民國38條沿用至今，惟民國48年修法前尚有第5款之事由：「本法第十四條之條約失效時，自消滅之日消滅。」按民國38年施行之專利法第14條明定，外國人爲專利之申請時，必須依互相保護專利之條約；因此，一旦該條約喪失效力，外國人所申准之專利權亦隨之消滅。惟民國48年修改第14條爲「外國人所屬之國家與中華民國如無相互保護專利之條約或協定，或依外國法律，受理中華民國人民之申請專利不予受理者，其專利之申請得不予受理」。修正後之第14條（即現行專利法第4條），不復強調外國人之申請專利必須以互惠條約存在爲前提，前揭第5款之事由，自無存在的必要，是以於民國48年修法時刪除之。

61　專利法第138條第2項。

62　請參閱本篇第一章第二節第二項「設計專利與衍生設計專利」。

一、撤銷事由與消滅事由不同。

二、撤銷之事由於專利申請案提出時（申請日）或核准時（如修正案，更正案的核准）即已存在，消滅事由則於核准專利後始發生。

三、專利權之撤銷，縱有撤銷之事由存在，仍須由舉發人提起舉發，經專利專責機關審查後，作成撤銷之處分；而專利權之消滅，則因消滅事由之發生，而當然消滅，不待專利專責機關之處分[63]。

四、專利權經撤銷，即視為自始不發生效力；專利權消滅，專利權之效力則於消滅事由發生後消滅。

	舉發撤銷	消滅
申請人	1. 原則——任何人。 2. 例外——利害關係人。 　(1) 違反第12條／專利權人非申請權人。 　(2) 專利權消滅後始提起舉發。	消滅案毋需申請，是以消滅案無申請人。
申請期間	1. 原則——專利權期間內。 2. 例外——專利權消滅後，有可回復之法律上利益。	毋需申請。
事由	1. 專利權之核准、修正或更正有違法之情事。 2. 可就部分請求項為之（限發明案及新型案）。	1. 專利權生效後，有法定消滅事由： 　(1) 專利權期滿時。 　(2) 專利權人死亡而無繼承人。 　(3) 第二年以後之專利年費未於補繳期限屆滿前繳納者。 　(4) 專利權人書面拋棄專利權。 2. 必為全案，消滅事由無僅存於部分請求項之情事。

---

63 以未繳納年費為例，專利權自原繳費期間屆滿之日當然消滅，公告則在專利當然消滅之後，並非應先經公告，專利權始為消滅。行政法院75年判字第2351號判決。

	舉發撤銷	消滅
法律效果	1. 行政處分。 2. 經撤銷確定者，專利權之效力，視為自始不存在。 3. 得就部分請求項予以撤銷（限發明案及新型案）。	1. 非行政處分。 2. 自法定事由發生後專利權全案消滅（無部分請求項消滅之情事）。

第十章 | 專利權人之義務暨強制授權

　　專利制度賦予專利權人排他性權利，藉由保護、鼓勵發明創作，達到提升國內產業科技水準之最終目的。專利權利的保護，充其量僅為階段性目的、或達到前揭目的的方式。是以，專利制度加諸專利權人若干義務，俾兼顧產業及公眾權益，如年費的繳納、權利的標示等，及專利權的強制授權。

第一節　年費的繳納

　　年費（annual fee）係指逐年繳納的費用，凡核准專利者，專利權人均應繳納年費 [1]。凡設有專利制度的國家，均明定專利權人須有繳納年費或類似費用的規定，如延展費（renewal fee）、維持費（maintenance fee）等；繳納方式有採逐年繳納、逐季繳納、或特定期限之繳納等 [2]。茲就年費繳納的緣由、方式及我國法上之相關規定說明如下。

第一項　緣　由

　　繳納年費的主要目的有：

一、藉以了解專利權人是否擬繼續持有該專利權；而專利權人於實施後，發現開發該項發明、創作的利潤有限，則可不繳納年費，使專利權歸於消滅，並開放予大眾運用。

二、作為專利行政經費，包括專利專責機關維持及運作費用 [3]；更可提

1　專利法第92條第2項，第120條及第142條第1項準用之。

2　請參閱2 J. Baxter, World Patent Law and Practice §7.01, at 7-4~7-11 (1968 & Supp.2002). 以美國維持費為例，繳費期限分別為(1)三～三年半（美金1,600元）；(2)七～七年半（美金3,600元）；(3)十一～十一年半（美金7,400元）。https://www.uspto.gov/learning-and-resources/fees-and-payment/uspto-fee-schedule#Patent%20Maintenance%20Fee（最後瀏覽日期：民國109年8月1日）。

3　1 Stephen Ladas, Patents, Trademark and Related Rights, National and International Protection 390 (1975); Baxter, 同註2, §7.0 at 7-1~7-4.

供專利專責機關用以擴充軟體及硬體設備，提高審查品質以服務大眾。

第二項　繳納方式暨繳納之人

我國專利年費的繳納除第一年年費為公告暨取得專利權之要件外，第二年以後的年費係於專利權存續期間逐年於屆期前繳納[4]。民國83年修正專利法時更明定得以一次繳納數年，遇有年費調整時，毋庸補繳差額[5]。有延展或延長專利之情事者，於延展或延長期間內，仍須繳納年費[6]。

衍生設計之專利權係單獨核發專利證書，得單獨主張權利，於專利權期間，專利權人亦應依規定繳納專利年費[7]。

專利法明定專利權人應繳納專利年費，惟此非謂需專利權人始得繳納年費。民國83年修法時增訂：年費之繳納，不以專利權人為限，亦即，任何人均得為之[8]。按以實務上有非專利權人繳納年費之情事，其他國家亦有明定任何人得繳納年費者，如：美、日等國，故於專利法中明定之[9]。民國92年修正專利法時，又以專利年費只需有繳納，專利權即獲存續，究為何人所繳，在所不問，故毋需規範而予以刪除[10]。現行法雖未規範專利權人以外之

4　專利法第93條第1項，第120條及第142條第1項準用之。專利專責機關於應繳納年費期限屆期前，通知專利權人或其代理人繳納專利年費，惟此等通知屬為民服務性質，並非法定通知之義務。專利權人為維護本身之權益，不待收受繳費通知，必須自行依法按時繳納。專利權人自不得以未收到通知為由不繳年費。經濟部智慧財產局，專利審查基準彙編，第一篇「程序審查及專利權管理」，第十七章「專利權之取得與維持」，第3.1點，頁1-17-3（民國108年）。

5　專利法第93條第2項，第120條及第142條第1項準用之。年費額度則改由經濟部定之。在民國83年修法前，實務上亦允許數年一次繳納。至於年費之調整，原則上固然傾向於額度之提高，惟若有額度減低之情事，專利權人得否要求退還溢繳之款項？抑或，如同毋庸補繳差額，不得申請退費。就此疑問，專利審查基準已予釐清，專利權人得就溢繳之專利年費申請退還。專利審查基準彙編，同前註，第3.1點，頁1-17-4。

6　專利法第92條第2項，第120條及第142條第1項準用之。

7　專利審查基準彙編，同註4，第3.1點，頁1-17-3。

8　83年修正施行之專利法第86條，第105條及第122條準用之。

9　83年專利法修正案，法律案專輯，第179輯（上），頁133～134（民國84年8月）（以下簡稱「83年專利法修正案」）。日本特許法第110條規定，即使專利人反對，利害關係人仍得繳納之。

10　92年專利法修正案，立法院公報，第92卷，第5期，院會紀錄，專利法第82條修正說明三

人得繳納，惟，審查基準彙編仍明示任何人均得爲之[11]。

第三項　補繳與減免

　　專利權將因年費逾期未繳納而消滅，致使專利權人因不慎未即時繳納而喪失其專利權，是以，各國先後規定年費之補繳期（grace period），使專利權人得於逾期未繳時，仍有一段期間（多爲六個月）補繳年費。此項規定源自巴黎公約之西元1925年海牙會議中，增訂各會員國應制定一優惠期，予專利權人補繳年費的機會，且，此一優惠期不得短於六個月[12]；會員國得規定於優惠期補繳年費者必須繳納額外的罰款（surcharge）[13]。

　　我國專利法亦明定專利權人未於期間內繳納年費者，仍有六個月補繳期[14]。惟，專利權人除原應繳納之專利年費，另應以比率方式加繳專利年費[15]。所謂比率方式，依逾越應繳納專利年費之期間，按月加繳，每逾一個月加繳百分之二十，最高加繳至依規定之專利年費加倍之數額；其逾繳期間在一日以上一個月以內者，以一個月論[16]。

　　發明專利權人爲自然人、學校或中小企業者，得向專利專責機關申請減

　　（民國92年1月15日）（以下簡稱「92年專利法修正案」）。

11　揆諸專利審查基準彙編，有關專利年費之繳納，已明示除專利權人得自行繳納，亦得由任何人代爲繳納。專利審查基準彙編，同註4，第3.1點，頁1-17-3。

12　巴黎公約第5-2條第1項，海牙會議中，僅規定優惠期爲三個月；至西元1958年里斯本會議中，延長爲六個月。

13　同上。

14　專利法第94條第1項，第120條及第142條第1項準用之。

15　專利法第94條第1項但書，第120條及第142條第1項準用之。

16　專利法第94條第2項，第120條及第142條第1項準用之。逾期一個月內（含一個月），加繳20%；逾期一個月以上至二個月（含二個月）加繳40%；逾期二個月以上至三個月（含三個月）加繳60%；逾期三個月以上至四個月（含四個月）加繳80%；逾期四個月以上至六個月（含六個月）加繳100%。民國102年修正前專利法原以凡逾期未繳，而於六個月內補繳者，須加倍繳納年費；致使逾期數日與逾期數月者均須多付一倍的年費，似有失衡，不符比例原則。考量前揭因素及鼓勵專利權人即早繳納，故而於100年修法時改爲依比率加繳。100年專利法修正案，立法院公報，第100卷，第81期，院會紀錄，第96條修正說明二（亦即現行專利法第94條）（民國100年11月29日）（以下簡稱「100年專利法修正案」）。

免專利年費[17]，專利法明定由主管機關制定減免辦法[18]。

年費的減免，旨在鼓勵發明從事研發藉以達到提升產業科技的目的。依93年修正前專利法，得申請專利年費減免者，為專利權人或其繼承人，且限於無資力繳納者[19]；亦即，將減免對象限於無資力之自然人。民國92年修法時，基於前揭年費減免意旨，以「無資力」乙詞宜明確界定為由，將減免資格明定為專利權人係自然人、學校或中小企業者。理由為[20]：自然人、學校或中小企業[21]，係經濟競爭環境中之弱勢。專利權如為二人以上共有時，必須所有共有人均具有得減收之資格，並完成規定程序，始可減收專利年費[22]。現行專利年費減免辦法係民國105年7月1日施行者[23]。

依辦法第2條：得申請減免的自然人包括我國及外國自然人，學校係公立或立案之私立學校或經教育部承認之國外學校。中小企業則須符合中小企業認定標準者，若為外國中小企業，亦同[24]。筆者以為揆諸年費減免之立法

---

17 專利法第95條，第120條及第142條第1項準用之。

18 專利法第146條第2項。經濟部嗣於民國83年5月30日發布「專利年費減免辦法」。

19 83年修正施行之專利法第87條，第105條及第122條準用之。83年修正前專利法係以「發明人」無繳納年費能力時，方得減免。或謂發明人未必為專利權人，是以其係「專利權人」之誤；另謂其係適用於「發明人為專利權人」之情事，蓋其係保護、鼓勵從事發明之自然人之故，倘專利權人為公司等，以其經濟能力，應無如此保護之必要。

20 92年專利法修正案，同註10，專利法第86條修正說明二暨三（即現行專利法第95條）。

21 以中小企業申請取得專利權之件數，對照目前國內中小企業之家數，顯不成比例。且其投入研發取得專利權後，尋找合作廠商到商品化過程仍需相當時間。考量其資力，宜以減免年費方式鼓勵其從事研發。92年專利法修正案，同上。

22 專利審查基準彙編，同註4，第3.2點，頁1-17-4。

23 經濟部智慧財產局民國105年6月29日經濟部經智字第10504602870號令修正發布；並自發布日施行。

24 現行中小企業認定標準係中華民國109年6月24日經濟部經企字第10904602890號令修正發布施行。依認定標準第2條，中小企業指依法辦理公司登記或商業登記，實收資本額在新台幣一億元以下，或經常僱用員工數未滿兩百人之事業。外國學校則依教育部所訂之「國外學歷查證認定作業要點」及編印之「國外大專院校參考名冊」為參考依據。經濟部智慧財產局，專利Q&A，「符合專利年費減收資格的國外學校如何認定？」，https://topic.tipo.gov.tw/patents-tw/cp-783-872500-81a61-101.html（最後瀏覽日期：民國109年9月1日）。有關教育部承認之外國學校，經教育部93年4月8日函覆，以該部所建立各國大專院校參考名冊所列學校，係外交部及該部駐外館蒐集駐在當地國立案或經認可之大專院校；美國部分係彙編全美國各地區性、專業性合法立案之學校資料。而其參考名冊所列者，得認定其國外學歷。經濟部智慧財產局布告欄，專利年費減免辦法第3條所稱「學校、中小企業」認定範圍之說明（民國93年7月16日）。

原意，係以鼓勵國人從事研發為目的，前揭辦法將適用對象擴及外國學校及外國中小企業，是否妥適，有待商榷。似宜參酌法國規範，以渠等於我國境內有營業所者（或學校據點）者為限。

　　無論發明案、新型案或設計案之專利權人符合減收專利年費資格者，專利專責機關得減收第一年至第六年專利年費[25]。第七年開始不得減免。

　　專利權人為自然人或我國學校者，專利專責機關得不待專利權人申請，逕予減收其專利年費；倘為外國學校或我國、外國中小企業者，則須以書面申請減收專利年費；專利專責機關並得於必要時，通知專利權人檢附相關證明文件[26]。

　　專利權人為自然人且無資力繳納專利年費者，得應檢附證明文件，逐年以書面向專利專責機關申請免收專利年費[27]。申請期間為[28]：(1)第一年之專利年費——核准審定書或處分書送達後三個月內；(2)第二年以後之專利年費——繳納專利年費之期間內或期滿六個月內。

　　符合前揭得減收專利年費之條件者，專利專責機關得一次減收三年或六年，或於第一年至第六年逐年為之；倘專利權人逾期應按比率方式加繳專利年費者，應依其減收後之年費金額以比率方式加繳[29]。

　　無論發明案、新型案或設計案，得減收之專利年費金額如下[30]：(1)第一年至第三年——每年減收新臺幣八百元；(2)第四年至第六年——每年減收新臺幣一千二百元。

　　專利權人於預繳專利年費後，符合減免專利年費之資格者，得自次年起，就尚未到期之專利年費申請減免；專利權人經專利專責機關准予減收專利年費並已預繳專利年費後，不符合減收專利年費資格者，應自次年起補繳

25　專利審查基準彙編，同註4，第3.2點，頁1-17-4。
26　專利年費減免辦法第3條。
27　專利年費減免辦法第6條第1項及第2項。所謂證明文件係指戶籍所在地之鄉（鎮、市、區）公所或政府相關主管機關出具之低收入戶證明文件。
28　專利年費減免辦法第6條第3項。
29　專利年費減免辦法第5條。
30　專利年費減免辦法第4條。設計專利之第一年至第三年年費為每年八百元，是以，減免後為零元。如此，實難以確定專利權人於第二暨第三年擬繼續持有專利之意願為何？似有違制定年費繳納之意旨，筆者以為應令設計專利權人於繳費期限屆至時（第二暨第三年）向專利專責機關提出擬繼續持有專利之書面聲明。

其差額[31]。

第四項　復　權

專利權因未繳年費而消滅的嚴重性，促使巴黎公約締約國更進一步地建議，使已消滅的專利權「復權」（restoration），惟其僅適用於發明專利，並以專利權人之未繳費有正當事由，且其復權不致影響第三人之權益者為限[32]。巴黎公約遂於西元1925年海牙會議中，明定會員國有權就年費之繳納制定「復權」[33]。

現行專利法明定兩項復權事由：(1)因天災或不可歸責於己之事由；及(2)非因故意。茲分述如下。

民國83年修正專利法，除「補繳期」外，另增訂「復權」之規定。按第二年以後之專利年費未於逾補繳期屆滿前繳納者，專利權應自原繳費期屆滿之次日消滅，惟專利權人若能依法申請回復原狀者，則可回復其原消滅之專利權[34]。申請人凡因天災或不可歸責於己之事由，延誤法定期間者，得於原因消滅後，申請回復原狀[35]。但已延誤法定期間滿一年者，不得為之[36]。是以，專利權人因天災或不可歸責於己之事由，延誤繳費者，雖已逾補繳期，仍得於法定期間一年內申請回復原狀[37]（設若該事由於該期間內消滅）。此

31　專利年費減免辦法第7條。

32　Ladas, 同註3, at 391.

33　巴黎公約第5-2條第2項。

34　修正前專利法第66條第3款，第108條及第129條準用之。民國83年修法前，主管機關暨行政法院均以專利年費之逾限補繳及申請延期或減免已有特別規定，而回復原狀之規定（現行第17條第2項），則僅適用於申請專利有關補行之程序的一般規定，於專利權因未繳年費而當然消滅的情形，並無適用的餘地。行政法院82年判字第1833號判決。

35　請求回復原狀須為天災或不歸責己之事由方可。專利權人之代理人逾六個月補繳期後，始補繳年費，並誤將甲案之年費繳納於乙案，其向主管機關申請更正，經後者函覆歉難照辦。按以代理人之過失即視為本人之過失，其僅能依法就其所受損害向代理人訴請民事賠償，不得向主管機關申請更正。行政法院86年判字第1287號判決。

36　專利法第17條第2項。申請人必須於原因消滅後三十日內，以書面敘明理由為之。又，申請回復原狀的同時，必須補行期間內應為之行為。同條第3項。

37　此處所謂逾法定期間一年，其應自原繳費期間屆滿起算，而非自補繳期間屆滿起算，方為合理。又，其計算應就「原因消滅後三十日」與「逾法定期間一年」二者間，先到期者為準。

處所謂法定期間，依專利專責機關之見解，應指補繳期間[38]；且僅須繳納一倍的年費。

　　現行法又增訂專利權人倘非因故意逾期未繳年費，得於期限屆滿後一年內，申請復權，並繳納三倍之專利年費[39]。所謂逾期，係指逾補繳期[40]。

　　筆者以爲兼顧專利權人權益及產業之發展，無論何種復權事由，法定期間應以原繳費期間爲宜。一則以補繳期僅爲法定期間（原繳費期）之優惠期，不宜再將其視爲另一法定期間；二則避免專利權效力長期的不穩定性，不利於產業的發展。

　　此「復權」規定固足以給予專利權人較周延之保護，惟其衍生之疑慮，不可不正視之：按專利權一旦消滅，專利專責機關必須予以公告[41]；公告後，便可能有同業使用該發明、創作，倘嗣後專利權人申請回復原狀，該業者之行爲即有構成專利權侵害之虞，此時專利權人與該業者之權益應如何兼顧？

　　此次修法就復權後，第三人得否實施予以規範；惟僅及於非因故意之復權。依專利法第59條第1項第7款，專利權因未繳年費消滅後，至專利權人以非因故意爲由回復專利權效力並經公告前，善意實施人已實施或已完成必須之準備者。其行爲不構成侵權；且得於原有事業目的範圍內繼續利用。前揭規定之疑義有二：(1)因天災或不可歸責於己之事由申請復權之情事，亦有善意實施人的問題，應一併規範。(2)權衡專利權人與善意實施人之權益，令善意實施人得繼續實施的同時，應加諸其於專利權人復權後，支付專利權人權利金的義務。

38　請參閱專利審查基彙編有關第70條第2項之說明。專利審查基彙編，同註4，第3.3點，頁1-17-5。

39　專利法第70條第2項。

40　專利審查基彙編，同註4，第3.3點，頁1-17-4。設若第二年年費應於103年6月30日前繳納，專利權人逾期未繳，則得於12月31日前加倍繳納，倘非因故仍未繳，則得於104年12月31日前付三倍年費申請復權。

41　專利法第84條，第120條及第142條第1項準用之。

第二節 專利權之標示

專利權人或實施權人於實施專利權時,應注意之情事有二:(一)告知大眾該發明、創作具有專利權,俾避免仿冒,此即專利權之標示。(二)適切地促銷其產品,俾避免逾越申請專利範圍[42]。

第一項 標示目的暨方式

「標示」之目的,在告知大眾,該附有標示之物品或其製法或設計已獲准專利,防止他人因不知情而仿造。因此,大多數國家均要求專利權人,於實施其專利權,應標示該發明、創作,設計具有專利權,即,於專利物品或包裝上附加標示。

現行專利法亦明定[43],專利權人必須在專利物品、標籤或包裝上或以其他足以引起他人認識之顯著方式(按:有些物品體積過小或呈液狀等,無法在上面標示),標示專利證書號數[44]。至於專利權人未依法標示其專利物品時,專利法並未賦予專利專責機關任何處分的權限;惟專利權人未附加標示者,倘擬請求損害賠償,必須證明行為人明知或可得而知為專利物[45]。

---

42 83年修正施行之專利法第83條(第105條及第122條準用)及第130條明定:專利權人或其實施權人(如:被授權人或特許實施權人),於實施其專利權時,固得登載廣告促銷其專利產品,但廣告上所載核准專利部分,不得逾越實際上之申請專利範圍,且不得有不實標示。否則,亦須負刑事責任——六月以下有期徒刑、拘役或科或併科新台幣5萬以下罰金。惟民國92年修法時,以其他法規(如刑法,公平交易法等)已足資適用,並配合行政刑罰除罪化,而予以刪除。92年專利法修正案,同註10,刪除修正前第83條修正說明二。

43 專利法第98條,第120條及第142條第1項準用之。

44 所謂「標示」,早期,專利法並未明定如何標示,實務上,則由專利權人在物品或包裝上,鐫刻或印貼「發明、新型或新式樣專利第XX號」標記,以資識別。我國專利制度中,最早規定專利標示者,為民國28年修正公布之「獎勵工業技術暫行條例施行細則」第17條:「已得專利權者,須在物品或包裝上,將物品專利或方法專利,及專利年限、證書號數,以及核准年、月、日等,分別註明,以為專利標記」。相較目前實務上之作法與前揭施行細則,後者固較為詳細明確;惟對專利權人而言,則較麻煩,因此,為圖專利權人之簡便,只要求標示專利證書號數,況任何人有疑問,可至專利專責機關查閱其專利權之真偽。

45 修正前專利法明定若未附加標示,致他人不知為專利物品而侵害其專利權時,專利權人不得請求損害賠償。此為91年修正施行前專利法之規定。然而,其意旨本應為以專利權人未加標示致他人不知其為專利物品而侵害其權利為要件;反之,倘他人明知為專利物品而侵害專利權,縱專利權人未加標示,仍得請求加害人賠償(最高法院65年度台上字第1034號

民國100年修法時刪除「並得要求被授權人或特許實施權人」標示之規定，惟，並未說明修法理由。應係其本屬專利權人得要求被授權人履行之義務，故然。

第二項　標示期間

至於何時必須標示，或得為或不得為專利標示，茲說明如下。

一、取得專利權

專利權人取得專利權後，應於專利物、標籤、包裝或以其他足以引起他人認識之顯著方式標示專利證書號數。

二、核准審定或處分

配合93年修正施行前專利法之採異議制，斯時，發明、新型或新式樣經審定公告後，確定前，申請人得於物品或包裝上，記載「暫准專利」字樣，或公告號數[46]；目的在保護及促銷審定公告中的發明、新型或新式樣專利，公告大眾勿任意仿造。現行法已廢除異議制，惟申請人於收受核准專利之審定書或處分書之日起至繳納相關費用，專利公告之日止，此時，基於相同理由，亦應允許申請人為適當之標示，如刊載審定書或處分書號數等。

專利權既已消滅或經撤銷確定，則不復存在，自不得再為任何專利標示，混淆大眾[47]。惟，專利權消滅或撤銷確定前已標示並流通進入市場者，不在此限[48]。

判例）。惟，專利專責機關則以既未附加標示即不得請求損害賠償，故縱使他人透過其他管道明知或可得而知為專利物品，亦不得請求損害賠償。除非經專利權人通知後之侵權始負損害賠償責任（經濟部智慧財產局（88）智法字第88009183號函（民國88年10月21日））。此一修正前之規定對專利權人而言，有欠公允。蓋以專利案之核准為專利專責機關發行之專利公報的必要公告事項，其公告本具公示之效果，行為人使用該技術前本應予以檢索，今反令專利權人須附加標示方得求償，豈非謂前揭公告徒具形式又浪費政府資源。故現行法明定倘侵權人明知或有事實足證其可得而知為專利物品者，專利權人仍得求償。

46　93年修正前專利法施行細則第45條。

47　專利法施行細則第79條。

48　修法理由以，(1)專利權人於標示之際並無虛偽不實之情事，要求專利權人回收其專利物

至於已提出申請，但尚未審定或處分；此際，該發明、新型或設計所製成之物品，既未有專利之保護，固然不得記載請准專利字樣，或任何足以使人誤認請准專利之標示，惟，若僅標示「專利申請中」（patent pending）或申請案號，應無不可。

第三節　強制授權

強制授權（compulsory license），即修正前之「特許實施」，本身並非專利權人之義務，而係其事由與專利權人之義務有關使然。按專利權的賦予，鼓勵發明創作人從事研發，公開其技術，除避免重複發明創作，更可促進技術的交流與提升。然而，在非工業先進國家，科技水準的落差致使技術的公開，未必有技術交流及提升的效果，其中尤以發明專利為然。發明專利權人的實施義務乃因應而生[49]，使業者經由專利權人的實施，瞭解專利技術的內容及操作方式。是以，專利的實施，不得忽視其公共利益。「強制授權」即為貫徹專利權人遵守實施義務及公共利益的維護而設。我國83年修正前專利法，即以強制授權制度規範專利權人之實施義務。民國83年修法時，強制授權制度則改以公益為考量。筆者則以為專利權的實施，實有其必要性與重要性。

第一項　專利權的實施

所謂專利權之實施（working），指製造、販賣之要約，販賣、使用及進口專利權……等行為（視各國所賦予專利權人之權限而定）。已取得專利權之發明，若允許專利權人獨占該發明之專利權，使他人無法運用，而自己卻不予以適當實施者，對社會大眾無益，遑論產業科技之提升。是以，為顧及產業科技水準的提升，巴黎公約第5條第A項，明定會員國得自行規範，對於專利權人於法定期間內未實施其專利權者，強制其授權予他人實施，此

刪除標示，不切實際；(2)任何人可藉由專利公報瞭解專利權狀態，無損害公眾權益之虞。101年專利法施行細則修正案，第79條修正說明二，https://topic.tipo.gov.tw/public/Attachment/8123174475.pdf（最後瀏覽日期：民國109年9月1日）。

49 新型專利及設計專利技術創作層次不若發明專利，專利法並未加諸其實施之義務。

幾乎為世界各國所共同採行[50]，我國83年修正前專利法亦然。

　　83年修正前專利法第67條明定，專利權期間逾四年，無正當理由未在國內實施或未適當實施其發明者，主管機關得依關係人之申請，特許其實施。換言之，專利權人未履行其實施之義務或實施不當時，都構成特許實施（即強制授權）之事由。

　　專利權人雖有實施其專利，惟，有下列情事由之一者，視為未適當實施[51]：

一、以進口專利產品為主：專利權人全部或大部分在國外製造其專利產品而輸入國內者。亦即，專利權人以進口專利產品替代在國內設廠製造。其產品的進口對產業技術的提升助益有限。倘進口專利產品便可提升產業科技水準，則任何人進口產品皆然，何需賦予專利權人排他性權利。

二、原專利權人之拒絕授權再發明專利權人[52]：利用他人發明為再發明之專利權人，非實施原發明人之發明，無法實施其再發明；倘原發明專利權人在合理條件下，拒絕授權予再發明專利權人者，屬權利之濫用，因而視為未適當實施之特許實施的事由。

---

50 Ladas, 同註3，at 425~429. 揆諸他國立法例，除美國未於專利法中明定「未實施」構成強制授權之事由外，其他國家，如法國、英國、日本等均仍明定，自核准專利之日起三年內未實施者，得構成強制授權之事由。法國智慧財產法第613-11條；日本特許法第83條；英國專利法第48條。法國智慧財產法（智慧財產法L-613-11條）仍保留巴黎公約第5條第A項之規定以「自申請日起四年或核准之日三年內無正當事由未實施（以較晚到者為準）」。美國專利制度以保護發明人為宗旨，又以科技水準之日新月異，專利權人不實施其專利權，並不致對產業有嚴重的負面影響，故不加諸專利權人「實施」之義務。美國西元1980年通過拜杜法（Bayh-Dole Act, 35 U.S.C. §§200~212），其中規範了介入權（march-in right），對於取得聯邦經費補助的公司於完成發明取得專利，不擬授權國內業者之情事，其他業者得向原補助機構申請，要求其行使介入權，令專利權人授權予其使用。除此。美國亦於其他聯邦法規中明定強制授權，如空氣潔淨法（Clean Air Act, 42 U.S.C. §§7401~7671q）中的強制授權（mandatory licensing, 42 U.S.C. §7608）使司法部長（Attorney General）於必要時得令專利權人授權他人實施其專利權。例如除了專利權人之發明符合排廢氣標準，其餘並無替代方式，因此命專利權人授權其他同業。又實法院亦得依其裁量權，令被告於給付補償金予原告專利權人後繼續利用專利技術。

51 83年修正前專利法第68條。

52 另有關物品專利權人之拒絕授權製法專利權人，倘製法專利足以增進公益，而物品專利權人之拒絕無正當理由者，專利法明定其為權利之濫用。製法專利權人得申請主管機關核定補償金後實施其專利。83年修正前專利法第42條。其立法意旨暨因應措施均與再發明專利同。惟，當年並未將其列為未適當實施之事由，亦未適用前揭第67條特許實施之規定。

三、在國內施工裝配者：專利權人由國外輸入零件在國內施工裝配者。一如由國外輸入專利產品之情事，業者未必能就專利權人裝配過程瞭解其技術內容。

倘專利權人於主管機關第一次特許實施（即強制授權）公告之日起逾兩年，無正當理由仍未在國內實施或未適當實施其專利者，主管機關得依關係人[53]之申請，撤銷其專利權[54]。凡此，可知專利實施的重要性。

實施專利技術本為提升產業科技水準的主要方式之一，藉由專利權人的實際操作，使業者得以瞭解如何運用該技術；尤以產業科技水準仍待提升的國家為甚，以強制授權為手段要求專利權人在我國境內實施其專利權，確有其必要性。我國雖以「已開發國家」身分加入WTO，國內產業科技仍應加強，此由發明專利案件數以外國籍專利權人居多可知。因應國際趨勢固然重要，惟，仍應兼顧我國產業科技情勢方為妥適。

第二項　強制授權之事由暨性質

按凡取得專利權之人，均得於專利權限內實施其專利權，甚且處分之，如：讓與、信託、授權、設定質權等[55]。然而，各國基於特定事由，均立法明定專利專責機關得強制專利權人授權其專利權予他人實施，即「強制授權」，亦即我國修正前專利法中之「特許實施」；民國100年修法時已修改為「強制授權」乙詞。

民國83年修正專利法，時值GATT烏拉圭回合談判[56]結束，而我國以觀察員身分積極參與，擬成為正式盟員；對於與專利制度有關之WTO/TRIPs協定草案多所參酌。並依WTO/TRIPs協定第31條，明定強制授權之事由，施行

53　83年修正前專利法第67條第4項。此之關係人，應指專利權人、實施權人（包括特許實施權人）以外之關係人而言；蓋以實施權人雖須給付專利權人補償金，仍得在無競爭對手或有限競爭對手的情況下實施專利權，一旦專利權遭撤銷，所有同業均得使用，使競爭趨於激烈，對實施權人而言，較為不利，是以，前揭關係人應指實施權人以外之人，方屬合理。

54　83年修正前專利法第67條第4項。

55　專利法第62條。另請參閱本篇第八章「專利權之處分與公示制度」，第一節「專利權之移轉、信託、授權與設質」。

56　有關GATT烏拉圭回合談判、WTO之TRIPs協定以及我國加入WTO之始末，請參閱第一篇第二章「我國專利制度的沿革」，註9＆註11。

至今。然而，揆諸WTO/TRIPs協定第2條第1項，各會員應遵守巴黎公約第1條至第12條及第19條；是以，縱令依WTO/TRIPs協定制定強制授權事由，有關巴黎公約第5條第A項「未實施」之強制授權事由仍得保留[57]。

民國100年修法時仍以WTO/TRIPs協定為主，並依WTO之杜哈宣言及總理事會決議，制定協助無製藥能力或製藥能力不足國家之強制授權[58]。並當然準用於新型專利，然而，依新型專利之定義及性質，難謂與醫藥品專利有何關聯，準用第90條等與醫藥品專利有關之強制授權，似有未洽。茲就依WTO/TRIPs協定第31條及杜哈宣言訂定之強制授權事由，即專利法第87條及第90條分述之。

一、專利法第87條所定事由

專利法第87條所定事由包括：一、國家緊急危難（national emergency）；二、增進公益之非營利實施（public non-commercial use）；三、專利權之實施，將侵害先權利人之專利權；四、限制競爭或不公平競爭之情事。

(一)國家緊急危難（第87條第1項）

當有國家緊急危難或重大緊急情況（other circumstances of extreme urgency）[59]，專利專責機關應依緊急命令或需用專利權之中央目的事業主管機關之通知，強制授權所需用之專利權。不同於其他事由，專利專責機關不就此事由之要件作實質之認定，而係依緊急命令或前揭中央目的事業主管之通知，為強制授權之處分，俾免因申請程序延誤時機；專利專責機關並應於強制授權後，儘速通知專利權人[60]。

(二)增進公益之非營利使用（第87條第2項第1款）

例如：能增進國民健康或環境保護等之發明。以此事由申請強制授權

57　例如法國（智慧財產法第L-613-11條）及日本（特許法第83條）均保留巴黎公約第5條第A項之強制授權。

58　專利法第90條，第120條準用之。

59　如戰事之軍需品、流行中瘟疫的治藥（如克流感專利之於H5N1流感），及飢荒之食品專利。

60　100年專利法修正案，同註16，專利法第89條修正說明二（即現行專利法第87條）。

者，申請人必須先以合理之商業條件與專利權人協議，於相當期間內仍無法達成協議者，方得為之[61]。就半導體技術專利申請強制授權者，此為得主張的事由之一。

(三)專利權之實施，將侵害先權利人之專利權（第87條第2項第2款）

此係指專利專責機關前後核准之兩件專利案（無論發明案或新型案），核准在後之專利權（以「後權利」稱之）的實施，將不可避免侵害核准在先之專利權（以「先權利」稱之）；如再發明專利之侵害原發明專利，製法專利之侵害物品專利。為避免侵權，後權利人應先取得先權利人之授權，方得實施。倘後權利人以合理之商業條件與先權利人協議，於相當期間內仍無法達成協議者，後權利人得申請強制授權[62]。惟，後權利人須證明其專利技術相較於先權利人之專利技術，係更具相當經濟意義之重要技術改良[63]。100年修法時將修正前之交互授權（cross licensing）改為強制交互授權，先權利人之專利權遭申請強制授權，渠等亦得提出合理條件，要求專利專責機關就後權利人之專利權強制授權[64]。筆者以為前揭修正前之規定較為妥適。蓋以修正前之規定令先權利人於協議階段即可要求交互授權，有助於協議的達成[65]；現行規定將交互授權移列至強制授權之申請程序，令先權利人擬主張交互授權者，須於此階段提出，不利於協議的達成[66]。再者，交互授權並非一

---

61 專利法第87條第4項，第120條準用之。

62 同上。

63 專利法第87條第2項第2款，第120條準用之。此係從屬專利（dependent patent）之情事，按從屬專利，以發明專利為例，係指再發明專利之於原發明專利，以及新製法專利之於物品專利之情事是也。從屬專利之實施，勢必對原發明專利權、物品專利權構成侵害，是以，須取得後者之授權方可實施；倘後者拒絕，將使從屬專利權無法實施。惟有藉強制授權，從屬專利權人方得實施其專利權。然而，顧及從屬專利之技術必較原發明專利權或物品專利權，具有顯著的進步性（noteworthy technical progress），一旦實施，勢必占據原發明專利產品或物品專利產品之市場。「互惠授權」（reciprocal license）或「交互授權」（cross license）乃因應而生，使從屬專利權人取得授權的同時，將其專利權授權予原發明專利權人或物品專利權人實施。Ladas, 同註3, at 424.

64 專利法第87條第5項，第120條準用之。修正理由為：依WTO/TRIPs協定第31條第(1)款第2目之意旨，所謂交互授權，應指強制交互授權之意。100年專利法修正案，同註16，第89條修正說明七（即現行專利法第87條）。

65 102年修正施行前之專利法第78條第4項明定，後權利人與先權利人得協議交互授權實施。

66 縱令先權利人於協議階段提出，後權利人亦可能以法無明文而拒絕，使雙方的授權爭議須

新穎的機制，在WTO/TRIPs協定施行前，便已為原發明專利與再發明專利（從屬專利）間協議授權的重要議題；且，揆諸WTO/TRIPs協定第31條第(1)款，第2目究係指如同第1目，於申請強制權前已存在之情事，抑或於申請強制授權階段始為強制交互授權，仍待釐清。

(四)限制競爭或不公平競爭之情事（第87條第2項第3款）

專利權人有限制競爭或不公平競爭之情事，經法院判決或行政院公平交易委員會處分者。此次修法刪除「確定」二字，俾免耗費時日，緩不濟急。此事由係得對半導體技術專利申請強制授權之另一事由。

二、專利法第90條所定事由

如前所述，民國100年修法時依WTO之杜哈宣言及總理事會決議，制定協助無製藥能力或製藥能力不足國家之強制授權。是以，本事由係針對醫藥專利，並限於前揭國家所需之治療愛滋病、肺結核、瘧疾或其他傳染病的醫藥品。此強制授權事由亦適用於新型專利，惟，以新型之定義及性質，醫藥品並無申請新型專利之可能，遑論新型專利之準用此事由。

申請人擬據此事由申請強制授權者，必須先行與專利權人進行協議，雖曾以合理之商業條件，於相當期間內仍不能協議授權者，方得提出申請；進口國就所需之醫藥品已核准強制授權者，不在此限[67]。

第三項　申請程序與專利專責機關之審查

「國家緊急危難」之強制授權，係基於公共法益，專利專責機關應依緊急命令或中央目的事業主管機關之通知，強制授權所需專利權，並儘速通知專利權人，惟，不予專利權人答辯機會。除「國家緊急危難」之強制授權外，任何人均得據前揭其他事由申請強制授權，應備具申請書，載明申請理由，並檢附詳細之實施計畫書及相關證明文件[68]。

申請人依專利法第90條申請強制授權者，應另檢附進口國之相關證明文

延至強制授權程序方得解決。
67　專利法第90條第2項，第120條準用之。
68　專利法施行細則第77條第1項。

件。相關證明文件又因該進口國是否爲WTO會員而異。倘進口國爲WTO會員，申請人應檢附進口國已履行下列事項之證明文件[69]：(1)已通知TRIPs協定理事會該國所需醫藥品之名稱及數量。(2)已通知TRIPs協定理事會該國無製藥能力或製藥能力不足，而有作爲進口國之意願；倘進口國爲低度開發國家[70]，申請人毋庸檢附此等證明文件。以及(3)所需醫藥品在該國無專利權，或有專利權但已核准強制授權或即將核准強制授權。倘進口國非WTO會員，申請人應檢附進口國已履行下列事項之證明文件[71]：(1)以書面向我國外交機關提出所需醫藥品之名稱及數量；以及(2)同意防止所需醫藥品轉出口。

專利專責機關於接到申請後，應通知專利權人，並限期答辯；專利權人屆期未答辯者，專責機關得逕予審查[72]。強制授權之審定應以書面爲之，核准審定者應載明其授權之理由、範圍、期間及應支付之補償金[73]。專利權人不服時，得提起行政救濟。

原則上，強制授權之實施以供應國內市場需要爲主；是以，專利專責機關應於核准強制授權之審定書內載明被授權人應以適當方式揭露[74]：(1)強制授權之實施情況；(2)製造產品數量及產品流向。

第四項　強制授權之法律效果

專利專責機關核准強制授權後，被授權人取得該特定專利之通常實施權，並應：一、依核准之事由、範圍及期間實施專利權；二、支付權利金。

一、被授權人之義務

被授權人應依核准之事由、範圍及期間實施專利權；並應支付權利金。
強制授權之實施應以供應國內市場需要爲主，例外情事有二：(1)限制

69　專利法第90條第3項，第120條準用之。
70　所謂低度開發國家，係指聯合國所發布之低度開發國家。專利法第90條第4項，第120條準用之。
71　專利法第90條第5項，第120條準用之。
72　專利法第88條第1項，第120條準用之。
73　專利法第88條第3項，第120條準用之。
74　專利法第88條第2項，第120條準用之；專利法施行細則第78條。

競爭或不公平競爭之情事；及(2)協助無製藥能力或製藥能力不足國家之強制授權。

因限制競爭或不公平競爭致強制授權者，依WTO/TRIPs協定第31條第k款，其實施範圍得不受限於國內市場；復以限制競爭之弊端與整體經濟利益之衡量，須考量國內外多元之因素，以及市場之界定亦需視不同產業而定，凡此均屬公平會與法院之權責[75]。是以，強制授權之實施是否以供應國內市場需要為主，自應依公平會處分及法院之判決認定之。

為協助無製藥能力或製藥能力不足國家之強制授權，被授權人應遵守下列規定[76]：(1)供應區域及數量——所製造之醫藥品應全部輸往進口國，製造之數量不得逾越進口國通知TRIPs理事會或中華民國外交機關所需醫藥品之數量；(2)授權標示——應於其製造之醫藥品之外包裝依專利專責機關指定之內容標示其授權依據；其包裝及顏色或形狀，應與專利權人或其意定被授權人所製造之醫藥品足以區別；(3)於網站公開出口資訊——被授權人於出口前，應於網站公開該醫藥品之數量、名稱、目的地及可資區別之特徵；(4)支付補償金——補償金之數額，由專利專責機關就相關醫藥品專利權於進口國之經濟價值，並參考聯合國所發布之人力發展指標核定之；(5)向中央衛生主管機關申請許可登記——惟，其查驗登記之申請，不受新藥資料專屬權之限制[77]。前揭(1)至(3)係為確保醫藥品專利權人於國內市場之權益，(4)係兼顧專利權人之權益及進口國之國民購藥經濟能力，(5)則考量進口國需求醫藥品之急迫性。

二、因強制授權取得之實施權性質

因強制授權取得之實施權不具排他性，且，原則上不得處分。

---

[75] 專利法第88條第2項，第120條準用之。100年專利法修正案，同註16，第90條修正說明四（即現行專利法第88條）。

[76] 專利法第91條，第120條準用之。

[77] 依藥事法第40-2條第2項，新成分新藥許可證自核發之日起五年內，其他藥商未得許可證所有人同意，不得引據其申請資料申請查驗登記。

(一)不具排他性

　　專利權經專利專責機關強制授權，專利權人仍得依法實施其專利權[78]。專利權人除得自行實施其專利權，亦得授權他人實施。是以，被授權人因強制授權取得之實施權爲非排他性（non-exclusive），亦即，通常實施權。

(二)不得處分

　　強制授權之實施權不得讓與、信託、繼承、授權或設定質權[79]；換言之，被授權人不得處分因強制授權取得之實施權。然而，由於強制授權之事由不同，因應被授權人之營運而有不同之例外[80]：(1)因「增進公益之非營利實施」或「限制競爭或不公平競爭」事由取得強制授權者，被授權人得將該實施權與實施該專利有關之營業，一併處分，即，讓與、信託、繼承、授權或設定質權。(2)因「專利權之實施，將侵害先權利人之專利權」而取得強制授權，或先權利人之取得強制交互授權者，被授權人得將實施權與自己的專利權一併處分，即，讓與、信託、繼承、授權或設定質權。

第五項　強制授權之廢止

　　按強制授權制度係基於公共利益，或防止專利權人濫用權利之考量所制定。是以，倘強制授權之事由不存在，自無繼續強制專利權人授權他人實施之必要。再者，倘被授權人實施不當，亦不宜允許其實施該專利權。凡此，均構成廢止強制授權的事由。專利專責機關或依通知、或依申請廢止之[81]。當事人不服時，得依法提起行政救濟。專利法並未明定何人得申請廢止，是以，任何人均得爲之。

　　因國家緊急危難致特定專利權遭強制授權者，經中央目的事業主管機關認定並通知無強制授權之必要，專利專責機關應廢止強制授權。

78　專利法第88條第4項，第120條準用之。
79　專利法第88條第5項，第120條準用之。
80　專利法第88條第5項但書，第120條準用之。
81　專利法第89條，第120條準用之。申請廢止專利權之強制授權者，應備具申請書，載明申請廢止之事由，並檢附證明文件。專利法施行細則第77條第2項。

　　有下列情事之一者，專利專責機關得依申請廢止強制授權：(1)據以強制授權之事實變更，致無強制授權之必要──如增進公益之事由不存在、專利權已撤銷或消滅、限制競爭或不公平競爭之情事已不存在。(2)被授權人未依授權之內容適當實施──亦即未依核准之事由、範圍及期間實施專利權。(3)被授權人未依專利專責機關之審定支付補償金。

第十一章 | 專利權之侵害

專利制度之目的，在藉保護發明人、創作人及設計人的權益，達到提升產業科技水準，故前者實施的成果，攸關後者的功效。揆諸各國專利制度，均明文規範專利權之侵害暨救濟，或僅賦予專利權人民事損害賠償之權利，或另訂有刑責規範，以遏阻專利侵害行為。

我國現行專利法，由92年修正前兼採民事暨刑事制度，至現行法之。僅以民事救濟規範專利權之侵害。

我國專利法針對專利權受到侵害時，得尋求救濟之人及救濟方式，均予以規範。

第一節　權利侵害態樣及適格當事人

專利法上與專利有關之權利侵害可分，專利侵害與姓名表示權之侵害；得請求救濟之人，亦因受侵害之權利不同而異。

第一項　權利侵害態樣

依現行專利法，主要之權利侵害之標的有，屬財產權益之專利權與屬人格權之姓名表示權。

一、專利權侵害

發明、新型專利權人依法專有排除他人未經其同意而實施其發明、新型之權；設計專利權人亦專有排除他人未經其同意而實施其設計或近似該設計之權[1]。

任何人未經專利權人同意而實施其專利權者，倘非屬專利權效力所不及之事由（又稱「專利權效力之限制」），其行為便構成專利侵害。侵害之行

---

[1] 專利法第58條第1項，第120條準用之及第136條第1項。

爲態樣即專利權之實施態樣，因發明創作爲物或方法而異：(一)物之發明、
新型創作或設計[2]——製造、販賣之要約、販賣、使用及爲前揭目的而進口
該物之行爲；(二)方法發明——使用該方法，以及使用、爲販賣之要約、販
賣或爲上述目的而進口該方法直接製成之物的行爲。

二、人格權侵害

專利技術對產業的貢獻，除因專利權人願意投入資源開發，專利技術本
身的優劣亦爲關鍵，是以對於負責研發、創作及設計之發明人、創作人及設
計人的姓名表示權應予尊重。

專利法並未明定發明人等有姓名表示權，惟，揆諸專利法第7條第4項及
第96條第5項可知，發明人、創作人及設計人等，雖非專利申請權人或專利
權人，仍當然享有姓名表示權。前者規範職務上之發明創作及出資聘人時，
發明人、新型創作人或設計人享有姓名表示權；後者明定姓名表示權受侵害
時之救濟。

第二項　適格當事人

專利權受侵害或有侵害之虞，得主張民事救濟之人有專利權人及專屬被
授權人[3]。

一、專利權人

專利權人既爲專利權之所有人，專利權受侵害，自攸關其個人權益。

二、專屬被授權人

專屬被授權人爲唯一得實施專利權之人，專利侵害行爲勢必對其構成損
害，故得主張民事救濟。但契約另有約定者，從其約定[4]。蓋以，專屬授權
倘就實施限於特定區域或期間，專利權人於專屬授權範圍外，仍享有實施
權。設若專利權受侵害，受損害者或爲專屬被授權人、或爲專利權人，或爲

2　專利法第58條第2項，第120條及第142條第1項準用之。
3　專利法第96條第1項暨第4項，第120條及第142條第1項準用之。
4　專利法第96條第4項但書，第120條及第142條第1項準用之。

二者。究應由誰請求救濟，便宜視其授權契約而定。

　　專利權人或專屬被授權人，並不限於具有中華民國國籍者，始得尋求救濟。凡符合互惠原則，於我國申請、取得專利權之外國人，均得於專利權受侵害時依法請求民事救濟。按未經許可之外國法人或團體，得就專利法所定事項，提起民事訴訟[5]。依民國107年11月1日修正施行之公司法，已廢除外國公司認許制度，凡以營利為目的，依外國法律組織登記之公司，於法令限制內，與中華民國公司有同一之權利能力。據此，本規定似宜予刪除。

　　發明人、創作人或設計人之姓名表示權受侵害時，得請求表示發明人之姓名或為其他回復名譽之必要處分。

第二節　救濟方式

　　專利法上所定的民事救濟方式有數種，因受侵害權利不同而異：(一)專利權受侵害——(1)禁止侵害行為及銷毀侵害專利權之物。(2)請求損害賠償。(二)姓名表示權受侵害——表示姓名及回復名譽。以上救濟，有關專利權受侵害之損害賠償及姓名表示權受侵害之救濟，請求權之行使，自請求權人知有損害及賠償義務人時起，二年間不行使而消滅；自行為時起，逾十年者，亦同[6]。受侵害人得選擇一種或數種以上方式行使。

第一項　禁止侵害行為及銷毀侵害專利權之物

　　請求禁止侵害行為之事由[7]，主要有二：(1)專利權已受侵害；救濟－排除侵害；(2)專利權尚未受侵害；救濟－防止侵害。前者，被侵害人當然有

5　專利法第102條，第120條及第142條第1項準用之。民國75年修正前之專利法，並無准許未經認許之外國法人提起訴訟的規定。惟依當時專利法規定，得申請專利之外國人，包括經認許與未經認許外國法人及團體；其發明創作既經依法核准取得專利權，若不同時賦予其訴權，將導致專利權之保護有瑕疵。因此，為符合專利法之基本精神，民國75年修法時增訂第88-1條（即現行專利法第102條），基於互惠原則，賦予未經認許之外國法人或團體，告訴、自訴及提起民事訴訟的權利。75年專利法修正案，法律案專輯，第102輯，頁17～18，立法院秘書處編印（民國75年）（以下簡稱「75年專利法修正案」）。按現行法已廢除刑責，故前揭「告訴、自訴」之權利，現已不復存在。

6　專利法第96條第6項，第120條及第142條第1項準用之。

7　專利法第96條第1項，第120條及第142條第1項準用之。

權請求停止其侵害行為；後者則指行為人之行為有侵害之虞，且為一切必要之準備時，專利權人或其專屬被授權人，得依法請求制止其行為。

此等救濟不問行為人有無故意或過失之主觀要件，而以客觀上有侵害事實或侵害之虞為已足。

專利權人亦得同時對於侵害專利權之物或從事侵害行為之原料或器具，請求銷毀或為其他必要之處置[8]。民國100年修法時以此救濟係「排除、防止侵害」請求類型之一，故而明定僅於為排除或防止侵害之請求時，始得行使前揭請求[9]。

第二項　請求損害賠償

專利權人或其專屬被授權人對於故意或過失侵害其專利權之人，得依民事訴訟程序，對其行為要求損害賠償[10]。

專利權人等擬請求損害賠償，除應證明侵害人為故意或過失外，亦需其於專利物、標籤、包裝，或以其他顯著方式標示專利證書號數；否則應舉證證明侵害人明知或可得而知為專利物。

損害賠償所涵蓋的賠償範圍，以專利權經濟上的損害為主。其賠償額度，由於易生爭議，故於專利法明定損害賠償的計算方式[11]。

一、民法第216條

此以填補被侵害人所受損害及所失利益為限。至於所失利益，係指依通

8　專利法第96條第3項，第120條及第142條第1項準用之。

9　100年專利法修正案，立法院公報，第100卷，第81期，院會紀錄，第98條修正說明三(二)（即現行專利法第96條）（民國100年11月29日）（以下簡稱「100年專利法修正案」）。

10　專利法第96條第2項，第120條及第142條第1項準用之。102年修正施行前專利法第86條第1項（第108條及第129條準用之）明定，專利權人或其專屬被授權人得聲請假扣。假扣押的標的包括：(一)「用作侵害他人專利權行為之物」，如：製造物品之器具等。(二)「其行為所生之物」，如：製成之產品等。使於判決賠償後，作為賠償金之全部或一部分；目的在防止行為人於判決確定後，無力償還。100年修法時刪除該規定，理由為：權利人對於侵害人以訴訟主張權利或請求施行假扣押者，本得依民事訴訟法主張訴訟救助；又，假扣押之標的並不限於前揭條文所定之物。權利人仍得依民事訴訟法聲請假扣押。100年專利法修正案，同註9，刪除修正前第86條修正說明二～四。

11　專利法第97條第1項，第120條及第142條第1項準用之。

常情形，或依已定計畫、設備或其他特別情事，可得預期之利益而言。

二、差額說

　　被侵害人不能提供證據方法以證明其損害時，得就其實施專利權通常可獲得的利益，減除受侵害後實施同一專利權所得的利益，以其差額爲所受損害。此規定對營業額逐年成長之權利人而言，便無從適用。

三、侵害行爲所得利益

　　此爲依侵害人因侵害行爲所得之利益爲損害賠償額。102年修正前專利法另定有「於侵害人不能就其成本或必要費用舉證時，以銷售該項物品全部收入爲所得利益。」亦即，「仿冒品販賣總額利益說」。100年修法時予以刪除，理由爲 [12]：受侵害之專利未必獨占市場，市場或有其他類似、可替代之物品或技術。是以，侵害人所得利益可能源自其他競爭產品，自不宜將所得利益全視爲受侵害人（權利人）得求償之數額。

四、意定授權合理權利金

　　102年修正施行之專利法增訂合理授權金，其意旨爲 [13]：設若侵害人合法實施專利權，便應給付權利金，該權利金即專利權人本可獲得之利益。據此，估算專利權人於市場上授權他人實施可取得之權利金數額，引以爲專利權人之損害——所失利益。102年修法時，除強調前揭權利金須爲合理外，並明定該合理之權利金僅爲計算損害之基礎，亦即，並非當然視爲損害之數額。由前揭意旨可知，所謂合理授權金，當指意定授權之權利金。

　　倘侵害人之侵害行爲屬故意，被害人得請求法院依侵害情節，酌定損害額以上之賠償；惟，法院酌定之數額不得逾已證明損害額之三倍 [14]。此規定

12　100年專利法修正案，同註9，第99條修正說明二(二)（即現行專利法第97條）。

13　100年專利法修正案，同註9，第99條修正說明二(三)（即現行專利法第97條）。

14　專利法第97條第2項，第120條及第142條第1項準用之。100年修法時以前揭規定與我國民事損害賠償採填補損害之原則不同，予以刪除。100年專利法修正案，同註9，第99條修正說明四（即現行專利法第97條）。惟，102年修法時又予以回復，惟，並未說明理由。應與藉以懲戒、遏止專利侵害有關；況且，專利法自民國93年修法已全面廢除罰則，更有藉懲罰性賠償金制止專利權侵害之必要。

使專利權人獲得賠償之數額逾越實際損害之額度，亦即，侵害人須負擔之賠償數額高於其實際所造成的損害。此等規定含有懲戒性質，爲傳統大陸法系國家之損害賠償制度所無；係源於英美法系之「懲罰性賠償金」（punitive damages），目的在懲戒侵害人，並遏止未來侵權行爲的發生。

　　102年修正施行前專利法明定，專利權人業務上之信譽，因侵害而減損時，得另請求賠償相當金額；民國100年修法時已予刪除[15]。

第三項　海關查扣

　　民國103年元月修訂公布並於103年3月24日施行修正之專利法，增訂海關查扣規定[16]，規範專利權邊境管制措施，俾提供發明、新型暨設計專利權人更週延的保護。又，依第97-4條，有關海關查扣之相關程序應由主管機關會同財政部訂定。經濟部與財政部於同年3月24日發布施行「海關查扣侵害專利權物實施辦法」（以下簡稱「海關查扣辦法」）。

一、申請查扣（專利法第97-1條第1項～第4項）

　　專利權人[17]對進口之物有侵害其專利權之虞者，得以書面[18]、釋明侵害之事實，向海關申請先予查扣。申請資料須補正者，海關應即通知申請人補

15　理由爲：專利權人之業務上信譽受損時，得依據民法第195條第1項規定，請求賠償相當之金額或其他回復名譽之適當處分。又，法人無精神上痛苦可言，因此司法實務上均認其名譽遭受損害時，登報道歉已足回復其名譽，不得請求慰藉金。是以，爲免專利權人爲法人時，有違我國民法損害賠償體制，故而刪除之。100年專利法修正案，同註9，第99條修正說明三（即現行專利法第97條）。筆者則不以爲然，(1)專利法之民事救濟規定本爲民法救濟之特別法，本無一致與否的問題。(2)商譽受損之求償，目的不在於精神慰藉，而在消費者因此對其產生的不信任，此等損失難以前揭損害賠償計算方式呈現者；更非一則登報道歉啓事便足以回復。證明商譽之受損數額固然不易，將此救濟予以刪除更爲不妥。

16　專利法第97-1條至97-4條，第120條及第142條第1項準用之。

17　專屬被授權人在被授權範圍內得爲前項之申請。海關查扣辦法第2條第2項。

18　並應檢附下列資料：(1)專利權證明文件；其爲新型專利權者，並應檢附新型專利技術報告。(2)申請人之身分證明、法人證明或其他資格證明文件影本。(3)侵權分析報告及足以辨認疑似侵權物之說明，並提供疑似侵權物貨樣或照片、型錄、圖片等資料及其電子檔。(4)足供海關辨認查扣標的物之說明，例如：進口人、統一編號、報單號碼、貨名、型號、規格、可能進口日期、進口口岸或運輸工具等；(5)申請如由代理人提出者，須附委任書。海關查扣辦法第2條第1項。

正，於補正前，通關程序不受影響[19]。專利權人應提供相當於海關核估該進口物完稅價格之保證金或相當之擔保[20]。申請人未提供第一項保證金或相當之擔保前，海關對於疑似侵權物依進口貨物通關規定辦理[21]。

海關同意受理查扣之申請，應即通知申請人[22]；倘認定應予施查扣時，應以書面通知申請人及被查扣人[23]。

被查扣人得提供前揭保證金二倍之保證金或相當之擔保[24]，請求海關廢止查扣，並依有關進口貨物通關規定辦理。

二、檢視查扣物（專利法第97-1條第5項）

海關在不損及查扣物機密資料保護之情形下，得依申請人或被查扣人之申請，同意其檢視查扣物[25]。

三、廢止查扣（專利法第97-2條第1項～第2項）

有下列情形之一者，海關應廢止查扣：(1)申請人於海關通知受理查扣之翌日起十二日內，未依第96條規定就查扣物為侵害物提起訴訟，並通知海關者——海關得視需要延長十二日[26]。(2)申請人就查扣物為侵害物所提訴訟經法院裁判駁回確定者。(3)查扣物經法院確定判決，不屬侵害專利權之物者。(4)申請人申請廢止查扣者。(5)被查扣人依法繳納二倍保證金請求海關

19　海關查扣辦法第2條第3項。

20　所謂擔保可為：(1)政府發行之公債；(2)銀行定期存單；(3)信用合作社定期存單；(4)信託投資公司一年以上普通信託憑證；(5)授信機構之保證。前揭(1)至(4)之擔保，應設定質權於海關。海關查扣辦法第3條第1項暨第2項。

21　海關查扣辦法第3條第3項。

22　海關於實施查扣前，得通知申請人予以協助，如申請人無正當理由不予協助致海關無法執行時，海關對於疑似侵權物依進口貨物通關規定辦理。海關查扣辦法第4條。

23　海關就查扣之申請，經審核符合辦法第2條至第4條規定者，應即實施查扣，並以書面通知申請人及被查扣人。海關查扣辦法第5條。

24　被查扣人提供之擔保依海關查扣辦法第3條第1項及第2項規定辦理。海關查扣辦法第8條。

25　申請人或被查扣人申請檢視被查扣物者，應以書面向貨物進口地海關為之；檢視之時間、處所及方法，應依海關指定為之。海關之指定應注意不損及被查扣物機密資料之保護。海關查扣辦法第6條。

26　申請人於海關以書面通知查扣之次日起十二日內，應依本法第96條規定就查扣之疑似侵權物提起訴訟並通知海關；如於實施查扣前已提起訴訟者，亦應通知海關；必要時，海關得延長十二日。海關查扣辦法第7條。

廢止查扣。有前揭(2)或(3)之情事者，申請人或被查扣人應以書面並檢附相關證明文件向貨物進口地海關申請廢止查扣[27]。

海關廢止查扣者，應依有關進口貨物通關規定辦理，倘依前揭(5)之事由廢止查扣者，海關得取具代表性貨樣[28]。

四、與查扣物有關之費用（專利法第97-1條第6項暨第97-2條第4項）

查扣物經申請人取得法院確定判決，屬侵害專利權者，被查扣人應負擔查扣物之貨櫃延滯費、倉租、裝卸費等有關費用。反之，查扣因專利法第97-2條第1項第1款至第4款之事由廢止者，前揭費用應由申請人負擔。

五、保證金或擔保之返還（專利法第97-3條第3項暨第4項）

申請人得依下列情事之一，向海關申請返還第97-1條第2項規定之保證金：(1)申請人取得勝訴之確定判決，或與被查扣人達成和解，已無繼續提供保證金之必要者。(2)因第97-2條第1項第1款至第4款之事由廢止查扣，致被查扣人受有損害後，或被查扣人取得勝訴之確定判決後，申請人證明已定二十日以上之期間，催告被查扣人行使權利而未行使者。(3)被查扣人同意返還者。

被查扣人得依下列情事之一，向海關申請返還第97-1條第4項規定之保證金：(1)因第97-2條第1項第1款至第4款之事由廢止查扣，或被查扣人與申請人達成和解，已無繼續提供保證金之必要者。(2)申請人取得勝訴之確定判決後，被查扣人證明已定二十日以上之期間，催告申請人行使權利而未行使者。(3)申請人同意返還者。

申請人或被查扣人向海關申請返還保證金或擔保，應敘明其事由，並檢附以下相關之文件[29]：(1)法院判決書及判決確定證明書或與法院確定判決有同一效力之證明文件影本。(2)達成和解之和解書影本。(3)已定二十日以上之期間，催告他造行使權利而未行使之證明文件影本。(4)他造同意返還之

27　海關查扣辦法第9條。
28　海關查扣辦法第10條。
29　海關查扣辦法第11條。

證明文件影本。

六、查扣之賠償（專利法第97-3條第1項暨第2項）

查扣物經法院確定判決不屬侵害專利權之物者，申請人應賠償被查扣人因查扣或提供第97-1條第4項規定保證金所受之損害。

申請人就第97-1條第4項規定之保證金，被查扣人就第97-1條第2項規定之保證金，與質權人有同一權利。惟，貨櫃延滯費、倉租、裝卸費等有關費用，優先於申請人或被查扣人之損害受償。

第三節　法院應注意之事項

一、專業法庭或專人處理

我國於民國97年7月1日施行智慧財產法院組織法及智慧財產案件審理法，並設立智慧財產法院審理智財案件。惟，對於專利侵害案件，智慧財產法院並無專屬管轄。是以，一般法院仍得受理專利侵害案件。由於專利涉及專門技術問題，為審理之公正，法院處理專利訴訟案件時，得設立專業法庭或指定專人處理[30]。

依智慧財產案件審理法第16條，當事人主張或抗辯智慧財產權有應撤銷、廢止之原因者，法院應就其主張或抗辯有無理由自為判斷。又，法院認有撤銷、廢止之原因時，專利權人於該民事訴訟中不得對於他造主張權利。惟，專利權應否撤銷或廢止，仍屬行政專屬事項，法院不得於判決中逕行宣告其權利無效。

二、舉證責任之轉換

舉證責任的分配，原則上，仍應適用民事訴訟法上的原則，由原告負舉證責任；惟，受侵害之專利係製法專利時，則由被告負舉證責任；亦即，當被告之物品與專利權人之製法專利所製成的物品相同時，推定為以該專利方

30　專利法第103條第1項，第120條及第142條第1項準用之。

法所製造[31]。此即「舉證責任轉換」（reversal of burden of proof）原則。舉證責任轉換原則，僅適用於民事訴訟之製法專利侵害案件，且該製法專利所製成之物品，須為申請專利前國內外所未見者方可[32]。

既為「推定該專利方法所製造」，該「推定」自得以反證推翻之[33]，被告若能「舉證證明其係以不同方法製造相同之物品者」視為反證[34]。現行法中就舉證責任轉換，另規定對於合法權益之保護：反證所揭示製造及營業秘密之合法權益，應予充分保障[35]。使本條款於保護製法專利權人的同時，兼顧被告及第三人之合法權益，此可避免製法專利權人藉由訴訟，窺知他人之製法。

三、侵害鑑定

司法院得指定侵害專利鑑定專業機構[36]。法院受理專利訴訟案件，得囑託前揭機構為鑑定。至於鑑定時可參考經濟部智慧財產局民國105年2月訂定之「專利侵權判斷要點」。

31　專利法第99條第1項。此原則係於民國75年修法時，考量醫藥品及化學品製法專利遭侵害之舉證不易，參酌他國立法例所制定。75年專利法修正案，同註5，頁16～17。

32　同上。83年修正前專利法第85-1條，有下列情事之一者，不適用之：(1)物品在申請專利前，已為國內外所公知者。(2)物品係自國外輸入，且被告能指證確實的製造商及供應商者。前揭(1)經修正為現行專利法第87條第1項；前揭(2)有關保護進口商之事由則於民國83年修正施行專利法時予以刪除，惟當時專利法第137條明定過渡條款：第91條第1項之物品，在專利法施行前業經進口報關放行者，於本法施行之次日起6個月內，檢具相關文件，向專利專責機關報備，能指證確實之製造及供應商者，不適用前揭規定。前揭規定施行迄今已逾六個月，故於民國90年修法時刪除第137條規定。

33　專利法第99條第第2項。

34　同上。是以，當被告所檢具之資料，足證Enrofloxacin除原告之製法專利外，尚有其他各種不同方法製造合成的可能。視為已提反證。告訴人未能證明被告有侵害其權利之情事，自應不予成立。高等法院84年度上易字第1685號裁判。

35　專利法第99條第2項後段。

36　專利法第103條第2項暨第3項，第120條及第142條第1項準用之。民國84年7月15日，司法院與行政院於協調完成指定之專利侵害鑑定專業機構計有六十五所。嗣歷經解除、撤銷及增列指定等更迭，當時計有六十八所。惟業於93年6月刪除。司法院於93年6月29日以秘台廳民一字第0930016881號函各高等法院於行政法院，列出國立台灣大學等五十五所專業機構願意且宜擔任侵害專利鑑定機構，提供各級法院參考。

四、判決書

　　法院依專利訴訟程序作成判決後，應將判決書正本送專利專責機關[37]。

37　專利法第100條，第120條及第142條第1項準用之。102年修正施行前專利法第89條明定勝訴之被侵害人得聲請法院，將判決書的全部或一部分登報，由被告負擔費用。100年修法時予以刪除，理由爲：原告起訴時本得依民法第195條第1項後段「其名譽被侵害者，並得請求回復名譽之適當處分」之規定，在訴之聲明中一併請求法院判決命行爲人登報以爲填補損害；故而毋庸再予規範。100年專利法修正案，同註9，刪除修正前專利法第89條修正説明二。

第參篇

結　論

結論

　　專利法既是爲鼓勵及保護發明創作，並提升產業科技水準而訂定，自須因應時勢及科技環境之變遷而酌予修正。換言之，研修專利法，應兼顧下列因素：(1)國內產業科技環境；(2)國內經濟環境；以及(3)世界各國保護專利權的趨勢。其重要性各自均等。順應世界潮流固然重要，惟，一味地仿襲外國立法例，罔顧我國國民及產業的實際需要，似非智舉；反之，弗顧世界保護趨勢，將使專利法規無法因應時勢。如何權衡其輕重，確實考驗司其事者暨立法者之高度智慧。自民國38年施行專利法迄今，歷次修法均本此原則而爲。因此，擬探討每一階段的專利規範，便應追溯其立法或修法當時的科技、經濟背景等。

　　我國於民國91年1月1日正式成爲WTO第一百四十四個會員，斯時，我國先後公布施行兩個版本的修正專利法；包括民國90年10月24日修正公布施行，以及民國86年5月7日修正公布、民國91年1月1日施行者；後者係爲配合加入WTO所制定。相較於民國83年修正施行的專利法，前揭修正版有若干重要增修項目，如：廢除追加專利代之以國內優先權、採行發明專利申請案之早期公開制、增訂新式樣（即現行專利法之設計專利）專利要件之產業上可利用性暨新穎性優惠期、修改新式樣專利權期限爲自申請日起十二年，因應加入WTO而增訂發明專利暨新式樣專利權期間之延長計算，廢除發明專利侵害行爲之刑責。揆諸修正內容，除廢除刑責係基於我國業者之考量外，其餘多與「順應世界潮流」有關；甚至民國83年之修改專利權期間、並改爲自申請日起算、修改特許實施事由等，亦是。對我國產業的提升究竟有何正面意義，仍有待評估。以國內優先權爲例，既爲鼓勵改良發明，在與追加專利有互補作用的情況下，何以不能兼採二者，而以參考外國立法爲由，廢除追加專利？

　　民國92年亦以專利法具國際性，應與國際規範相調和，基於國內企業發展、國際立法趨勢及提升審查品質而有再度修法的必要爲由，修正公布專利法。修法重點包括廢除異議制（民國93年7月1日生效）、新型專利採形式審

查（民國93年7月1日施行）、並廢除新型專利與新式樣專利之侵權的刑責（民國92年3月31日生效）。

　　民國100年至103年分別公布、施行三部修正專利法：(1)100年11月26日公布、102年元月1日施行；(2)102年6月11日公布、6月13日施行；以及(3)103年1月22日公布、3月24日施行。此三次修法主要重點有：(1)賦予專利權人較周延的保護，准予一案二請、且使其不致因非故意之情事喪失權利。(2)明定優惠期事由同時適用於新穎性及進步性要件。(3)兼顧第三人權益，明確規範專利權效力不及之事由及善意第三人之實施。(4)將公共衛生議題併入強制授權之事由，俾協助製藥能力不足的國家。(5)將新式樣正名為設計（design），並使設計擴及電腦圖像及圖形化使用者介面：另將聯合新式樣修改為衍生設計，使其具有相當程度的獨立性。以及(6)規範海關查扣，使專利權人得藉以確保侵權物不致輸入國內，並兼顧被查扣人權益使得申請反查扣。凡此，應屬正確的立法。

　　除專利法的與時俱進，近年來，專利專責機關為加速發明專利申請案之實體審查，分別施行「發明專利加速審查作業方案」（AEP）及「專利審查高速公路計畫」（PPH）：又施行TW-SUPA方案以因應PPH。該些措施固然加速特定發明專利申請案的審查，然而，對於不符加速審查要件之專利申請案，是否因此審查緩慢，而受到不利益。亟待商榷[1]。

　　除此，正確的檢索報告關乎實體審查的準確性與專利的品質，建構完善的資訊系統供專利檢索，誠屬重要。我國於民國101年3月設立財團法人專利檢索中心，辦理專利申請案前案檢索及分類，初期階段性目標為清理專利積案，進而提升整體專利審查效能及智慧財產服務品質，最終為促進智慧財產權之保護與發展、並提升國際優質競爭力。

　　現行專利法規大致妥善；惟，就部分疑義，如，衍生設計於原設計專利撤銷或消滅後之擬制獨立性，未繳專利年費之復權時、善意第三人實施之權利金給付，加速審查制度下，兼顧一般申請案申請人之權益，……等等議

---

[1]　專利專責機關謂：前揭方案節省行政成本、增加審查效率，可使其他非屬於加速審查制度的申請案，能更快地於一定時間內進入審查程序；又因擴大適用加速審查的事由，及於專利案申請人為商業上之實施者，使僅在國內提出申請之專利申請案，也有加速審查的管道。「發明專利加速審查作業方案」答客問，第20點（民國103年1月1日修正）。

題，仍待審愼思慮與研擬規範。

近期的修法包括(1)民國106年1月18日公布、5月1日施行的修正專利法，及(2)民國108年5月1日公布、11月1日施行的修正專利法。儘管修正條次不多，卻有若干修正重點：(1)放寬優惠期之公開態樣；(2)發明與新型專利之優惠期間延長爲一年；(3)放寬發明與新型專利審定後分割之適用範圍暨期限；(4)修正新型專利得申請更正之期間並改採實體審查；(5)設計專利權期限延長爲十五年。就前揭(1)暨(2)之修正，僅考量發明人／創作人之權益而罔顧新穎性要件之立法意旨，有違專利制度提升產業科技水準之宗旨，實有未洽。

另就專利檔案保留乙事，依民國108年修正前專利法第143條，專利檔案中之申請書件、說明書、申請專利範圍、摘要、圖式及圖說（指102年修正前專利法之式樣專利之專利權利範圍），應永久保存；其他文件之檔案，最長保存三十年。然而，基於科技快速更迭，檔案參考價值降低；復以新案持續增加，檔案保存空間面臨嚴重不足。民國108年修法時爲解決前揭問題，而將專利檔案予以分類定期保存，無保存價值者定期銷毀。依專利法施行細則第89-1條，「具有保存價值」者係指：(1)強制授權申請之發明專利案；(2)獲得諾貝爾獎之我國國民所申請之專利案；(3)獲得國家發明創作獎之專利案；(4)經提起行政救濟之舉發案；(5)經提起行政救濟之異議案；(6)其他經專利專責機關認定具重要歷史意義之技術發展、經濟價值或重大訴訟之專利案。

爲使專利制度更趨完善，專利專責機關於民國109年8月1日修正施行第四篇新型專利審查基準，增訂第三章「新型專利技術報告」。並修正第三篇設計專利實體審查基準第一、二、三、七、八、九章，於109年11月1日生效。又因應109年6月修正施行之專利法施行細則第39條[2]，於同年8月25日訂定發布「發明專利申請案第三方意見作業要點」[3]，於9月1日開始施行。強

---

[2] 本條係中華民國109年6月24日經濟部經智字第10904602910號令修正發布施行，明定任何人於發明專利申請案審定前，認爲該發明應不予專利時，得向專利專責機關陳述意見，並得檢附理由及相關證明文件。

[3] 經濟部令中華民國109年8月25日經授智字第10920031211號訂定「發明專利申請案第三方意見作業要點」，並自中華民國109年9月1日生效。

化相關領域產業公眾（即第三人）參與前案資訊的提供，俾提升專利品質。另為因應藥事法之西藥專利連結制度 [4]，專利專責機關提出專利法第60-1條修正草案，使醫藥品專利權人可於學名藥許可證審查程序中提起侵權訴訟；未提起者，學名藥廠亦得提起確認之訴。

　　綜上，為提升我國的產業發展，專利專責機關確實致力於專利制度的健全。然而，仍應審慎評估我國產業環境，畢竟各國主客觀環境不同，適合於A國的制度未必適合B國，制度的妥適仍應視各國自身的環境而定。

4　為推動我國加入跨太平洋夥伴全面進步協定（Comprehensive and Progressive Agreement for Trans-Pacific Partnership, CPTPP），藥事法專利連結制度已於民國108年8月20日施行。

參考書目

一、外　文

Baxter, World Patent Law and Practice, vol. 2, Matthew Bender & Co., Inc. (1968 & Supp. 2002).

G.H.C. Bodenhausen, Guide to the Application of the Paris Convention for the Protection of Industrial Property, BIRPI (1968, reprinted 1991).

Stephen Ladas, Patents, Trademarks, and Related Rights, National and Intermational Protection, Harvard U. Press (1975).

Peter Rosenberg, Patent Law Fundamentals, Clark Boardman Co., Ltd. (2d ed. 1993, rev. 2001).

中山信弘，註解特許法，青林會院（二版，平成元年，1994）。

吉藤幸朔，特許法概要，有斐閣（十版，平成六年，1994）。

二、中　文

李　佼，專利行政訴訟之研究，司法院印行（民73）。

何孝元，工業所有權之研究，三民書局印行（重印三版民80，3月）。

秦宏濟，專利制度概論，重慶商務版（民34）。

康炎村，工業所有權法論，五南圖書出版公司印行（民76）。

宵育豐，工業財產權法論，台灣商務印書館發行（三版，民71）。

陳文吟，GATT與智慧財產權之保護，新知選粹，頁5～37（民80，12月）。

陳文吟，由35 U.S.C. 287(c)之訂定探討人體治療方法可專利性，智慧財產權創刊號（慶祝智慧財產局成立論文集），第一期，頁7～62（民88，1月）。

陳文吟，由美國法上大學研究之實務探討大學研究受專利制度保護之影響暨其權益歸屬，國立中正大學法學集刊，第2期，頁199～236（民88，7月）。

陳文吟，由美國專利實務探討專利侵害之實驗負責，台北大學法學論叢，第64期，頁85～120（民96，12月）。

陳文吟，美國法上大學研究成果之專利權益歸屬——以學生爲主，國立中正大學法學集刊，第五期，頁163～206（民90，9月）。

陳文吟，從美國核准動物專刊之影響評估核准動物專利之利與弊，台大法學論叢，第26卷，第4期，頁173～231（民86，7月）。

陳文吟，專利法（民82，5月）。

陳文吟，專利法之優先權制度，華岡法粹，第21期，頁95～123（民81，7月）。

陳文吟，專利法上刑責之必要性——兼論我國與美國之侵害專利與救濟。工業財產權與標準，第30期，頁38～74（民84，9月）。

陳文吟，專利法上受雇人發明之權益歸屬，華岡法粹，第22期，頁121～151（民83，10月）。

陳文吟，論專利法上醫藥品專利權期間之延長——以美國法爲生，華岡法粹，第24期，頁171～217（民85，10月）。

陳文吟，由美國實務探討逆向付費和解協議於專利法上之適法性，中原財經法學，第37期，頁1～49（民國105年12月）。

67年專利法修正案，立法院公報，第67卷，第99期，院會紀錄（民國67年12月13日）。

立法院公報，第68卷，第8期。

68年專利法修正案，立法院公報，第68卷，第22期，院會紀錄（民國68年3月17日）。

68年專利法修正案，立法院公報，第68卷，第26期。

專利作業手冊，經濟部中央標準局印行（民80）。

75年專利法修正案，法律案專輯，第102輯，立法院秘書處編印（民75）。

83年專利法修正案，法律案專輯，第179輯（上）（下），立法院秘書處編印（民84，8月）。

90年專利法修正案，立法院公報，第90卷，第46期，院會紀錄（民國90年10月13日）。

91年專利法修正案，http://www.tipo.gov.tw/attachment/tempupload/652851492/011004專利法全文對照表.doc.

92年專利法修正案,立法院公報,第92卷,第5期,院會紀錄(民國92年1月
　　15日)。

100年專利法修正案,立法院公報,第100卷,第81期,院會紀錄(民國100
　　年11月29日)。

106年專利法修正案,立法院公報,第106卷,第5期,院會紀錄(民國106年
　　1月10日)。

108年專利法部分條文修正案,立法院公報,第108卷,第36期,院會紀錄
　　(108年4月16日)。

以下資料請利用經濟部智慧財產局網站:http://www.tipo.gov.tw

(1) 有關專利申請之生物材料寄存辦法

(2) 專利年費減免辦法

(3) 專利侵害鑑定標準

(4) 專利規費收費準則

(5) 專利閱卷作業要點

(6) 專利審查基準彙編

(7) 專利權期間延長核定辦法

(8) 經濟部智慧財產局專利案面詢作業要點

附錄一 ｜ 專利法

中華民國33年5月29日國民政府制定公布全文133條；並自38年1月1日施行

中華民國48年1月22日總統令修正公布全文13條

中華民國49年5月12日總統令修正公布部分條文

中華民國68年4月16日總統令修正公布部分條文

中華民國75年12月24日總統令修正公布部分條文

中華民國83年1月21日總統令修正公布全文139條

中華民國86年5月7日總統令修正公布第21、51、56、57、78～80、82、88、91、105、109、117、122、139條條文

中華民國90年12月11日行政院令發布定自91年1月1日起施行

中華民國90年10月24日總統令修正公布第13、16、17、20、23～27、36～38、43～45、52、59、62、63、70、72、73、76、83、89、98、106、107、112～116、118～121、131、132、134、135、139條條文；增訂第18-1、20-1、25-1、36-1～36-6、44-1、98-1、102-1、105-1、107-1、117-1、118-1、122-1、131-1、136-1條條文；並刪除第28、33、53、75、123、124、127、136、137條條文

中華民國90年12月11日行政院令發布第24、118-1條定自91年1月1日起施行

中華民國92年2月6日總統令修正公布全文138條；本法除第11條自公布日施行外，其餘條文之施行日期，由行政院定之

中華民國92年3月31日行政院令發布92年2月6日修正公布「專利法」刪除現行之第83、125、126、128～131條，定自92年3月31日施行，亦即專利法中廢除專利刑罰所刪除之條文，自92年3月31日施行。

中華民國93年6月8日行政院令發布92年2月6日修正公布之「專利法」，除第11條已自公布日施行、刪除條文自92年3月31日施行外，其餘條文自93年7月1日施行

中華民國99年8月25日總統令修正公布第27、28條條文

中華民國99年9月10日行政院令發布定自99年9月12日施行

中華民國100年12月21日總統令修正公布全文159條

中華民國101年8月22日行政院令發布定自102年1月1日施行

中華民國101年2月3日行政院公告100年12月21日修正前之第76條第2項、100年12
月21日修正尚未施行之第87條第2項第3款所列屬「行政院公平交易委員會」
之權責事項，自101年2月6日起改由「公平交易委員會」管轄

中華民國102年6月11日總統令修正公布第32、41、97、116、159條條文；並自公
布日施行

中華民國103年1月22日總統令修正公布第143條條文；並增訂第97-1～97-4條條
文

中華民國103年3月24日行政院令發布定自103年3月24日施行

中華民國106年1月18日總統令修正公布第22、59、122、142條條文；並增訂第
157-1條條文

中華民國106年4月6日行政院令發布定自106年5月1日施行

中華民國108年5月1日總統令修正公布第29、34、46、57、71、73、74、77、
107、118～120、135、143條條文；並增訂第157-2～157-4條條文

中華民國108年7月31日行政院令發布定自108年11月1日施行

第一章　總則

第一條

為鼓勵、保護、利用發明、新型及設計之創作，以促進產業發展，特制定本法。

第二條

本法所稱專利，分為下列三種：

一、發明專利。

二、新型專利。

三、設計專利。

第三條

本法主管機關為經濟部。

專利業務，由經濟部指定專責機關辦理。

第四條

外國人所屬之國家與中華民國如未共同參加保護專利之國際條約或無相互保護專
利之條約、協定或由團體、機構互訂經主管機關核准保護專利之協議，或對中華
民國國民申請專利，不予受理者，其專利申請，得不予受理。

第五條

專利申請權，指得依本法申請專利之權利。

專利申請權人，除本法另有規定或契約另有約定外，指發明人、新型創作人、設
計人或其受讓人或繼承人。

第六條

專利申請權及專利權，均得讓與或繼承。

專利申請權，不得為質權之標的。

以專利權為標的設定質權者，除契約另有約定外，質權人不得實施該專利權。

第七條

受雇人於職務上所完成之發明、新型或設計，其專利申請權及專利權屬於雇用
人，雇用人應支付受雇人適當之報酬。但契約另有約定者，從其約定。

前項所稱職務上之發明、新型或設計，指受雇人於僱傭關係中之工作所完成之發
明、新型或設計。

一方出資聘請他人從事研究開發者，其專利申請權及專利權之歸屬依雙方契約約
定；契約未約定者，屬於發明人、新型創作人或設計人。但出資人得實施其發
明、新型或設計。

依第一項、前項之規定，專利申請權及專利權歸屬於雇用人或出資人者，發明
人、新型創作人或設計人享有姓名表示權。

第八條

受雇人於非職務上所完成之發明、新型或設計，其專利申請權及專利權屬於受雇
人。但其發明、新型或設計係利用雇用人資源或經驗者，雇用人得於支付合理報
酬後，於該事業實施其發明、新型或設計。

受雇人完成非職務上之發明、新型或設計，應即以書面通知雇用人，如有必要並

應告知創作之過程。

雇用人於前項書面通知到達後六個月內，未向受雇人為反對之表示者，不得主張該發明、新型或設計為職務上發明、新型或設計。

第九條

前條雇用人與受雇人間所訂契約，使受雇人不得享受其發明、新型或設計之權益者，無效。

第十條

雇用人或受雇人對第七條及第八條所定權利之歸屬有爭執而達成協議者，得附具證明文件，向專利專責機關申請變更權利人名義。專利專責機關認有必要時，得通知當事人附具依其他法令取得之調解、仲裁或判決文件。

第十一條

申請人申請專利及辦理有關專利事項，得委任代理人辦理之。

在中華民國境內，無住所或營業所者，申請專利及辦理專利有關事項，應委任代理人辦理之。

代理人，除法令另有規定外，以專利師為限。

專利師之資格及管理，另以法律定之。

第十二條

專利申請權為共有者，應由全體共有人提出申請。

二人以上共同為專利申請以外之專利相關程序時，除撤回或拋棄申請案、申請分割、改請或本法另有規定者，應共同連署外，其餘程序各人皆可單獨為之。但約定有代表者，從其約定。

前二項應共同連署之情形，應指定其中一人為應受送達人。未指定應受送達人者，專利專責機關應以第一順序申請人為應受送達人，並應將送達事項通知其他人。

第十三條

專利申請權為共有時，非經共有人全體之同意，不得讓與或拋棄。

專利申請權共有人非經其他共有人之同意，不得以其應有部分讓與他人。

專利申請權共有人拋棄其應有部分時，該部分歸屬其他共有人。

第十四條

繼受專利申請權者，如在申請時非以繼受人名義申請專利，或未在申請後向專利專責機關申請變更名義者，不得以之對抗第三人。

為前項之變更申請者，不論受讓或繼承，均應附具證明文件。

第十五條

專利專責機關職員及專利審查人員於任職期內，除繼承外，不得申請專利及直接、間接受有關專利之任何權益。

專利專責機關職員及專利審查人員對職務上知悉或持有關於專利之發明、新型或設計，或申請人事業上之秘密，有保密之義務，如有違反者，應負相關法律責任。

專利審查人員之資格，以法律定之。

第十六條

專利審查人員有下列情事之一，應自行迴避：

一、本人或其配偶，為該專利案申請人、專利權人、舉發人、代理人、代理人之合夥人或與代理人有僱傭關係者。

二、現為該專利案申請人、專利權人、舉發人或代理人之四親等內血親，或三親等內姻親。

三、本人或其配偶，就該專利案與申請人、專利權人、舉發人有共同權利人、共同義務人或償還義務人之關係者。

四、現為或曾為該專利案申請人、專利權人、舉發人之法定代理人或家長家屬者。

五、現為或曾為該專利案申請人、專利權人、舉發人之訴訟代理人或輔佐人者。

六、現為或曾為該專利案之證人、鑑定人、異議人或舉發人者。

專利審查人員有應迴避而不迴避之情事者，專利專責機關得依職權或依申請撤銷其所為之處分後，另為適當之處分。

第十七條

申請人為有關專利之申請及其他程序，遲誤法定或指定之期間者，除本法另有規定外，應不受理。但遲誤指定期間在處分前補正者，仍應受理。

申請人因天災或不可歸責於己之事由，遲誤法定期間者，於其原因消滅後三十日

內，得以書面敘明理由，向專利專責機關申請回復原狀。但遲誤法定期間已逾一年者，不得申請回復原狀。

申請回復原狀，應同時補行期間內應為之行為。

前二項規定，於遲誤第二十九條第四項、第五十二條第四項、第七十條第二項、第一百二十條準用第二十九條第四項、第一百二十條準用第五十二條第四項、第一百二十條準用第七十條第二項、第一百四十二條第一項準用第二十九條第四項、第一百四十二條第一項準用第五十二條第四項、第一百四十二條第一項準用第七十條第二項規定之期間者，不適用之。

第十八條

審定書或其他文件無從送達者，應於專利公報公告之，並於刊登公報後滿三十日，視為已送達。

第十九條

有關專利之申請及其他程序，得以電子方式為之；其實施辦法，由主管機關定之。

第二十條

本法有關期間之計算，其始日不計算在內。

第五十二條第三項、第一百十四條及第一百三十五條規定之專利權期限，自申請日當日起算。

第二章　發明專利

第一節　專利要件

第二十一條

發明，指利用自然法則之技術思想之創作。

第二十二條

可供產業上利用之發明，無下列情事之一，得依本法申請取得發明專利：

一、申請前已見於刊物者。

二、申請前已公開實施者。

三、申請前已為公眾所知悉者。

發明雖無前項各款所列情事，但為其所屬技術領域中具有通常知識者依申請前之先前技術所能輕易完成時，仍不得取得發明專利。

申請人出於本意或非出於本意所致公開之事實發生後十二個月內申請者，該事實非屬第一項各款或前項不得取得發明專利之情事。

因申請專利而在我國或外國依法於公報上所為之公開係出於申請人本意者，不適用前項規定。

第二十三條

申請專利之發明，與申請在先而在其申請後始公開或公告之發明或新型專利申請案所附說明書、申請專利範圍或圖式載明之內容相同者，不得取得發明專利。但其申請人與申請在先之發明或新型專利申請案之申請人相同者，不在此限。

第二十四條

下列各款，不予發明專利：

一、動、植物及生產動、植物之主要生物學方法。但微生物學之生產方法，不在此限。

二、人類或動物之診斷、治療或外科手術方法。

三、妨害公共秩序或善良風俗者。

第二節　申請

第二十五條

申請發明專利，由專利申請權人備具申請書、說明書、申請專利範圍、摘要及必要之圖式，向專利專責機關申請之。

申請發明專利，以申請書、說明書、申請專利範圍及必要之圖式齊備之日為申請日。

說明書、申請專利範圍及必要之圖式未於申請時提出中文本，而以外文本提出，且於專利專責機關指定期間內補正中文本者，以外文本提出之日為申請日。

未於前項指定期間內補正中文本者，其申請案不予受理。但在處分前補正者，以補正之日為申請日，外文本視為未提出。

第二十六條

說明書應明確且充分揭露，使該發明所屬技術領域中具有通常知識者，能瞭解其內容，並可據以實現。

申請專利範圍應界定申請專利之發明；其得包括一項以上之請求項，各請求項應以明確、簡潔之方式記載，且必須為說明書所支持。

摘要應敘明所揭露發明內容之概要；其不得用於決定揭露是否充分，及申請專利之發明是否符合專利要件。

說明書、申請專利範圍、摘要及圖式之揭露方式，於本法施行細則定之。

第二十七條

申請生物材料或利用生物材料之發明專利，申請人最遲應於申請日將該生物材料寄存於專利專責機關指定之國內寄存機構。但該生物材料為所屬技術領域中具有通常知識者易於獲得時，不須寄存。

申請人應於申請日後四個月內檢送寄存證明文件，並載明寄存機構、寄存日期及寄存號碼；屆期未檢送者，視為未寄存。

前項期間，如依第二十八條規定主張優先權者，為最早之優先權日後十六個月內。

申請前如已於專利專責機關認可之國外寄存機構寄存，並於第二項或前項規定之期間內，檢送寄存於專利專責機關指定之國內寄存機構之證明文件及國外寄存機構出具之證明文件者，不受第一項最遲應於申請日在國內寄存之限制。

申請人在與中華民國有相互承認寄存效力之外國所指定其國內之寄存機構寄存，並於第二項或第三項規定之期間內，檢送該寄存機構出具之證明文件者，不受應在國內寄存之限制。

第一項生物材料寄存之受理要件、種類、型式、數量、收費費率及其他寄存執行之辦法，由主管機關定之。

第二十八條

申請人就相同發明在與中華民國相互承認優先權之國家或世界貿易組織會員第一次依法申請專利，並於第一次申請專利之日後十二個月內，向中華民國申請專利

者，得主張優先權。

申請人於一申請案中主張二項以上優先權時，前項期間之計算以最早之優先權日爲準。

外國申請人爲非世界貿易組織會員之國民且其所屬國家與中華民國無相互承認優先權者，如於世界貿易組織會員或互惠國領域內，設有住所或營業所，亦得依第一項規定主張優先權。

主張優先權者，其專利要件之審查，以優先權日爲準。

第二十九條

依前條規定主張優先權者，應於申請專利同時聲明下列事項：

一、第一次申請之申請日。

二、受理該申請之國家或世界貿易組織會員。

三、第一次申請之申請案號數。

申請人應於最早之優先權日後十六個月內，檢送經前項國家或世界貿易組織會員證明受理之申請文件。

違反第一項第一款、第二款或前項之規定者，視爲未主張優先權。

申請人非因故意，未於申請專利同時主張優先權，或違反第一項第一款、第二款規定視爲未主張者，得於最早之優先權日後十六個月內，申請回復優先權主張，並繳納申請費與補行第一項規定之行爲。

第三十條

申請人基於其在中華民國先申請之發明或新型專利案再提出專利之申請者，得就先申請案申請時說明書、申請專利範圍或圖式所載之發明或新型，主張優先權。但有下列情事之一，不得主張之：

一、自先申請案申請日後已逾十二個月者。

二、先申請案中所記載之發明或新型已經依第二十八條或本條規定主張優先權者。

三、先申請案係第三十四條第一項或第一百零七條第一項規定之分割案，或第一百零八條第一項規定之改請案。

四、先申請案爲發明，已經公告或不予專利審定確定者。

五、先申請案爲新型，已經公告或不予專利處分確定者。

六、先申請案已經撤回或不受理者。

前項先申請案自其申請日後滿十五個月，視爲撤回。

先申請案申請日後逾十五個月者，不得撤回優先權主張。

依第一項主張優先權之後申請案，於先申請案申請日後十五個月內撤回者，視爲同時撤回優先權之主張。

申請人於一申請案中主張二項以上優先權時，其優先權期間之計算以最早之優先權日爲準。

主張優先權者，其專利要件之審查，以優先權日爲準。

依第一項主張優先權者，應於申請專利同時聲明先申請案之申請日及申請案號數；未聲明者，視爲未主張優先權。

第三十一條

相同發明有二以上之專利申請案時，僅得就其最先申請者准予發明專利。但後申請者所主張之優先權日早於先申請者之申請日者，不在此限。

前項申請日、優先權日爲同日者，應通知申請人協議定之；協議不成時，均不予發明專利。其申請人爲同一人時，應通知申請人限期擇一申請；屆期未擇一申請者，均不予發明專利。

各申請人爲協議時，專利專責機關應指定相當期間通知申請人申報協議結果；屆期未申報者，視爲協議不成。

相同創作分別申請發明專利及新型專利者，除有第三十二條規定之情事外，準用前三項規定。

第三十二條

同一人就相同創作，於同日分別申請發明專利及新型專利者，應於申請時分別聲明；其發明專利核准審定前，已取得新型專利權，專利專責機關應通知申請人限期擇一；申請人未分別聲明或屆期未擇一者，不予發明專利。

申請人依前項規定選擇發明專利者，其新型專利權，自發明專利公告之日消滅。

發明專利審定前，新型專利權已當然消滅或撤銷確定者，不予專利。

第三十三條

申請發明專利，應就每一發明提出申請。

二個以上發明，屬於一個廣義發明概念者，得於一申請案中提出申請。

第三十四條

申請專利之發明，實質上為二個以上之發明時，經專利專責機關通知，或據申請人申請，得為分割之申請。

分割申請應於下列各款之期間內為之：

一、原申請案再審查審定前。

二、原申請案核准審定書、再審查核准審定書送達後三個月內。

分割後之申請案，仍以原申請案之申請日為申請日；如有優先權者，仍得主張優先權。

分割後之申請案，不得超出原申請案申請時說明書、申請專利範圍或圖式所揭露之範圍。

依第二項第一款規定分割後之申請案，應就原申請案已完成之程序續行審查。

依第二項第二款規定所為分割，應自原申請案說明書或圖式所揭露之發明且與核准審定之請求項非屬相同發明者，申請分割；分割後之申請案，續行原申請案核准審定前之審查程序。

原申請案經核准審定之說明書、申請專利範圍或圖式不得變動，以核准審定時之申請專利範圍及圖式公告之。

第三十五條

發明專利權經專利申請權人或專利申請權共有人，於該專利案公告後二年內，依第七十一條第一項第三款規定提起舉發，並於舉發撤銷確定後二個月內就相同發明申請專利者，以該經撤銷確定之發明專利權之申請日為其申請日。

依前項規定申請之案件，不再公告。

第三節　審查及再審查

第三十六條

專利專責機關對於發明專利申請案之實體審查，應指定專利審查人員審查之。

第三十七條

專利專責機關接到發明專利申請文件後，經審查認為無不合規定程式，且無應不予公開之情事者，自申請日後經過十八個月，應將該申請案公開之。

專利專責機關得因申請人之申請，提早公開其申請案。

發明專利申請案有下列情事之一，不予公開：

一、自申請日後十五個月內撤回者。

二、涉及國防機密或其他國家安全之機密者。

三、妨害公共秩序或善良風俗者。

第一項、前項期間之計算，如主張優先權者，以優先權日為準；主張二項以上優先權時，以最早之優先權日為準。

第三十八條

發明專利申請日後三年內，任何人均得向專利專責機關申請實體審查。

依第三十四條第一項規定申請分割，或依第一百零八條第一項規定改請為發明專利，逾前項期間者，得於申請分割或改請後三十日內，向專利專責機關申請實體審查。

依前二項規定所為審查之申請，不得撤回。

未於第一項或第二項規定之期間內申請實體審查者，該發明專利申請案，視為撤回。

第三十九條

申請前條之審查者，應檢附申請書。

專利專責機關應將申請審查之事實，刊載於專利公報。

申請審查由發明專利申請人以外之人提起者，專利專責機關應將該項事實通知發明專利申請人。

第四十條

發明專利申請案公開後，如有非專利申請人為商業上之實施者，專利專責機關得依申請優先審查之。

為前項申請者，應檢附有關證明文件。

第四十一條

發明專利申請人對於申請案公開後，曾經以書面通知發明專利申請內容，而於通知後公告前就該發明仍繼續為商業上實施之人，得於發明專利申請案公告後，請求適當之補償金。

對於明知發明專利申請案已經公開，於公告前就該發明仍繼續爲商業上實施之人，亦得爲前項之請求。

前二項規定之請求權，不影響其他權利之行使。但依本法第三十二條分別申請發明專利及新型專利，並已取得新型專利權者，僅得在請求補償金或行使新型專利權間擇一主張之。

第一項、第二項之補償金請求權，自公告之日起，二年間不行使而消滅。

第四十二條

專利專責機關於審查發明專利時，得依申請或依職權通知申請人限期爲下列各款之行爲：

一、至專利專責機關面詢。

二、爲必要之實驗、補送模型或樣品。

前項第二款之實驗、補送模型或樣品，專利專責機關認有必要時，得至現場或指定地點勘驗。

第四十三條

專利專責機關於審查發明專利時，除本法另有規定外，得依申請或依職權通知申請人限期修正說明書、申請專利範圍或圖式。

修正，除誤譯之訂正外，不得超出申請時說明書、申請專利範圍或圖式所揭露之範圍。

專利專責機關依第四十六條第二項規定通知後，申請人僅得於通知之期間內修正。

專利專責機關經依前項規定通知後，認有必要時，得爲最後通知；其經最後通知者，申請專利範圍之修正，申請人僅得於通知之期間內，就下列事項爲之：

一、請求項之刪除。

二、申請專利範圍之減縮。

三、誤記之訂正。

四、不明瞭記載之釋明。

違反前二項規定者，專利專責機關得於審定書敘明其事由，逕爲審定。

原申請案或分割後之申請案，有下列情事之一，專利專責機關得逕爲最後通知：

一、對原申請案所爲之通知，與分割後之申請案已通知之內容相同者。

二、對分割後之申請案所爲之通知，與原申請案已通知之內容相同者。

三、對分割後之申請案所爲之通知，與其他分割後之申請案已通知之內容相同
　　者。

第四十四條

說明書、申請專利範圍及圖式，依第二十五條第三項規定，以外文本提出者，其
外文本不得修正。

依第二十五條第三項規定補正之中文本，不得超出申請時外文本所揭露之範圍。

前項之中文本，其誤譯之訂正，不得超出申請時外文本所揭露之範圍。

第四十五條

發明專利申請案經審查後，應作成審定書送達申請人。

經審查不予專利者，審定書應備具理由。

審定書應由專利審查人員具名。再審查、更正、舉發、專利權期間延長及專利權
期間延長舉發之審定書，亦同。

第四十六條

發明專利申請案違反第二十一條至第二十四條、第二十六條、第三十一條、第
三十二條第一項、第三項、第三十三條、第三十四條第四項、第六項前段、第
四十三條第二項、第四十四條第二項、第三項或第一百零八條第三項規定者，應
爲不予專利之審定。

專利專責機關爲前項審定前，應通知申請人限期申復；屆期未申復者，逕爲不予
專利之審定。

第四十七條

申請專利之發明經審查認無不予專利之情事者，應予專利，並應將申請專利範圍
及圖式公告之。

經公告之專利案，任何人均得申請閱覽、抄錄、攝影或影印其審定書、說明書、
申請專利範圍、摘要、圖式及全部檔案資料。但專利專責機關依法應予保密者，
不在此限。

第四十八條

發明專利申請人對於不予專利之審定有不服者，得於審定書送達後二個月內備具

理由書，申請再審查。但因申請程序不合法或申請人不適格而不受理或駁回者，得逕依法提起行政救濟。

第四十九條

申請案經依第四十六條第二項規定，為不予專利之審定者，其於再審查時，仍得修正說明書、申請專利範圍或圖式。

申請案經審查發給最後通知，而為不予專利之審定者，其於再審查時所為之修正，仍受第四十三條第四項各款規定之限制。但經專利專責機關再審查認原審查程序發給最後通知為不當者，不在此限。

有下列情事之一，專利專責機關得逕為最後通知：

一、再審查理由仍有不予專利之情事者。

二、再審查時所為之修正，仍有不予專利之情事者。

三、依前項規定所為之修正，違反第四十三條第四項各款規定者。

第五十條

再審查時，專利專責機關應指定未曾審查原案之專利審查人員審查，並作成審定書送達申請人。

第五十一條

發明經審查涉及國防機密或其他國家安全之機密者，應諮詢國防部或國家安全相關機關意見，認有保密之必要者，申請書件予以封存；其經申請實體審查者，應作成審定書送達申請人及發明人。

申請人、代理人及發明人對於前項之發明應予保密，違反者該專利申請權視為拋棄。

保密期間，自審定書送達申請人後為期一年，並得續行延展保密期間，每次一年；期間屆滿前一個月，專利專責機關應諮詢國防部或國家安全相關機關，於無保密之必要時，應即公開。

第一項之發明經核准審定者，於無保密之必要時，專利專責機關應通知申請人於三個月內繳納證書費及第一年專利年費後，始予公告；屆期未繳費者，不予公告。

就保密期間申請人所受之損失，政府應給與相當之補償。

第四節　專利權

第五十二條

申請專利之發明，經核准審定者，申請人應於審定書送達後三個月內，繳納證書費及第一年專利年費後，始予公告；屆期未繳費者，不予公告。

申請專利之發明，自公告之日起給予發明專利權，並發證書。

發明專利權期限，自申請日起算二十年屆滿。

申請人非因故意，未於第一項或前條第四項所定期限繳費者，得於繳費期限屆滿後六個月內，繳納證書費及二倍之第一年專利年費後，由專利專責機關公告之。

第五十三條

醫藥品、農藥品或其製造方法發明專利權之實施，依其他法律規定，應取得許可證者，其於專利案公告後取得時，專利權人得以第一次許可證申請延長專利權期間，並以一次為限，且該許可證僅得據以申請延長專利權期間一次。

前項核准延長之期間，不得超過為向中央目的事業主管機關取得許可證而無法實施發明之期間；取得許可證期間超過五年者，其延長期間仍以五年為限。

第一項所稱醫藥品，不及於動物用藥品。

第一項申請應備具申請書，附具證明文件，於取得第一次許可證後三個月內，向專利專責機關提出。但在專利權期間屆滿前六個月內，不得為之。

主管機關就延長期間之核定，應考慮對國民健康之影響，並會同中央目的事業主管機關訂定核定辦法。

第五十四條

依前條規定申請延長專利權期間者，如專利專責機關於原專利權期間屆滿時尚未審定者，其專利權期間視為已延長。但經審定不予延長者，至原專利權期間屆滿日止。

第五十五條

專利專責機關對於發明專利權期間延長申請案，應指定專利審查人員審查，作成審定書送達專利權人。

第五十六條

經專利專責機關核准延長發明專利權期間之範圍，僅及於許可證所載之有效成分及用途所限定之範圍。

第五十七條

任何人對於經核准延長發明專利權期間，認有下列情事之一，得附具證據，向專利專責機關舉發之：

一、發明專利之實施無取得許可證之必要者。

二、專利權人或被授權人並未取得許可證。

三、核准延長之期間超過無法實施之期間。

四、延長專利權期間之申請人並非專利權人。

五、申請延長之許可證非屬第一次許可證或該許可證曾辦理延長者。

六、核准延長專利權之醫藥品爲動物用藥品。

專利權延長經舉發成立確定者，原核准延長之期間，視爲自始不存在。但因違反前項第三款規定，經舉發成立確定者，就其超過之期間，視爲未延長。

第五十八條

發明專利權人，除本法另有規定外，專有排除他人未經其同意而實施該發明之權。

物之發明之實施，指製造、爲販賣之要約、販賣、使用或爲上述目的而進口該物之行爲。

方法發明之實施，指下列各款行爲：

一、使用該方法。

二、使用、爲販賣之要約、販賣或爲上述目的而進口該方法直接製成之物。

發明專利權範圍，以申請專利範圍爲準，於解釋申請專利範圍時，並得審酌說明書及圖式。

摘要不得用於解釋申請專利範圍。

第五十九條

發明專利權之效力，不及於下列各款情事：

一、非出於商業目的之未公開行爲。

二、以研究或實驗爲目的實施發明之必要行爲。

三、申請前已在國內實施，或已完成必須之準備者。但於專利申請人處得知其發
　　明後未滿十二個月，並經專利申請人聲明保留其專利權者，不在此限。

四、僅由國境經過之交通工具或其裝置。

五、非專利申請權人所得專利權，因專利權人舉發而撤銷時，其被授權人在舉發
　　前，以善意在國內實施或已完成必須之準備者。

六、專利權人所製造或經其同意製造之專利物販賣後，使用或再販賣該物者。上
　　述製造、販賣，不以國內為限。

七、專利權依第七十條第一項第三款規定消滅後，至專利權人依第七十條第二項
　　回復專利權效力並經公告前，以善意實施或已完成必須之準備者。

前項第三款、第五款及第七款之實施人，限於在其原有事業目的範圍內繼續利
用。

第一項第五款之被授權人，因該專利權經舉發而撤銷之後，仍實施時，於收到專
利權人書面通知之日起，應支付專利權人合理之權利金。

第六十條

發明專利權之效力，不及於以取得藥事法所定藥物查驗登記許可或國外藥物上市
許可為目的，而從事之研究、試驗及其必要行為。

第六十一條

混合二種以上醫藥品而製造之醫藥品或方法，其發明專利權效力不及於依醫師處
方箋調劑之行為及所調劑之醫藥品。

第六十二條

發明專利權人以其發明專利權讓與、信託、授權他人實施或設定質權，非經向專
利專責機關登記，不得對抗第三人。

前項授權，得為專屬授權或非專屬授權。

專屬被授權人在被授權範圍內，排除發明專利權人及第三人實施該發明。

發明專利權人為擔保數債權，就同一專利權設定數質權者，其次序依登記之先後
定之。

第六十三條

專屬被授權人得將其被授予之權利再授權第三人實施。但契約另有約定者，從其

約定。

非專屬被授權人非經發明專利權人或專屬被授權人同意，不得將其被授予之權利再授權第三人實施。

再授權，非經向專利專責機關登記，不得對抗第三人。

第六十四條

發明專利權爲共有時，除共有人自己實施外，非經共有人全體之同意，不得讓與、信託、授權他人實施、設定質權或拋棄。

第六十五條

發明專利權共有人非經其他共有人之同意，不得以其應有部分讓與、信託他人或設定質權。

發明專利權共有人拋棄其應有部分時，該部分歸屬其他共有人。

第六十六條

發明專利權人因中華民國與外國發生戰事受損失者，得申請延展專利權五年至十年，以一次爲限。但屬於交戰國人之專利權，不得申請延展。

第六十七條

發明專利權人申請更正專利說明書、申請專利範圍或圖式，僅得就下列事項爲之：

一、請求項之刪除。

二、申請專利範圍之減縮。

三、誤記或誤譯之訂正。

四、不明瞭記載之釋明。

更正，除誤譯之訂正外，不得超出申請時說明書、申請專利範圍或圖式所揭露之範圍。

依第二十五條第三項規定，說明書、申請專利範圍及圖式以外文本提出者，其誤譯之訂正，不得超出申請時外文本所揭露之範圍。

更正，不得實質擴大或變更公告時之申請專利範圍。

第六十八條

專利專責機關對於更正案之審查，除依第七十七條規定外，應指定專利審查人員

審查之，並作成審定書送達申請人。

專利專責機關於核准更正後，應公告其事由。

說明書、申請專利範圍及圖式經更正公告者，溯自申請日生效。

第六十九條

發明專利權人非經被授權人或質權人之同意，不得拋棄專利權，或就第六十七條第一項第一款或第二款事項為更正之申請。

發明專利權為共有時，非經共有人全體之同意，不得就第六十七條第一項第一款或第二款事項為更正之申請。

第七十條

有下列情事之一者，發明專利權當然消滅：

一、專利權期滿時，自期滿後消滅。

二、專利權人死亡而無繼承人。

三、第二年以後之專利年費未於補繳期限屆滿前繳納者，自原繳費期限屆滿後消滅。

四、專利權人拋棄時，自其書面表示之日消滅。

專利權人非因故意，未於第九十四條第一項所定期限補繳者，得於期限屆滿後一年內，申請回復專利權，並繳納三倍之專利年費後，由專利專責機關公告之。

第七十一條

發明專利權有下列情事之一，任何人得向專利專責機關提起舉發：

一、違反第二十一條至第二十四條、第二十六條、第三十一條、第三十二條第一項、第三項、第三十四條第四項、第六項前段、第四十三條第二項、第四十四條第二項、第三項、第六十七條第二項至第四項或第一百零八條第三項規定者。

二、專利權人所屬國家對中華民國國民申請專利不予受理者。

三、違反第十二條第一項規定或發明專利權人為非發明專利申請權人。

以前項第三款情事提起舉發者，限於利害關係人始得為之。

發明專利權得提起舉發之情事，依其核准審定時之規定。但以違反第三十四條第四項、第六項前段、第四十三條第二項、第六十七條第二項、第四項或第一百零八條第三項規定之情事，提起舉發者，依舉發時之規定。

第七十二條

利害關係人對於專利權之撤銷，有可回復之法律上利益者，得於專利權當然消滅後，提起舉發。

第七十三條

舉發，應備具申請書，載明舉發聲明、理由，並檢附證據。

專利權有二以上之請求項者，得就部分請求項提起舉發。

舉發聲明，提起後不得變更或追加，但得減縮。

舉發人補提理由或證據，應於舉發後三個月內為之，逾期提出者，不予審酌。

第七十四條

專利專責機關接到前條申請書後，應將其副本送達專利權人。

專利權人應於副本送達後一個月內答辯；除先行申明理由，准予展期者外，屆期未答辯者，逕予審查。

舉發案件審查期間，專利權人僅得於通知答辯、補充答辯或申復期間申請更正。但發明專利權有訴訟案件繫屬中，不在此限。

專利專責機關認有必要，通知舉發人陳述意見、專利權人補充答辯或申復時，舉發人或專利權人應於通知送達後一個月內為之。除准予展期者外，逾期提出者，不予審酌。

依前項規定所提陳述意見或補充答辯有遲滯審查之虞，或其事證已臻明確者，專利專責機關得逕予審查。

第七十五條

專利專責機關於舉發審查時，在舉發聲明範圍內，得依職權審酌舉發人未提出之理由及證據，並應通知專利權人限期答辯；屆期未答辯者，逕予審查。

第七十六條

專利專責機關於舉發審查時，得依申請或依職權通知專利權人限期為下列各款之行為：

一、至專利專責機關面詢。

二、為必要之實驗、補送模型或樣品。

前項第二款之實驗、補送模型或樣品，專利專責機關認有必要時，得至現場或指

定地點勘驗。

第七十七條

舉發案件審查期間，有更正案者，應合併審查及合併審定。

前項更正案經專利專責機關審查認應准予更正時，應將更正說明書、申請專利範圍或圖式之副本送達舉發人。但更正僅刪除請求項者，不在此限。

同一舉發案審查期間，有二以上之更正案者，申請在先之更正案，視為撤回。

第七十八條

同一專利權有多件舉發案者，專利專責機關認有必要時，得合併審查。

依前項規定合併審查之舉發案，得合併審定。

第七十九條

專利專責機關於舉發審查時，應指定專利審查人員審查，並作成審定書，送達專利權人及舉發人。

舉發之審定，應就各請求項分別為之。

第八十條

舉發人得於審定前撤回舉發申請。但專利權人已提出答辯者，應經專利權人同意。

專利專責機關應將撤回舉發之事實通知專利權人；自通知送達後十日內，專利權人未為反對之表示者，視為同意撤回。

第八十一條

有下列情事之一，任何人對同一專利權，不得就同一事實以同一證據再為舉發：

一、他舉發案曾就同一事實以同一證據提起舉發，經審查不成立者。

二、依智慧財產案件審理法第三十三條規定向智慧財產法院提出之新證據，經審理認無理由者。

第八十二條

發明專利權經舉發審查成立者，應撤銷其專利權；其撤銷得就各請求項分別為之。

發明專利權經撤銷後，有下列情事之一，即為撤銷確定：

一、未依法提起行政救濟者。

二、提起行政救濟經駁回確定者。

發明專利權經撤銷確定者，專利權之效力，視爲自始不存在。

第八十三條

第五十七條第一項延長發明專利權期間舉發之處理，準用本法有關發明專利權舉發之規定。

第八十四條

發明專利權之核准、變更、延長、延展、讓與、信託、授權、強制授權、撤銷、消滅、設定質權、舉發審定及其他應公告事項，應於專利公報公告之。

第八十五條

專利專責機關應備置專利權簿，記載核准專利、專利權異動及法令所定之一切事項。

前項專利權簿，得以電子方式爲之，並供人民閱覽、抄錄、攝影或影印。

第八十六條

專利專責機關依本法應公開、公告之事項，得以電子方式爲之；其實施日期，由專利專責機關定之。

第五節　強制授權

第八十七條

爲因應國家緊急危難或其他重大緊急情況，專利專責機關應依緊急命令或中央目的事業主管機關之通知，強制授權所需專利權，並儘速通知專利權人。

有下列情事之一，而有強制授權之必要者，專利專責機關得依申請強制授權：

一、增進公益之非營利實施。

二、發明或新型專利權之實施，將不可避免侵害在前之發明或新型專利權，且較該在前之發明或新型專利權具相當經濟意義之重要技術改良。

三、專利權人有限制競爭或不公平競爭之情事，經法院判決或行政院公平交易委員會處分。

就半導體技術專利申請強制授權者，以有前項第一款或第三款之情事者爲限。

專利權經依第二項第一款或第二款規定申請強制授權者，以申請人曾以合理之商業條件在相當期間內仍不能協議授權者爲限。

專利權經依第二項第二款規定申請強制授權者，其專利權人得提出合理條件，請求就申請人之專利權強制授權。

第八十八條

專利專責機關於接到前條第二項及第九十條之強制授權申請後，應通知專利權人，並限期答辯；屆期未答辯者，得逕予審查。

強制授權之實施應以供應國內市場需要爲主。但依前條第二項第三款規定強制授權者，不在此限。

強制授權之審定應以書面爲之，並載明其授權之理由、範圍、期間及應支付之補償金。

強制授權不妨礙原專利權人實施其專利權。

強制授權不得讓與、信託、繼承、授權或設定質權。但有下列情事之一者，不在此限：

一、依前條第二項第一款或第三款規定之強制授權與實施該專利有關之營業，一併讓與、信託、繼承、授權或設定質權。

二、依前條第二項第二款或第五項規定之強制授權與被授權人之專利權，一併讓與、信託、繼承、授權或設定質權。

第八十九條

依第八十七條第一項規定強制授權者，經中央目的事業主管機關認無強制授權之必要時，專利專責機關應依其通知廢止強制授權。

有下列各款情事之一者，專利專責機關得依申請廢止強制授權：

一、作成強制授權之事實變更，致無強制授權之必要。

二、被授權人未依授權之內容適當實施。

三、被授權人未依專利專責機關之審定支付補償金。

第九十條

爲協助無製藥能力或製藥能力不足之國家，取得治療愛滋病、肺結核、瘧疾或其他傳染病所需醫藥品，專利專責機關得依申請，強制授權申請人實施專利權，以供應該國家進口所需醫藥品。

依前項規定申請強制授權者，以申請人曾以合理之商業條件在相當期間內仍不能協議授權者為限。但所需醫藥品在進口國已核准強制授權者，不在此限。

進口國如為世界貿易組織會員，申請人於依第一項申請時，應檢附進口國已履行下列事項之證明文件：

一、已通知與貿易有關之智慧財產權理事會該國所需醫藥品之名稱及數量。

二、已通知與貿易有關之智慧財產權理事會該國無製藥能力或製藥能力不足，而有作為進口國之意願。但為低度開發國家者，申請人毋庸檢附證明文件。

三、所需醫藥品在該國無專利權，或有專利權但已核准強制授權或即將核准強制授權。

前項所稱低度開發國家，為聯合國所發布之低度開發國家。

進口國如非世界貿易組織會員，而為低度開發國家或無製藥能力或製藥能力不足之國家，申請人於依第一項申請時，應檢附進口國已履行下列事項之證明文件：

一、以書面向中華民國外交機關提出所需醫藥品之名稱及數量。

二、同意防止所需醫藥品轉出口。

第九十一條

依前條規定強制授權製造之醫藥品應全部輸往進口國，且授權製造之數量不得超過進口國通知與貿易有關之智慧財產權理事會或中華民國外交機關所需醫藥品之數量。

依前條規定強制授權製造之醫藥品，應於其外包裝依專利專責機關指定之內容標示其授權依據；其包裝及顏色或形狀，應與專利權人或其被授權人所製造之醫藥品足以區別。

強制授權之被授權人應支付專利權人適當之補償金；補償金之數額，由專利專責機關就與所需醫藥品相關之醫藥品專利權於進口國之經濟價值，並參考聯合國所發布之人力發展指標核定之。

強制授權被授權人於出口該醫藥品前，應於網站公開該醫藥品之數量、名稱、目的地及可資區別之特徵。

依前條規定強制授權製造出口之醫藥品，其查驗登記，不受藥事法第四十條之二第二項規定之限制。

第六節　納　費

第九十二條

關於發明專利之各項申請，申請人於申請時，應繳納申請費。

核准專利者，發明專利權人應繳納證書費及專利年費；請准延長、延展專利權期間者，在延長、延展期間內，仍應繳納專利年費。

第九十三條

發明專利年費自公告之日起算，第一年年費，應依第五十二條第一項規定繳納；第二年以後年費，應於屆期前繳納之。

前項專利年費，得一次繳納數年；遇有年費調整時，毋庸補繳其差額。

第九十四條

發明專利第二年以後之專利年費，未於應繳納專利年費之期間內繳費者，得於期滿後六個月內補繳之。但其專利年費之繳納，除原應繳納之專利年費外，應以比率方式加繳專利年費。

前項以比率方式加繳專利年費，指依逾越應繳納專利年費之期間，按月加繳，每逾一個月加繳百分之二十，最高加繳至依規定之專利年費加倍之數額；其逾繳期間在一日以上一個月以內者，以一個月論。

第九十五條

發明專利權人為自然人、學校或中小企業者，得向專利專責機關申請減免專利年費。

第七節　損害賠償及訴訟

第九十六條

發明專利權人對於侵害其專利權者，得請求除去之。有侵害之虞者，得請求防止之。

發明專利權人對於因故意或過失侵害其專利權者，得請求損害賠償。

發明專利權人為第一項之請求時，對於侵害專利權之物或從事侵害行為之原料或器具，得請求銷毀或為其他必要之處置。

專屬被授權人在被授權範圍內，得為前三項之請求。但契約另有約定者，從其約定。

發明人之姓名表示權受侵害時，得請求表示發明人之姓名或為其他回復名譽之必要處分。

第二項及前項所定之請求權，自請求權人知有損害及賠償義務人時起，二年間不行使而消滅；自行為時起，逾十年者，亦同。

第九十七條

依前條請求損害賠償時，得就下列各款擇一計算其損害：

一、依民法第二百十六條之規定。但不能提供證據方法以證明其損害時，發明專利權人得就其實施專利權通常所可獲得之利益，減除受害後實施同一專利權所得之利益，以其差額為所受損害。

二、依侵害人因侵害行為所得之利益。

三、依授權實施該發明專利所得收取之合理權利金為基礎計算損害。

依前項規定，侵害行為如屬故意，法院得因被害人之請求，依侵害情節，酌定損害額以上之賠償。但不得超過已證明損害額之三倍。

第九十七條之一

專利權人對進口之物有侵害其專利權之虞者，得申請海關先予查扣。

前項申請，應以書面為之，並釋明侵害之事實，及提供相當於海關核估該進口物完稅價格之保證金或相當之擔保。

海關受理查扣之申請，應即通知申請人；如認符合前項規定而實施查扣時，應以書面通知申請人及被查扣人。

被查扣人得提供第二項保證金二倍之保證金或相當之擔保，請求海關廢止查扣，並依有關進口貨物通關規定辦理。

海關在不損及查扣物機密資料保護之情形下，得依申請人或被查扣人之申請，同意其檢視查扣物。

查扣物經申請人取得法院確定判決，屬侵害專利權者，被查扣人應負擔查扣物之貨櫃延滯費、倉租、裝卸費等有關費用。

第九十七條之二

有下列情形之一，海關應廢止查扣：

一、申請人於海關通知受理查扣之翌日起十二日內，未依第九十六條規定就查扣
　　物為侵害物提起訴訟，並通知海關者。

二、申請人就查扣物為侵害物所提訴訟經法院裁判駁回確定者。

三、查扣物經法院確定判決，不屬侵害專利權之物者。

四、申請人申請廢止查扣者。

五、符合前條第四項規定者。

前項第一款規定之期限，海關得視需要延長十二日。

海關依第一項規定廢止查扣者，應依有關進口貨物通關規定辦理。

查扣因第一項第一款至第四款之事由廢止者，申請人應負擔查扣物之貨櫃延滯
費、倉租、裝卸費等有關費用。

第九十七條之三

查扣物經法院確定判決不屬侵害專利權之物者，申請人應賠償被查扣人因查扣或
提供第九十七條之一第四項規定保證金所受之損害。

申請人就第九十七條之一第四項規定之保證金，被查扣人就第九十七條之一第二
項規定之保證金，與質權人有同一權利。但前條第四項及第九十七條之一第六項
規定之貨櫃延滯費、倉租、裝卸費等有關費用，優先於申請人或被查扣人之損害
受償。

有下列情形之一者，海關應依申請人之申請，返還第九十七條之一第二項規定之
保證金。

一、申請人取得勝訴之確定判決，或與被查扣人達成和解，已無繼續提供保證金
　　之必要者。

二、因前條第一項第一款至第四款規定之事由廢止查扣，致被查扣人受有損害
　　後，或被查扣人取得勝訴之確定判決後，申請人證明已定二十日以上之期
　　間，催告被查扣人行使權利而未行使者。

三、被查扣人同意返還者。

有下列情形之一者，海關應依被查扣人之申請，返還第九十七條之一第四項規定
之保證金：

一、因前條第一項第一款至第四款規定之事由廢止查扣，或被查扣人與申請人達
　　成和解，已無繼續提供保證金之必要者。

二、申請人取得勝訴之確定判決後，被查扣人證明已定二十日以上之期間，催告
　　申請人行使權利而未行使者。

三、申請人同意返還者。

第九十七條之四

前三條規定之申請查扣、廢止查扣、檢視查扣物、保證金或擔保之繳納、提供、
返還之程序、應備文件及其他應遵行事項之辦法，由主管機關會同財政部定之。

第九十八條

專利物上應標示專利證書號數；不能於專利物上標示者，得於標籤、包裝或以其
他足以引起他人認識之顯著方式標示之；其未附加標示者，於請求損害賠償時，
應舉證證明侵害人明知或可得而知為專利物。

第九十九條

製造方法專利所製成之物在該製造方法申請專利前，為國內外未見者，他人製造
相同之物，推定為以該專利方法所製造。

前項推定得提出反證推翻之。被告證明其製造該相同物之方法與專利方法不同
者，為已提出反證。被告舉證所揭示製造及營業秘密之合法權益，應予充分保
障。

第一百條

發明專利訴訟案件，法院應以判決書正本一份送專利專責機關。

第一百零一條

舉發案涉及侵權訴訟案件之審理者，專利專責機關得優先審查。

第一百零二條

未經認許之外國法人或團體，就本法規定事項得提起民事訴訟。

第一百零三條

法院為處理發明專利訴訟案件，得設立專業法庭或指定專人辦理。

司法院得指定侵害專利鑑定專業機構。

法院受理發明專利訴訟案件，得囑託前項機構為鑑定。

第三章　新型專利

第一百零四條

新型，指利用自然法則之技術思想，對物品之形狀、構造或組合之創作。

第一百零五條

新型有妨害公共秩序或善良風俗者，不予新型專利。

第一百零六條

申請新型專利，由專利申請權人備具申請書、說明書、申請專利範圍、摘要及圖式，向專利專責機關申請之。

申請新型專利，以申請書、說明書、申請專利範圍及圖式齊備之日為申請日。

說明書、申請專利範圍及圖式未於申請時提出中文本，而以外文本提出，且於專利專責機關指定期間內補正中文本者，以外文本提出之日為申請日。

未於前項指定期間內補正中文本者，其申請案不予受理。但在處分前補正者，以補正之日為申請日，外文本視為未提出。

第一百零七條

申請專利之新型，實質上為二個以上之新型時，經專利專責機關通知，或據申請人申請，得為分割之申請。

分割申請應於下列各款之期間內為之：

一、原申請案處分前。

二、原申請案核准處分書送達後三個月內。

第一百零八條

申請發明或設計專利後改請新型專利者，或申請新型專利後改請發明專利者，以原申請案之申請日為改請案之申請日。

改請之申請，有下列情事之一者，不得為之：

一、原申請案准予專利之審定書、處分書送達後。

二、原申請案為發明或設計，於不予專利之審定書送達後逾二個月。

三、原申請案為新型，於不予專利之處分書送達後逾三十日。

改請後之申請案，不得超出原申請案申請時說明書、申請專利範圍或圖式所揭露

之範圍。

第一百零九條

專利專責機關於形式審查新型專利時，得依申請或依職權通知申請人限期修正說明書、申請專利範圍或圖式。

第一百十條

說明書、申請專利範圍及圖式，依第一百零六條第三項規定，以外文本提出者，其外文本不得修正。

依第一百零六條第三項規定補正之中文本，不得超出申請時外文本所揭露之範圍。

第一百十一條

新型專利申請案經形式審查後，應作成處分書送達申請人。

經形式審查不予專利者，處分書應備具理由。

第一百十二條

新型專利申請案，經形式審查認有下列各款情事之一，應為不予專利之處分：

一、新型非屬物品形狀、構造或組合者。

二、違反第一百零五條規定者。

三、違反第一百二十條準用第二十六條第四項規定之揭露方式者。

四、違反第一百二十條準用第三十三條規定者。

五、說明書、申請專利範圍或圖式未揭露必要事項，或其揭露明顯不清楚者。

六、修正，明顯超出申請時說明書、申請專利範圍或圖式所揭露之範圍者。

第一百十三條

申請專利之新型，經形式審查認無不予專利之情事者，應予專利，並應將申請專利範圍及圖式公告之。

第一百十四條

新型專利權期限，自申請日起算十年屆滿。

第一百十五條

申請專利之新型經公告後，任何人得向專利專責機關申請新型專利技術報告。

專利專責機關應將申請新型專利技術報告之事實，刊載於專利公報。

專利專責機關應指定專利審查人員作成新型專利技術報告，並由專利審查人員具名。

專利專責機關對於第一項之申請，應就第一百二十條準用第二十二條第一項第一款、第二項、第一百二十條準用第二十三條、第一百二十條準用第三十一條規定之情事，作成新型專利技術報告。

依第一項規定申請新型專利技術報告，如敘明有非專利權人為商業上之實施，並檢附有關證明文件者，專利專責機關應於六個月內完成新型專利技術報告。

新型專利技術報告之申請，於新型專利權當然消滅後，仍得為之。

依第一項所為之申請，不得撤回。

第一百十六條

新型專利權人行使新型專利權時，如未提示新型專利技術報告，不得進行警告。

第一百十七條

新型專利權人之專利權遭撤銷時，就其於撤銷前，因行使專利權所致他人之損害，應負賠償責任。但其係基於新型專利技術報告之內容，且已盡相當之注意者，不在此限。

第一百十八條

新型專利權人除有依第一百二十條準用第七十四條第三項規定之情形外，僅得於下列期間申請更正：

一、新型專利權有新型專利技術報告申請案件受理中。

二、新型專利權有訴訟案件繫屬中。

第一百十九條

新型專利權有下列情事之一，任何人得向專利專責機關提起舉發：

一、違反第一百零四條、第一百零五條、第一百零八條第三項、第一百十條第二項、第一百二十條準用第二十二條、第一百二十條準用第二十三條、第一百二十條準用第二十六條、第一百二十條準用第三十一條、第一百二十條準用第三十四條第四項、第六項前段、第一百二十條準用第四十三條第二項、第一百二十條準用第四十四條第三項、第一百二十條準用第六十七條第二項至第四項規定者。

二、專利權人所屬國家對中華民國國民申請專利不予受理者。

三、違反第十二條第一項規定或新型專利權人為非新型專利申請權人者。

以前項第三款情事提起舉發者，限於利害關係人始得為之。

新型專利權得提起舉發之情事，依其核准處分時之規定。但以違反第一百零八條第三項、第一百二十條準用第三十四條第四項、第六項前段、第一百二十條準用第四十三條第二項或第一百二十條準用第六十七條第二項、第四項規定之情事，提起舉發者，依舉發時之規定。

舉發審定書，應由專利審查人員具名。

第一百二十條

第二十二條、第二十三條、第二十六條、第二十八條至第三十一條、第三十三條、第三十四條第三項至第七項、第三十五條、第四十三條第二項、第三項、第四十四條第三項、第四十六條第二項、第四十七條第二項、第五十一條、第五十二條第一項、第二項、第四項、第五十八條第一項、第二項、第四項、第五項、第五十九條、第六十二條至第六十五條、第六十七條、第六十八條、第六十九條、第七十條、第七十二條至第八十二條、第八十四條至第九十八條、第一百條至第一百零三條，於新型專利準用之。

第四章　設計專利

第一百二十一條

設計，指對物品之全部或部分之形狀、花紋、色彩或其結合，透過視覺訴求之創作。

應用於物品之電腦圖像及圖形化使用者介面，亦得依本法申請設計專利。

第一百二十二條

可供產業上利用之設計，無下列情事之一，得依本法申請取得設計專利：

一、申請前有相同或近似之設計，已見於刊物者。

二、申請前有相同或近似之設計，已公開實施者。

三、申請前已為公眾所知悉者。

設計雖無前項各款所列情事，但為其所屬技藝領域中具有通常知識者依申請前之先前技藝易於思及時，仍不得取得設計專利。

申請人出於本意或非出於本意所致公開之事實發生後六個月內申請者，該事實非屬第一項各款或前項不得取得設計專利之情事。

因申請專利而在我國或外國依法於公報上所為之公開係出於申請人本意者，不適用前項規定。

第一百二十三條

申請專利之設計，與申請在先而在其申請後始公告之設計專利申請案所附說明書或圖式之內容相同或近似者，不得取得設計專利。但其申請人與申請在先之設計專利申請案之申請人相同者，不在此限。

第一百二十四條

下列各款，不予設計專利：

一、純功能性之物品造形。

二、純藝術創作。

三、積體電路電路布局及電子電路布局。

四、物品妨害公共秩序或善良風俗者。

第一百二十五條

申請設計專利，由專利申請權人備具申請書、說明書及圖式，向專利專責機關申請之。

申請設計專利，以申請書、說明書及圖式齊備之日為申請日。

說明書及圖式未於申請時提出中文本，而以外文本提出，且於專利專責機關指定期間內補正中文本者，以外文本提出之日為申請日。

未於前項指定期間內補正中文本者，其申請案不予受理。但在處分前補正者，以補正之日為申請日，外文本視為未提出。

第一百二十六條

說明書及圖式應明確且充分揭露，使該設計所屬技藝領域中具有通常知識者，能瞭解其內容，並可據以實現。

說明書及圖式之揭露方式，於本法施行細則定之。

第一百二十七條

同一人有二個以上近似之設計，得申請設計專利及其衍生設計專利。

衍生設計之申請日，不得早於原設計之申請日。

申請衍生設計專利，於原設計專利公告後，不得爲之。

同一人不得就與原設計不近似，僅與衍生設計近似之設計申請爲衍生設計專利。

第一百二十八條

相同或近似之設計有二以上之專利申請案時，僅得就其最先申請者，准予設計專利。但後申請者所主張之優先權日早於先申請者之申請日者，不在此限。

前項申請日、優先權日爲同日者，應通知申請人協議定之；協議不成時，均不予設計專利。其申請人爲同一人時，應通知申請人限期擇一申請；屆期未擇一申請者，均不予設計專利。

各申請人爲協議時，專利專責機關應指定相當期間通知申請人申報協議結果；屆期未申報者，視爲協議不成。

前三項規定，於下列各款不適用之：

一、原設計專利申請案與衍生設計專利申請案間。

二、同一設計專利申請案有二以上衍生設計專利申請案者，該二以上衍生設計專利申請案間。

第一百二十九條

申請設計專利，應就每一設計提出申請。

二個以上之物品，屬於同一類別，且習慣上以成組物品販賣或使用者，得以一設計提出申請。

申請設計專利，應指定所施予之物品。

第一百三十條

申請專利之設計，實質上爲二個以上之設計時，經專利專責機關通知，或據申請人申請，得爲分割之申請。

分割申請，應於原申請案再審查審定前爲之。

分割後之申請案，應就原申請案已完成之程序續行審查。

第一百三十一條

申請設計專利後改請衍生設計專利者，或申請衍生設計專利後改請設計專利者，以原申請案之申請日為改請案之申請日。

改請之申請，有下列情事之一者，不得為之：

一、原申請案准予專利之審定書送達後。

二、原申請案不予專利之審定書送達後逾二個月。

改請後之設計或衍生設計，不得超出原申請案申請時說明書或圖式所揭露之範圍。

第一百三十二條

申請發明或新型專利後改請設計專利者，以原申請案之申請日為改請案之申請日。

改請之申請，有下列情事之一者，不得為之：

一、原申請案准予專利之審定書、處分書送達後。

二、原申請案為發明，於不予專利之審定書送達後逾二個月。

三、原申請案為新型，於不予專利之處分書送達後逾三十日。

改請後之申請案，不得超出原申請案申請時說明書、申請專利範圍或圖式所揭露之範圍。

第一百三十三條

說明書及圖式，依第一百二十五條第三項規定，以外文本提出者，其外文本不得修正。

第一百二十五條第三項規定補正之中文本，不得超出申請時外文本所揭露之範圍。

第一百三十四條

設計專利申請案違反第一百二十一條至第一百二十四條、第一百二十六條、第一百二十七條、第一百二十八條第一項至第三項、第一百二十九條第一項、第二項、第一百三十一條第三項、第一百三十二條第三項、第一百三十三條第二項、第一百四十二條第一項準用第三十四條第四項、第一百四十二條第一項準用第四十三條第二項、第一百四十二條第一項準用第四十四條第三項規定者，應為不予專利之審定。

第一百三十五條

設計專利權期限,自申請日起算十五年屆滿;衍生設計專利權期限與原設計專利權期限同時屆滿。

第一百三十六條

設計專利權人,除本法另有規定外,專有排除他人未經其同意而實施該設計或近似該設計之權。

設計專利權範圍,以圖式為準,並得審酌說明書。

第一百三十七條

衍生設計專利權得單獨主張,且及於近似之範圍。

第一百三十八條

衍生設計專利權,應與其原設計專利權一併讓與、信託、繼承、授權或設定質權。

原設計專利權依第一百四十二條第一項準用第七十條第一項第三款或第四款規定已當然消滅或撤銷確定,其衍生設計專利權有二以上仍存續者,不得單獨讓與、信託、繼承、授權或設定質權。

第一百三十九條

設計專利權人申請更正專利說明書或圖式,僅得就下列事項為之:

一、誤記或誤譯之訂正。

二、不明瞭記載之釋明。

更正,除誤譯之訂正外,不得超出申請時說明書或圖式所揭露之範圍。

依第一百二十五條第三項規定,說明書及圖式以外文本提出者,其誤譯之訂正,不得超出申請時外文本所揭露之範圍。

更正,不得實質擴大或變更公告時之圖式。

第一百四十條

設計專利權人非經被授權人或質權人之同意,不得拋棄專利權。

第一百四十一條

設計專利權有下列情事之一,任何人得向專利專責機關提起舉發:

一、違反第一百二十一條至第一百二十四條、第一百二十六條、第一百二十七

條、第一百二十八條第一項至第三項、第一百三十一條第三項、第一百三十二條第三項、第一百三十三條第二項、第一百三十九條第二項至第四項、第一百四十二條第一項準用第三十四條第四項、第一百四十二條第一項準用第四十三條第二項、第一百四十二條第一項準用第四十四條第三項規定者。

二、專利權人所屬國家對中華民國國民申請專利不予受理者。

三、違反第十二條第一項規定或設計專利權人爲非設計專利申請權人者。

以前項第三款情事提起舉發者，限於利害關係人始得爲之。

設計專利權得提起舉發之情事，依其核准審定時之規定。但以違反第一百三十一條第三項、第一百三十二條第三項、第一百三十九條第二項、第四項、第一百四十二條第一項準用第三十四條第四項或第一百四十二條第一項準用第四十三條第二項規定之情事，提起舉發者，依舉發時之規定。

第一百四十二條

第二十八條、第二十九條、第三十四條第三項、第四項、第三十五條、第三十六條、第四十二條、第四十三條第一項至第三項、第四十四條第三項、第四十五條、第四十六條第二項、第四十七條、第四十八條、第五十條、第五十二條第一項、第二項、第四項、第五十八條第二項、第五十九條、第六十二條至第六十五條、第六十八條、第七十條、第七十二條、第七十三條第一項、第三項、第四項、第七十四條至第七十八條、第七十九條第一項、第八十條至第八十二條、第八十四條至第八十六條、第九十二條至第九十八條、第一百條至第一百零三條規定，於設計專利準用之。

第二十八條第一項所定期間，於設計專利申請案爲六個月。

第二十九條第二項及第四項所定期間，於設計專利申請案爲十個月。

第五十九條第一項第三款但書所定期間，於設計專利申請案爲六個月。

第五章　附則

第一百四十三條

專利檔案中之申請書件、說明書、申請專利範圍、摘要、圖式及圖說，經專利專責機關認定具保存價值者，應永久保存。

前項以外之專利檔案應依下列規定定期保存：

一、發明專利案除經審定准予專利者保存三十年外，應保存二十年。

二、新型專利案除經處分准予專利者保存十五年外，應保存十年。

三、設計專利案除經審定准予專利者保存二十年外，應保存十五年。

前項專利檔案保存年限，自審定、處分、撤回或視為撤回之日所屬年度之次年首日開始計算。

本法中華民國一百零八年四月十六日修正之條文施行前之專利檔案，其保存年限適用修正施行後之規定。

第一百四十四條

主管機關為獎勵發明、新型或設計之創作，得訂定獎助辦法。

第一百四十五條

依第二十五條第三項、第一百零六條第三項及第一百二十五條第三項規定提出之外文本，其外文種類之限定及其他應載明事項之辦法，由主管機關定之。

第一百四十六條

第九十二條、第一百二十條準用第九十二條、第一百四十二條第一項準用第九十二條規定之申請費、證書費及專利年費，其收費辦法由主管機關定之。

第九十五條、第一百二十條準用第九十五條、第一百四十二條第一項準用第九十五條規定之專利年費減免，其減免條件、年限、金額及其他應遵行事項之辦法，由主管機關定之。

第一百四十七條

中華民國八十三年一月二十三日前所提出之申請案，不得依第五十三條規定，申請延長專利權期間。

第一百四十八條

本法中華民國八十三年一月二十一日修正施行前，已審定公告之專利案，其專利權期限，適用修正前之規定。但發明專利案，於世界貿易組織協定在中華民國管轄區域內生效之日，專利權仍存續者，其專利權期限，適用修正施行後之規定。

本法中華民國九十二年一月三日修正之條文施行前，已審定公告之新型專利申請案，其專利權期限，適用修正前之規定。

新式樣專利案，於世界貿易組織協定在中華民國管轄區域內生效之日，專利權仍存續者，其專利權期限，適用本法中華民國八十六年五月七日修正之條文施行後之規定。

第一百四十九條

本法中華民國一百年十一月二十九日修正之條文施行前，尚未審定之專利申請案，除本法另有規定外，適用修正施行後之規定。

本法中華民國一百年十一月二十九日修正之條文施行前，尚未審定之更正案及舉發案，適用修正施行後之規定。

第一百五十條

本法中華民國一百年十一月二十九日修正之條文施行前提出，且依修正前第二十九條規定主張優先權之發明或新型專利申請案，其先申請案尚未公告或不予專利之審定或處分尚未確定者，適用第三十條第一項規定。

本法中華民國一百年十一月二十九日修正之條文施行前已審定之發明專利申請案，未逾第三十四條第二項第二款規定之期間者，適用第三十四條第二項第二款及第六項規定。

第一百五十一條

第二十二條第三項第二款、第一百二十條準用第二十二條第三項第二款、第一百二十一條第一項有關物品之部分設計、第一百二十一條第二項、第一百二十二條第三項第一款、第一百二十七條、第一百二十九條第二項規定，於本法中華民國一百年十一月二十九日修正之條文施行後，提出之專利申請案，始適用之。

第一百五十二條

本法中華民國一百年十一月二十九日修正之條文施行前，違反修正前第三十條第二項規定，視為未寄存之發明專利申請案，於修正施行後尚未審定者，適用第二十七條第二項之規定；其有主張優先權，自最早之優先權日起仍在十六個月內者，適用第二十七條第三項之規定。

第一百五十三條

本法中華民國一百年十一月二十九日修正之條文施行前，依修正前第二十八條第三項、第一百零八條準用第二十八條第三項、第一百二十九條第一項準用第二十八條第三項規定，以違反修正前第二十八條第一項、第一百零八條準用第二十八條第一項、第一百二十九條第一項準用第二十八條第一項規定喪失優先權之專利申請案，於修正施行後尚未審定或處分，且自最早之優先權日起，發明、新型專利申請案仍在十六個月內，設計專利申請案仍在十個月內者，適用第二十九條第四項、第一百二十條準用第二十九條第四項、第一百四十二條第一項準用第二十九條第四項之規定。

本法中華民國一百年十一月二十九日修正之條文施行前，依修正前第二十八條第三項、第一百零八條準用第二十八條第三項、第一百二十九條第一項準用第二十八條第三項規定，以違反修正前第二十八條第二項、第一百零八條準用第二十八條第二項、第一百二十九條第一項準用第二十八條第二項規定喪失優先權之專利申請案，於修正施行後尚未審定或處分，且自最早之優先權日起，發明、新型專利申請案仍在十六個月內，設計專利申請案仍在十個月內者，適用第二十九條第二項、第一百二十條準用第二十九條第二項、第一百四十二條第一項準用第二十九條第二項之規定。

第一百五十四條

本法中華民國一百年十一月二十九日修正之條文施行前，已提出之延長發明專利權期間申請案，於修正施行後尚未審定，且其發明專利權仍存續者，適用修正施行後之規定。

第一百五十五條

本法中華民國一百年十一月二十九日修正之條文施行前，有下列情事之一，不適用第五十二條第四項、第七十條第二項、第一百二十條準用第五十二條第四項、

第一百二十條準用第七十條第二項、第一百四十二條第一項準用第五十二條第四項、第一百四十二條第一項準用第七十條第二項之規定：

一、依修正前第五十一條第一項、第一百零一條第一項或第一百十三條第一項規定已逾繳費期限，專利權自始不存在者。

二、依修正前第六十六條第三款、第一百零八條準用第六十六條第三款或第一百二十九條第一項準用第六十六條第三款規定，於本法修正施行前，專利權已當然消滅者。

第一百五十六條

本法中華民國一百年十一月二十九日修正之條文施行前，尚未審定之新式樣專利申請案，申請人得於修正施行後三個月內，申請改為物品之部分設計專利申請案。

第一百五十七條

本法中華民國一百年十一月二十九日修正之條文施行前，尚未審定之聯合新式樣專利申請案，適用修正前有關聯合新式樣專利之規定。

本法中華民國一百年十一月二十九日修正之條文施行前，尚未審定之聯合新式樣專利申請案，且於原新式樣專利公告前申請者，申請人得於修正施行後三個月內申請改為衍生設計專利申請案。

第一百五十七條之一

中華民國一百零五年十二月三十日修正之第二十二條、第五十九條、第一百二十二條及第一百四十二條，於施行後提出之專利申請案，始適用之。

第一百五十七條之二

本法中華民國一百零八年四月十六日修正之條文施行前，尚未審定之專利申請案，除本法另有規定外，適用修正施行後之規定。

本法中華民國一百零八年四月十六日修正之條文施行前，尚未審定之更正案及舉發案，適用修正施行後之規定。

第一百五十七條之三

本法中華民國一百零八年四月十六日修正之條文施行前，已審定或處分之專利申請案，尚未逾第三十四條第二項第二款、第一百零七條第二項第二款規定之期間

者，適用修正施行後之規定。

第一百五十七條之四

本法中華民國一百零八年四月十六日修正之條文施行之日，設計專利權仍存續者，其專利權期限，適用修正施行後之規定。

本法中華民國一百零八年四月十六日修正之條文施行前，設計專利權因第一百四十二條第一項準用第七十條第一項第三款規定之事由當然消滅，而於修正施行後準用同條第二項規定申請回復專利權者，其專利權期限，適用修正施行後之規定。

第一百五十八條

本法施行細則，由主管機關定之。

第一百五十九條

本法之施行日期，由行政院定之。

本法中華民國一百零二年五月三十一日修正之條文，自公布日施行。

附錄二 ｜ 專利法施行細則

中華民國36年9月26日行政院令訂定發布全文51條；並自38年1月1日施行
中華民國47年8月16日行政院令修正發布第48條條文
中華民國62年8月22日經濟部令修正發布第8條條文
中華民國70年10月2日經濟部令修正發布全文57條
中華民國75年4月18日經濟部令修正發布第32、33條條文
中華民國76年7月10日經濟部令修正發布第4～6、9、10、12～14、16、19、21、
　　23、24、27～30、32、33、47、52、54～56條；增訂第10-1、37-1、56-1
　　條；並刪除第20、45、46條條文
中華民國83年10月3日經濟部令修正發布全文52條
中華民國91年11月6日經濟部令修正發布全文55條；並自發布日施行
中華民國93年4月7日經濟部令修正發布全文57條；並自專利法施行之日施行
中華民國97年8月19日經濟部令修正發布第15、31、57條條文；並自發布日施行
中華民國99年11月16日經濟部令修正發布第11、22、53～55條條文
中華民國101年11月9日經濟部令修正發布全文90條；並自102年1月1日施行
中華民國103年11月6日經濟部令修正發布第13、16、46、83、90條條文；增訂第
　　26-1、26-2條條文；並自發布日施行
中華民國105年3月7日經濟部令修正發布第86條條文
中華民國105年6月29日經濟部令修正發布第26、51、53條條文
中華民國106年4月19日經濟部令修正發布第13、15、16、28、46、48、49、58、
　　90條條文；並自106年5月1日施行
中華民國108年9月27日經濟部令修正發布第90條條文；增訂第89-1條條文；刪除
　　第29條條文；並自108年11月1日施行
中華民國109年6月24日經濟部令修正發布第17、39條條文

第一章　總則

第一條

本細則依專利法（以下簡稱本法）第一百五十八條規定訂定之。

第二條

依本法及本細則所為之申請，除依本法第十九條規定以電子方式為之者外，應以書面提出，並由申請人簽名或蓋章；委任有代理人者，得僅由代理人簽名或蓋章。專利專責機關認有必要時，得通知申請人檢附身分證明或法人證明文件。

依本法及本細則所為之申請，以書面提出者，應使用專利專責機關指定之書表；其格式及份數，由專利專責機關定之。

第三條

技術用語之譯名經國家教育研究院編譯者，應以該譯名為原則；未經該院編譯或專利專責機關認有必要時，得通知申請人附註外文原名。

申請專利及辦理有關專利事項之文件，應用中文；證明文件為外文者，專利專責機關認有必要時，得通知申請人檢附中文譯本或節譯本。

第四條

依本法及本細則所定應檢附之證明文件，以原本或正本為之。

原本或正本，除優先權證明文件外，經當事人釋明與原本或正本相同者，得以影本代之。但舉發證據為書證影本者，應證明與原本或正本相同。

原本或正本，經專利專責機關驗證無訛後，得予發還。

第五條

專利之申請及其他程序，以書面提出者，應以書件到達專利專責機關之日為準；如係郵寄者，以郵寄地郵戳所載日期為準。

郵戳所載日期不清晰者，除由當事人舉證外，以到達專利專責機關之日為準。

第六條

依本法及本細則指定之期間，申請人得於指定期間屆滿前，敘明理由向專利專責機關申請延展。

第七條

申請人之姓名或名稱、印章、住居所或營業所變更時，應檢附證明文件向專利專責機關申請變更。但其變更無須以文件證明者，免予檢附。

第八條

因繼受專利申請權申請變更名義者，應備具申請書，並檢附下列文件：

一、因受讓而變更名義者，其受讓專利申請權之契約或讓與證明文件。但公司因併購而承受者，為併購之證明文件。

二、因繼承而變更名義者，其死亡及繼承證明文件。

第九條

申請人委任代理人者，應檢附委任書，載明代理之權限及送達處所。

有關專利之申請及其他程序委任代理人辦理者，其代理人不得逾三人。

代理人有二人以上者，均得單獨代理申請人。

違反前項規定而為委任者，其代理人仍得單獨代理。

申請人變更代理人之權限或更換代理人時，非以書面通知專利專責機關，對專利專責機關不生效力。

代理人之送達處所變更時，應向專利專責機關申請變更。

第十條

代理人就受委任之權限內有為一切行為之權。但選任或解任代理人、撤回專利申請案、撤回分割案、撤回改請案、撤回再審查申請、撤回更正申請、撤回舉發案或拋棄專利權，非受特別委任，不得為之。

第十一條

申請文件不符合法定程式而得補正者，專利專責機關應通知申請人限期補正；屆期未補正或補正仍不齊備者，依本法第十七條第一項規定辦理。

第十二條

依本法第十七條第二項規定，申請回復原狀者，應敘明遲誤期間之原因及其消滅日期，並檢附證明文件向專利專責機關為之。

第二章　發明專利之申請及審查

第十三條

本法第二十二條所稱申請前及第二十三條所稱申請在先，如依本法第二十八條第
一項或第三十條第一項規定主張優先權者，指該優先權日前。

本法第二十二條所稱刊物，指向公眾公開之文書或載有資訊之其他儲存媒體。

本法第二十二條第三項所定之十二個月，自同條項所定事實發生之次日起算至本
法第二十五條第二項規定之申請日止。有多次本法第二十二條第三項所定事實
者，前述期間之計算，應自第一次事實發生之次日起算。

第十四條

本法第二十二條、第二十六條及第二十七所稱所屬技術領域中具有通常知識者，
指具有申請時該發明所屬技術領域之一般知識及普通技能之人。

前項所稱申請時，如依本法第二十八條第一項或第三十條第一項規定主張優先權
者，指該優先權日。

第十五條

因繼承、受讓、僱傭或出資關係取得專利申請權之人，就其被繼承人、讓與人、
受雇人或受聘人在申請前之公開行為，適用本法第二十二條第三項及第四項規
定。

第十六條

申請發明專利者，其申請書應載明下列事項：

一、發明名稱。

二、發明人姓名、國籍。

三、申請人姓名或名稱、國籍、住居所或營業所；有代表人者，並應載明代表人
　　姓名。

四、委任代理人者，其姓名、事務所。

有下列情事之一，並應於申請時敘明之：

一、主張本法第二十八條第一項規定之優先權者。

二、主張本法第三十條第一項規定之優先權者。

三、聲明本法第三十二條第一項規定之同一人於同日分別申請發明專利及新型專

利者。

第十七條

申請發明專利者，其說明書應載明下列事項：

一、發明名稱。

二、技術領域。

三、先前技術：申請人所知之先前技術，並得檢送該先前技術之相關資料。

四、發明內容：發明所欲解決之問題、解決問題之技術手段及對照先前技術之功效。

五、圖式簡單說明：有圖式者，應以簡明之文字依圖式之圖號順序說明圖式。

六、實施方式：記載一個以上之實施方式，必要時得以實施例說明；有圖式者，應參照圖式加以說明。

七、符號說明：有圖式者，應依圖號或符號順序列出圖式之主要符號並加以說明。

說明書應依前項各款所定順序及方式撰寫，並附加標題。但發明之性質以其他方式表達較為清楚者，不在此限。

說明書得於各段落前，以置於中括號內之連續四位數之阿拉伯數字編號依序排列，以明確識別每一段落。

發明名稱，應簡明表示所申請發明之內容，不得冠以無關之文字。

申請生物材料或利用生物材料之發明專利，其生物材料已寄存者，應於說明書載明寄存機構、寄存日期及寄存號碼。申請前已於國外寄存機構寄存者，並應載明國外寄存機構、寄存日期及寄存號碼。

發明專利包含一個或多個核苷酸或胺基酸序列者，說明書應包含依專利專責機關訂定之格式單獨記載之序列表。其序列表得以專利專責機關規定之電子檔為之。

第十八條

發明之申請專利範圍，得以一項以上之獨立項表示；其項數應配合發明之內容；必要時，得有一項以上之附屬項。獨立項、附屬項，應以其依附關係，依序以阿拉伯數字編號排列。

獨立項應敘明申請專利之標的名稱及申請人所認定之發明之必要技術特徵。

附屬項應敘明所依附之項號，並敘明標的名稱及所依附請求項外之技術特徵，其

依附之項號並應以阿拉伯數字爲之；於解釋附屬項時，應包含所依附請求項之所有技術特徵。

依附於二項以上之附屬項爲多項附屬項，應以選擇式爲之。

附屬項僅得依附在前之獨立項或附屬項。但多項附屬項間不得直接或間接依附。

獨立項或附屬項之文字敘述，應以單句爲之。

第十九條

請求項之技術特徵，除絕對必要外，不得以說明書之頁數、行數或圖式、圖式中之符號予以界定。

請求項之技術特徵得引用圖式中對應之符號，該符號應附加於對應之技術特徵後，並置於括號內；該符號不得作爲解釋請求項之限制。

請求項得記載化學式或數學式，不得附有插圖。

複數技術特徵組合之發明，其請求項之技術特徵，得以手段功能用語或步驟功能用語表示。於解釋請求項時，應包含說明書中所敘述對應於該功能之結構、材料或動作及其均等範圍。

第二十條

獨立項之撰寫，以二段式爲之者，前言部分應包含申請專利之標的名稱及與先前技術共有之必要技術特徵；特徵部分應以「其特徵在於」、「其改良在於」或其他類似用語，敘明有別於先前技術之必要技術特徵。

解釋獨立項時，特徵部分應與前言部分所述之技術特徵結合。

第二十一條

摘要，應簡要敘明發明所揭露之內容，並以所欲解決之問題、解決問題之技術手段及主要用途爲限；其字數，以不超過二百五十字爲原則；有化學式者，應揭示最能顯示發明特徵之化學式。

摘要，不得記載商業性宣傳用語。

摘要不符合前二項規定者，專利專責機關得通知申請人限期修正，或依職權修正後通知申請人。

申請人應指定最能代表該發明技術特徵之圖爲代表圖，並列出其主要符號，簡要加以說明。

未依前項規定指定或指定之代表圖不適當者，專利專責機關得通知申請人限期補

正，或依職權指定或刪除後通知申請人。

第二十二條

說明書、申請專利範圍及摘要中之技術用語及符號應一致。

前項之說明書、申請專利範圍及摘要，應以打字或印刷為之。

說明書、申請專利範圍及摘要以外文本提出者，其補正之中文本，應提供正確完整之翻譯。

第二十三條

發明之圖式，應參照工程製圖方法以墨線繪製清晰，於各圖縮小至三分之二時，仍得清晰分辨圖式中各項細節。

圖式應註明圖號及符號，並依圖號順序排列，除必要註記外，不得記載其他說明文字。

第二十四條

發明專利申請案之說明書有部分缺漏或圖式有缺漏之情事，而經申請人補正者，以補正之日為申請日。但有下列情事之一者，仍以原提出申請之日為申請日：

一、補正之說明書或圖式已見於主張優先權之先申請案。

二、補正之說明書或圖式，申請人於專利專責機關確認申請日之處分書送達後三十日內撤回。

前項之說明書或圖式以外文本提出者，亦同。

第二十五條

本法第二十八條第一項所定之十二個月，自在與中華民國相互承認優先權之國家或世界貿易組織會員第一次申請日之次日起算至本法第二十五條第二項規定之申請日止。

本法第三十條第一項第一款所定之十二個月，自先申請案申請日之次日起算至本法第二十五條第二項規定之申請日止。

第二十六條

依本法第二十九條第二項規定檢送之優先權證明文件應為正本。

申請人於本法第二十九條第二項規定期間內檢送之優先權證明文件為影本者，專利專責機關應通知申請人限期補正與該影本為同一文件之正本；屆期未補正或補

正仍不齊備者，依本法第二十九條第三項規定，視為未主張優先權。但其正本已向專利專責機關提出者，得以載明正本所依附案號之影本代之。

第一項優先權證明文件，經專利專責機關與該國家或世界貿易組織會員之專利受理機關已為電子交換者，視為申請人已提出。

第一項規定之正本，得以專利專責機關規定之電子檔代之，並應釋明其與正本相符。

第二十六條之一

依本法第三十條第一項規定主張優先權者，如同時或先後亦就其先申請案依本法規定繳納證書費及第一年專利年費，專利專責機關應通知申請人限期撤回其後申請案之優先權主張或先申請案之領證申請；屆期未擇一撤回者，其先申請案不予公告，並通知申請人得申請退還證書費及第一年專利年費。

第二十六條之二

本法第三十二條第一項所稱同日，指發明專利及新型專利分別依本法第二十五條第二項及第一百零六條第二項規定之申請日相同；若主張優先權，其優先權日亦須相同。

本法第三十二條第一項所定申請人未分別聲明，包括於發明專利申請案及新型專利申請案中皆未聲明，或其中一申請案未聲明之情形。

本法第三十二條之新型專利權，如於發明專利核准審定後公告前，發生已當然消滅或撤銷確定之情形者，發明專利不予公告。

第二十七條

本法第三十三條第二項所稱屬於一個廣義發明概念者，指二個以上之發明，於技術上相互關聯。

前項技術上相互關聯之發明，應包含一個或多個相同或對應之特別技術特徵。

前項所稱特別技術特徵，指申請專利之發明整體對於先前技術有所貢獻之技術特徵。

二個以上之發明於技術上有無相互關聯之判斷，不因其於不同之請求項記載或於單一請求項中以擇一形式記載而有差異。

第二十八條

發明專利申請案申請分割者，應就每一分割案，備具申請書，並檢附下列文件：

一、說明書、申請專利範圍、摘要及圖式。

二、申請生物材料或利用生物材料之發明專利者，其寄存證明文件。

有下列情事之一，並應於每一分割申請案申請時敘明之：

一、主張本法第二十八條第一項規定之優先權者。

二、主張本法第三十條第一項規定之優先權者。

分割申請，不得變更原申請案之專利種類。

第二十九條（刪除）

第三十條

依本法第三十五條規定申請專利者，應備具申請書，並檢附舉發撤銷確定證明文件。

第三十一條

專利專責機關公開發明專利申請案時，應將下列事項公開之：

一、申請案號。

二、公開編號。

三、公開日。

四、國際專利分類。

五、申請日。

六、發明名稱。

七、發明人姓名。

八、申請人姓名或名稱、住居所或營業所。

九、委任代理人者，其姓名。

十、摘要

十一、最能代表該發明技術特徵之圖式及其符號說明。

十二、主張本法第二十八條第一項優先權之各第一次申請專利之國家或世界貿易組織會員、申請案號及申請日。

十三、主張本法第三十條第一項優先權之各申請案號及申請日。

十四、有無申請實體審查。

第三十二條

發明專利申請案申請實體審查者，應備具申請書，載明下列事項：

一、申請案號。

二、發明名稱。

三、申請實體審查者之姓名或名稱、國籍、住居所或營業所；有代表人者，並應
　　載明代表人姓名。

四、委任代理人者，其姓名、事務所。

五、是否為專利申請人。

第三十三條

發明專利申請案申請優先審查者，應備具申請書，載明下列事項：

一、申請案號及公開編號。

二、發明名稱。

三、申請優先審查者之姓名或名稱、國籍、住居所或營業所；有代表人者，並應
　　載明代表人姓名。

四、委任代理人者，其姓名、事務所。

五、是否為專利申請人。

六、發明專利申請案之商業上實施狀況；有協議者，其協議經過。

申請優先審查之發明專利申請案尚未申請實體審查者，並應依前條規定申請實體
審查。

依本法第四十條第二項規定應檢附之有關證明文件，為廣告目錄、其他商業上實
施事實之書面資料或本法第四十一條第一項規定之書面通知。

第三十四條

專利專責機關通知面詢、實驗、補送模型或樣品、修正說明書、申請專利範圍或
圖式，屆期未辦理或未依通知內容辦理者，專利專責機關得依現有資料續行審
查。

第三十五條

說明書、申請專利範圍或圖式之文字或符號有明顯錯誤者，專利專責機關得依職
權訂正，並通知申請人。

第三十六條

發明專利申請案申請修正說明書、申請專利範圍或圖式者，應備具申請書，並檢附下列文件：

一、修正部分劃線之說明書或申請專利範圍修正頁；其爲刪除原內容者，應劃線於刪除之文字上；其爲新增內容者，應劃線於新增之文字下方。但刪除請求項者，得以文字加註爲之。

二、修正後無劃線之說明書、申請專利範圍或圖式替換頁；如修正後致說明書、申請專利範圍或圖式之頁數、項號或圖號不連續者，應檢附修正後之全份說明書、申請專利範圍或圖式。

前項申請書，應載明下列事項：

一、修正說明書者，其修正之頁數、段落編號與行數及修正理由。

二、修正申請專利範圍者，其修正之請求項及修正理由。

三、修正圖式者，其修正之圖號及修正理由。

修正申請專利範圍者，如刪除部分請求項，其他請求項之項號，應依序以阿拉伯數字編號重行排列；修正圖式者，如刪除部分圖式，其他圖之圖號，應依圖號順序重行排列。

發明專利申請案經專利專責機關爲最後通知者，第二項第二款之修正理由應敘明本法第四十三條第四項各款規定之事項。

第三十七條

因誤譯申請訂正說明書、申請專利範圍或圖式者，應備具申請書，並檢附下列文件：

一、訂正部分劃線之說明書或申請專利範圍訂正頁；其爲刪除原內容者，應劃線於刪除之文字上；其爲新增內容者，應劃線於新增加之文字下方。

二、訂正後無劃線之說明書、申請專利範圍或圖式替換頁。

前項申請書，應載明下列事項：

一、訂正說明書者，其訂正之頁數、段落編號與行數、訂正理由及對應外文本之頁數、段落編號與行數。

二、訂正申請專利範圍者，其訂正之請求項、訂正理由及對應外文本之請求項之項號。

三、訂正圖式者，其訂正之圖號、訂正理由及對應外文本之圖號。

第三十八條

發明專利申請案同時申請誤譯訂正及修正說明書、申請專利範圍或圖式者，得分別提出訂正及修正申請，或以訂正申請書分別載明其訂正及修正事項為之。

發明專利同時申請誤譯訂正及更正說明書、申請專利範圍或圖式者，亦同。

第三十九條

發明專利申請案審定前，任何人認該發明應不予專利時，得向專利專責機關陳述意見，並得附具理由及相關證明文件。

第三章　新型專利之申請及審查

第四十條

新型專利申請案之說明書有部分缺漏或圖式有缺漏之情事，而經申請人補正者，以補正之日為申請日。但有下列情事之一者，仍以原提出申請之日為申請日：

一、補正之說明書或圖式已見於主張優先權之先申請案。

二、補正之說明書或部分圖式，申請人於專利專責機關確認申請日之處分書送達後三十日內撤回。

前項之說明書或圖式以外文本提出者，亦同。

第四十一條

本法第一百二十條準用第二十八條第一項所定之十二個月，自在與中華民國相互承認優先權之國家或世界貿易組織會員第一次申請日之次日起算至本法第一百零六條第二項規定之申請日止。

本法第一百二十條準用第三十條第一項第一款所定之十二個月，自先申請案申請日之次日起算至本法第一百零六條第二項規定之申請日止。

第四十二條

依本法第一百十五條第一項規定申請新型專利技術報告者，應備具申請書，載明下列事項：

一、申請案號。

二、新型名稱。

三、申請新型專利技術報告者之姓名或名稱、國籍、住居所或營業所；有代表人者，並應載明代表人姓名。

四、委任代理人者，其姓名、事務所。

五、是否爲專利權人。

第四十三條

依本法第一百十五條第五項規定檢附之有關證明文件，爲專利權人對爲商業上實施之非專利權人之書面通知、廣告目錄或其他商業上實施事實之書面資料。

第四十四條

新型專利技術報告應載明下列事項：

一、新型專利證書號數。

二、申請案號。

三、申請日。

四、優先權日。

五、技術報告申請日。

六、新型名稱。

七、專利權人姓名或名稱、住居所或營業所。

八、申請新型專利技術報告者之姓名或名稱。

九、委任代理人者，其姓名。

十、專利審查人員姓名。

十一、國際專利分類。

十二、先前技術資料範圍。

十三、比對結果。

第四十五條

第十三條至第二十三條、第二十六條至第二十八條、第三十條、第三十四條至第三十八條規定，於新型專利準用之。

第四章　設計專利之申請及審查

第四十六條

本法第一百二十二條所稱申請前及第一百二十三條所稱申請在先，如依本法第一百四十二條第一項準用第二十八條第一項規定主張優先權者，指該優先權日前。

本法第一百二十二條所稱刊物，指向公眾公開之文書或載有資訊之其他儲存媒體。

本法第一百二十二條第三項所定之六個月，自同條項所定事實發生之次日起算至本法第一百二十五條第二項規定之申請日止。有多次本法第一百二十二條第三項所定事實者，前述期間之計算，應自第一次事實發生之次日起算。

第四十七條

本法第一百二十二條及第一百二十六條所稱所屬技藝領域中具有通常知識者，指具有申請時該設計所屬技藝領域之一般知識及普通技能之人。

前項所稱申請時，如依本法第一百四十二條第一項準用第二十八條第一項規定主張優先權者，指該優先權日。

第四十八條

因繼承、受讓、僱傭或出資關係取得專利申請權之人，就其被繼承人、讓與人、受雇人或受聘人在申請前之公開行為，適用本法第一百二十二條第三項及第四項規定。

第四十九條

申請設計專利者，其申請書應載明下列事項：

一、設計名稱。

二、設計人姓名、國籍。

三、申請人姓名或名稱、國籍、住居所或營業所；有代表人者，並應載明代表人姓名。

四、委任代理人者，其姓名、事務所。

有主張本法第一百四十二條第一項準用第二十八條第一項規定之優先權者，應於申請時敘明之。

申請衍生設計專利者，除前二項規定事項外，並應於申請書載明原設計申請案號。

第五十條

申請設計專利者，其說明書應載明下列事項：

一、設計名稱。

二、物品用途。

三、設計說明。

說明書應依前項各款所定順序及方式撰寫，並附加標題。但前項第二款或第三款已於設計名稱或圖式表達清楚者，得不記載。

第五十一條

設計名稱，應明確指定所施予之物品，不得冠以無關之文字。

物品用途，指用以輔助說明設計所施予物品之使用、功能等敘述。

設計說明，指用以輔助說明設計之形狀、花紋、色彩或其結合等敘述。其有下列情事之一，應敘明之：

一、圖式揭露內容包含不主張設計之部分。

二、應用於物品之電腦圖像及圖形化使用者介面設計具變化外觀者，應敘明變化順序。

三、各圖間因相同、對稱或其他事由而省略者。

有下列情事之一，必要時得於設計說明簡要敘明之：

一、有因材料特性、機能調整或使用狀態之變化，而使設計之外觀產生變化者。

二、有輔助圖或參考圖者。

三、以成組物品設計申請專利者，其各構成物品之名稱。

第五十二條

說明書所載之設計名稱、物品用途、設計說明之用語應一致。

前項之說明書，應以打字或印刷為之。

依本法第一百二十五條第三項規定提出之外文本，其說明書應提供正確完整之翻譯。

第五十三條

設計之圖式，應備具足夠之視圖，以充分揭露所主張設計之外觀；設計爲立體者，應包含立體圖；設計爲連續平面者，應包含單元圖。

前項所稱之視圖，得爲立體圖、前視圖、後視圖、左側視圖、右側視圖、俯視圖、仰視圖、平面圖、單元圖或其他輔助圖。

圖式應參照工程製圖方法，以墨線圖、電腦繪圖或以照片呈現，於各圖縮小至三分之二時，仍得清晰分辨圖式中各項細節。

主張色彩者，前項圖式應呈現其色彩。

圖式中主張設計之部分與不主張設計之部分，應以可明確區隔之表示方式呈現。

標示爲參考圖者，不得作爲設計專利權範圍，但得用於說明應用之物品或使用環境。

第五十四條

設計之圖式，應標示各圖名稱，並指定立體圖或最能代表該設計之圖爲代表圖。

未依前項規定指定或指定之代表圖不適當者，專利專責機關得通知申請人限期補正，或依職權指定後通知申請人。

第五十五條

設計專利申請案之說明書或圖式有部分缺漏之情事，而經申請人補正者，以補正之日爲申請日。但有下列情事之一者，仍以原提出申請之日爲申請日：

一、補正之說明書或圖式已見於主張優先權之先申請案。

二、補正之說明書或圖式，申請人於專利專責機關確認申請日之處分書送達後三十日內撤回。

前項之說明書或圖式以外文本提出者，亦同。

第五十六條

本法第一百四十二條第二項所定之六個月，自在與中華民國相互承認優先權之國家或世界貿易組織會員第一次申請日之次日起算至本法第一百二十五條第二項規定之申請日止。

第五十七條

本法第一百二十九條第二項所稱同一類別，指國際工業設計分類表同一大類之物

品。

第五十八條

設計專利申請案申請分割者，應就每一分割案，備具申請書，並檢附說明書及圖式。

有主張本法第一百四十二條第一項準用第二十八條第一項規定之優先權者，應於每一分割申請案申請時敘明之。

分割申請，不得變更原申請案之專利種類。

第五十九條

設計專利申請案申請修正說明書或圖式者，應備具申請書，並檢附下列文件：

一、修正部分劃線之說明書修正頁；其為刪除原內容者，應劃線於刪除之文字上；其為新增內容者，應劃線於新增之文字下方。

二、修正後無劃線之全份說明書或圖式。

前項申請書，應載明下列事項：

一、修正說明書者，其修正之頁數與行數及修正理由。

二、修正圖式者，其修正之圖式名稱及修正理由。

第六十條

因誤譯申請訂正說明書或圖式者，應備具申請書，並檢附下列文件：

一、訂正部分劃線之說明書訂正頁；其為刪除原內容者，應劃線於刪除之文字上；其為新增內容者，應劃線於新增加之文字下方。

二、訂正後無劃線之全份說明書或圖式。

前項申請書，應載明下列事項：

一、訂正說明書者，其訂正之頁數與行數、訂正理由及對應外文本之頁數與行數。

二、訂正圖式者，其訂正之圖式名稱、訂正理由及對應外文本之圖式名稱。

第六十一條

第二十六條、第三十條、第三十四條、第三十五條及第三十八條規定，於設計專利準用之

本章之規定，適用於衍生設計專利。

第五章　專利權

第六十二條

本法第五十九條第一項第三款、第九十九條第一項所定申請前，於依本法第二十八條第一項或第三十條第一項規定主張優先權者，指該優先權日前。

第六十三條

申請專利權讓與登記者，應由原專利權人或受讓人備具申請書，並檢附讓與契約或讓與證明文件。

公司因併購申請承受專利權登記者，前項應檢附文件，爲併購之證明文件。

第六十四條

申請專利權信託登記者，應由原專利權人或受託人備具申請書，並檢附下列文件：

一、申請信託登記者，其信託契約或證明文件。

二、信託關係消滅，專利權由委託人取得時，申請信託塗銷登記者，其信託契約或信託關係消滅證明文件。

三、信託關係消滅，專利權歸屬於第三人時，申請信託歸屬登記者，其信託契約或信託歸屬證明文件。

四、申請信託登記其他變更事項者，其變更證明文件。

第六十五條

申請專利權授權登記者，應由專利權人或被授權人備具申請書，並檢附下列文件：

一、申請授權登記者，其授權契約或證明文件。

二、申請授權變更登記者，其變更證明文件。

三、申請授權塗銷登記者，被授權人出具之塗銷登記同意書、法院判決書及判決確定證明書或依法與法院確定判決有同一效力之證明文件。但因授權期間屆滿而消滅者，免予檢附。

前項第一款之授權契約或證明文件，應載明下列事項：

一、發明、新型或設計名稱或其專利證書號數。

二、授權種類、內容、地域及期間。

專利權人就部分請求項授權他人實施者,前項第二款之授權內容應載明其請求項次。

第二項第二款之授權期間,以專利權期間為限。

第六十六條

申請專利權再授權登記者,應由原被授權人或再被授權人備具申請書,並檢附下列文件:

一、申請再授權登記者,其再授權契約或證明文件。

二、申請再授權變更登記者,其變更證明文件。

三、申請再授權塗銷登記者,再被授權人出具之塗銷登記同意書、法院判決書及判決確定證明書或依法與法院確定判決有同一效力之證明文件。但因原授權或再授權期間屆滿而消滅者,免予檢附。

前項第一款之再授權契約或證明文件應載明事項,準用前條第二項之規定。

再授權範圍,以原授權之範圍為限。

第六十七條

申請專利權質權登記者,應由專利權人或質權人備具申請書及專利證書,並檢附下列文件:

一、申請質權設定登記者,其質權設定契約或證明文件。

二、申請質權變更登記者,其變更證明文件。

三、申請質權塗銷登記者,其債權清償證明文件、質權人出具之塗銷登記同意書、法院判決書及判決確定證明書或依法與法院確定判決有同一效力之證明文件。

前項第一款之質權設定契約或證明文件,應載明下列事項:

一、發明、新型或設計名稱或其專利證書號數。

二、債權金額及質權設定期間。

前項第二款之質權設定期間,以專利權期間為限。

專利專責機關為第一項登記,應將有關事項加註於專利證書及專利權簿。

第六十八條

申請前五條之登記,依法須經第三人同意者,並應檢附第三人同意之證明文件。

第六十九條

申請專利權繼承登記者，應備具申請書，並檢附死亡與繼承證明文件。

第七十條

依本法第六十七條規定申請更正說明書、申請專利範圍或圖式者，應備具申請書，並檢附下列文件：

一、更正後無劃線之說明書、圖式替換頁。

二、更正申請專利範圍者，其全份申請專利範圍。

三、依本法第六十九條規定應經被授權人、質權人或全體共有人同意者，其同意之證明文件。

前項申請書，應載明下列事項：

一、更正說明書者，其更正之頁數、段落編號與行數、更正內容及理由。

二、更正申請專利範圍者，其更正之請求項、更正內容及理由。

三、更正圖式者，其更正之圖號及更正理由。

更正內容，應載明更正前及更正後之內容；其為刪除原內容者，應劃線於刪除之文字上；其為新增內容者，應劃線於新增之文字下方。

第二項之更正理由並應載明適用本法第六十七條第一項之款次。

更正申請專利範圍者，如刪除部分請求項，不得變更其他請求項之項號；更正圖式者，如刪除部分圖式，不得變更其他圖之圖號。

專利權人於舉發案審查期間申請更正者，並應於更正申請書載明舉發案號。

第七十一條

依本法第七十二條規定，於專利權當然消滅後提起舉發者，應檢附對該專利權之撤銷具有可回復之法律上利益之證明文件。

第七十二條

本法第七十三條第一項規定之舉發聲明，於發明、新型應敘明請求撤銷全部或部分請求項之意旨；其就部分請求項提起舉發者，並應具體指明請求撤銷之請求項；於設計應敘明請求撤銷設計專利權。

本法第七十三條第一項規定之舉發理由，應敘明舉發所主張之法條及具體事實，並敘明各具體事實與證據間之關係。

第七十三條

舉發案之審查及審定，應於舉發聲明範圍內為之。

舉發審定書主文，應載明審定結果；於發明、新型應就各請求項分別載明。

第七十四條

依本法第七十七條第一項規定合併審查之更正案與舉發案，應先就更正案進行審查，經審查認應不准更正者，應通知專利權人限期申復；屆期未申復或申復結果仍應不准更正者，專利專責機關得逕予審查。

依本法第七十七條第一項規定合併審定之更正案與舉發案，舉發審定書主文應分別載明更正案及舉發案之審定結果。但經審查認應不准更正者，僅於審定理由中敘明之。

第七十五條

專利專責機關依本法第七十八條第一項規定合併審查多件舉發案時，應將各舉發案提出之理由及證據通知各舉發人及專利權人。

各舉發人及專利權人得於專利專責機關指定之期間內就各舉發案提出之理由及證據陳述意見或答辯。

第七十六條

舉發案審查期間，專利專責機關認有必要時，得協商舉發人與專利權人，訂定審查計畫。

第七十七條

申請專利權之強制授權者，應備具申請書，載明申請理由，並檢附詳細之實施計畫書及相關證明文件。

申請廢止專利權之強制授權者，應備具申請書，載明申請廢止之事由，並檢附證明文件。

第七十八條

依本法第八十八條第二項規定，強制授權之實施應以供應國內市場需要為主者，專利專責機關應於核准強制授權之審定書內載明被授權人應以適當方式揭露下列事項：

一、強制授權之實施情況。

二、製造產品數量及產品流向。

第七十九條

本法第九十八條所定專利證書號數標示之附加，在專利權消滅或撤銷確定後，不得為之。但於專利權消滅或撤銷確定前已標示並流通進入市場者，不在此限。

第八十條

專利證書滅失、遺失或毀損致不堪使用者，專利權人應以書面敘明理由，申請補發或換發。

第八十一條

依本法第一百三十九條規定申請更正說明書或圖式者，應備具申請書，並檢附更正後無劃線之全份說明書或圖式。

前項申請書，應載明下列事項：

一、更正說明書者，其更正之頁數與行數、更正內容及理由。

二、更正圖式者，其更正之圖式名稱及更正理由。

更正內容，應載明更正前及更正後之內容；其為刪除原內容者，應劃線於刪除之文字上；其為新增內容者，應劃線於新增之文字下方。

第二項之更正理由並應載明適用本法第一百三十九條第一項之款次。

專利權人於舉發案審查期間申請更正者，並應於更正申請書載明舉發案號。

第八十二條

專利權簿應載明下列事項：

一、發明、新型或設計名稱。

二、專利權期限。

三、專利權人姓名或名稱、國籍、住居所或營業所。

四、委任代理人者，其姓名及事務所。

五、申請日及申請案號。

六、主張本法第二十八條第一項優先權之各第一次申請專利之國家或世界貿易組織會員、申請案號及申請日。

七、主張本法第三十條第一項優先權之各申請案號及申請日。

八、公告日及專利證書號數。

九、受讓人、繼承人之姓名或名稱及專利權讓與或繼承登記之年、月、日。

十、委託人、受託人之姓名或名稱及信託、塗銷或歸屬登記之年、月、日。

十一、被授權人之姓名或名稱及授權登記之年、月、日。

十二、質權人姓名或名稱及質權設定、變更或塗銷登記之年、月、日。

十三、強制授權之被授權人姓名或名稱、國籍、住居所或營業所及核准或廢止之年、月、日。

十四、補發證書之事由及年、月、日。

十五、延長或延展專利權期限及核准之年、月、日。

十六、專利權消滅或撤銷之事由及其年、月、日；如發明或新型專利權之部分請求項經刪除或撤銷者，並應載明該部分請求項項號。

十七、寄存機構名稱、寄存日期及號碼。

十八、其他有關專利之權利及法令所定之一切事項。

第八十三條

專利專責機關公告專利時，應將下列事項刊載專利公報：

一、專利證書號數。

二、公告日。

三、發明專利之公開編號及公開日。

四、國際專利分類或國際工業設計分類。

五、申請日。

六、申請案號。

七、發明、新型或設計名稱。

八、發明人、新型創作人或設計人姓名。

九、申請人姓名或名稱、住居所或營業所。

十、委任代理人者，其姓名。

十一、發明專利或新型專利之申請專利範圍及圖式；設計專利之圖式。

十二、圖式簡單說明或設計說明。

十三、主張本法第二十八條第一項優先權之各第一次申請專利之國家或世界貿易組織會員、申請案號及申請日。

十四、主張本法第三十條第一項優先權之各申請案號及申請日。

十五、生物材料或利用生物材料之發明，其寄存機構名稱、寄存日期及寄存號碼。

十六、同一人就相同創作，於同日另申請發明專利之聲明。

第八十四條

專利專責機關於核准更正後，應將下列事項刊載專利公報：

一、專利證書號數。

二、原專利公告日。

三、申請案號。

四、發明、新型或設計名稱。

五、專利權人姓名或名稱。

六、更正事項。

第八十五條

專利專責機關於舉發審定後，應將下列事項刊載專利公報：

一、被舉發案號數。

二、發明、新型或設計名稱。

三、專利權人姓名或名稱、住居所或營業所。

四、舉發人姓名或名稱。

五、委任代理人者，其姓名。

六、舉發日期。

七、審定主文。

八、審定理由。

第八十六條

專利申請人有延緩公告專利之必要者，應於繳納證書費及第一年專利年費時，向專利專責機關申請延緩公告。所請延緩之期限，不得逾六個月。

第六章　附則

第八十七條

依本法規定檢送之模型、樣品或書證，經專利專責機關通知限期領回者，申請人屆期未領回時，專利專責機關得逕行處理。

第八十八條

依本法及本細則所為之申請，其申請書、說明書、申請專利範圍、摘要及圖式，應使用本法修正施行後之書表格式。

有下列情事之一者，除申請書外，其說明書、圖式或圖說，得使用本法修正施行前之書表格式：

一、本法修正施行後三個月內提出之發明或新型專利申請案。

二、本法修正施行前以外文本提出之申請案，於修正施行後六個月內補正說明書、申請專利範圍、圖式或圖說。

三、本法修正施行前或依第一款規定提出之申請案，於本法修正施行後申請修正或更正，其修正或更正之說明書、申請專利範圍、圖式或圖說。

第八十九條

依本法第一百二十一條第二項、第一百二十九條第二項規定提出之設計專利申請案，其主張之優先權日早於本法修正施行日者，以本法修正施行日為其優先權日。

第八十九條之一

本法第一百四十三條第一項所定專利檔案中之申請書件、說明書、申請專利範圍、摘要、圖式及圖說，經專利專責機關認定具保存價值者，指下列之專利案：

一、強制授權申請之發明專利案。

二、獲得諾貝爾獎之我國國民所申請之專利案。

三、獲得國家發明創作獎之專利案。

四、經提起行政救濟之舉發案。

五、經提起行政救濟之異議案。

六、其他經專利專責機關認定具重要歷史意義之技術發展、經濟價值或重大訴訟之專利案。

第九十條

本細則自中華民國一百零二年一月一日施行。

本細則修正條文，除中華民國一百零六年四月十九日修正條文自一百零六年五月一日施行；一百零八年九月二十七日修正條文自一百零八年十一月一日施行者外，自發布日施行。

附錄三 ｜ 名詞索引

五劃

六劃

八劃

九劃

十四劃

十六劃

十七劃

附錄四　106年修正前專利法第22條第3項之適用

　　民國106年修法前我國有關適用新穎性優惠期之事由有四[1]：(1)研究、實驗者；(2)發表於刊物；(3)陳列於政府主辦或認可之展覽會；(4)非出於申請人本意而洩漏者。

　　其立法目的各異，惟優惠期間均爲六個月。發表人或參展人於此期間內申請專利者，不喪失新穎性。惟，倘前揭期間內有其他公開事由，如本人或第三人的公開使用、販售等，仍將喪失其新穎性。優惠期之規定亦不賦予發表人或參展人任何侵害救濟措施，是以，倘於該期間內，第三人使用其發明創作，前者無法對第三人主張任何專利法上的權利。據此，以設計極易遭模仿的性質，適用優惠期之實益爲何，有待商榷。

　　因繼承、受讓、僱傭或出資關係取得專利申請權之人，就其被繼承人、讓與人、受雇人或受聘人在申請前之公開行爲，亦適用以下優惠期之規定[2]。

一、因實驗而公開者

　　此事由僅適用於發明暨新型專利申請案。其目的在鼓勵發明人或創作人，經由實驗改良其發明創作，使臻完善；而及早公開其發明，更可激發其他專家著手研究，有助於科技的提升[3]。

　　102年修法時刪除因「研究」而公開之情事，理由爲：「研究」不同於「實驗」，後者係指對於已完成之發明技術內容所爲之效果測試；「研究」則指對於未完成之發明技術內容所爲之探討或改進，俾使其完成或更臻完善者。優惠期之適用係針對已完成之發明因特定事由公開而有喪失新穎性之虞

1　106年修正前專利法第22條第3項，第120條準用之及第122條第3項。其中「實驗」之事由並不適用於設計專利。

2　專利法施行細則第15條，第45條準用之及第48條。

3　秦宏濟，專利制度概論，頁61～62（民國34年）。

者；故不適用於未完成之技術的研究[4]。筆者則以爲「研究」未必爲尚未完成之發明，此可證諸許多重要的發明，在發表於學術期刊的同時，亦申請專利。

發明人以與發明技術有關之內容發行書籍，數日後申請專利，倘前揭刊物屬學術、研究性刊物，則仍符合第3項但書：「因研究、實驗而發表⋯⋯」之優惠期規定[5]。若其係實驗研究而發表或使用者，亦須於發表使用後六個月內申請專利，否則仍喪失新穎性[6]。

民國90年修正專利法，以設計亦有研究實驗之必要，故增訂之，其應係以其所施予之物品在改變形狀後，須測試其「產業上可利用性」故然。惟，民國92年修正專利法時，又以設計無關乎功能性設計，難謂有因研究實驗而發表或使用之必要而予以刪除[7]。

申請人主張有此情事者，須於申請專利時敘明事實及其年月日，於專利專責機關指定期間內檢附證明文件[8]。

二、發表於刊物者

此次增訂，申請人因己意於刊物上公開，無論該項公開爲商業性或學術性發表，且不限於因實驗而公開，均得作爲主張優惠期之事由[9]。各大學或研究機構於研究後進行論文發表，倘發表之論文係已完成之發明，則有本款之適用[10]。

修法理由並未說明本款立法意旨，筆者以爲若非具有公共法益，僅因申請人之個人權益，不足以爲喪失新穎性之例外。倘屬學術研究之文獻發表，

4　100年專利法修正案，立法院公報，第100卷，第81期，院會紀錄，第22條修正說明三 (二)1.(2)（民國100年11月29日）（以下簡稱「100年專利法修正案」）。

5　行政法院77年度判字第40號判決。

6　行政法院85年度判字第1325號判決。申請人於民國於78年1月經聯合報、新生報等報導，從事海底造林等工作，嗣於81年2月以前揭技術申請專利，並主張前揭行爲屬實驗性質，縱使如此，亦因實驗迄申請已逾三年而喪失新穎性。

7　92年專利法修正案，立法院公報，第92卷，第5期，院會紀錄，第110條修正說明四（即現行專利法第122條）（民國92年1月15日）（以下簡稱「92年專利法修正案」）。

8　106年修正前專利法第22條第4項，第120條準用之。

9　100年專利法修正案，同註4，第22條修正說明三(二)2。

10　同上。倘發表之論文係未完成之發明，則無以阻礙申請發明之新穎性或進步性。

基於學術、技術交流意旨，固可引以爲優惠期之事由；惟，若係登載於商業性刊物，如產品型錄等，筆者以爲不宜予以優惠期之適用。是以，揆諸本款與修正前之「研究」條款，筆者以爲修正前之規定較爲妥適。俾免申請人任意公開其技術，有損新穎性之立法意旨。

三、陳列於政府主辦或認可之展覽會

其目的在鼓勵發明人、創作人展示其發明創作成果，供技術觀摩[11]，俾有助於技術交流與提升。此項規定源自巴黎公約[12]；依該規定，任何會員國均須賦予陳列的發明、創作特定期間的「暫時性保護」（temporary protection）[13]，使發明人、創作人得於前揭期間內申請專利。該項保護於一定期間後失去其效力；該期間即爲「優惠期」；所謂展覽會，以官方認可或主辦之國際性展覽會爲限；而凡准許國外作品參展者，均屬國際展覽會，不以實際上有國外作品參展爲必要[14]。惟Bodenhausen教授則認爲展覽會既爲「國際性質」，自應有國外商品的參展方可[15]。至於「官方主辦或官方認可」，由各會員國自行訂定。

我國雖非巴黎公約會員國，仍訂有展覽會優惠期之規定。惟，依我國法，展覽會不以國際性質爲限，舉凡陳列於我國政府主辦或認可之展覽會均有優惠期之適用。據此，發明、新型或設計均得於六個月之優惠期內提出申請，而不致喪失其新穎性。申請人主張有此情事者，應於申請時敍明事實及其年月日，並於專利專責機關指定期間內檢附證明文件[16]。至於所謂「政府

---

11 秦宏濟，同註3，頁61～62。

12 巴黎公約第11條。

13 亦有作者援用我國民事訴訟法「假處分」、「假扣押」名詞，而稱之「假保護」。其適用方式爲，在該期間內，任何第三人以相同或近似之技術申請專利者，均因先前之展覽會而喪失新穎性，惟就參展者而言，其於六個月內申請專利者，仍不喪失其新穎性。

14 1 Stephen Ladas, Patents, Trademarks, and Related Rights, National and International Protection 547~548 (1975).

15 G.H.C. Bodenhausen, Guide to the Application of the Paris Convention for the Protection of Industrial Property 151 (1969, reprinted 1991).

16 106年修正前專利法第22條第4項，第120條準用之，及第122條第4項。本款之適用，包括展覽會上發行介紹參展品的刊物。專利審查基準彙編，第二篇「發明專利實體審查」、第三章「專利要件」，第4.3.3點，頁2-3-23（民國102年）。

主辦或認可之展覽會」應依巴黎公約規定，即須爲政府單位列名，或政府單位協辦或委託辦理之展覽會，不包括公開銷售商品之展覽會；倘將商品公開陳列銷售者，應有「已公開實施」（如專利法第22條第1項第1款，第120條準用之、及第122條第1項第1款）之適用。是以，由外貿協會及電腦同業公會所主辦之電腦展，主辦單位既非受立法院監督之官方單位，亦無政府明訂給予認可之地位，自無優惠期規定之適用[17]。

　　民國90年修法時，基於允許設計專利申請人參展，於展覽會中探求市場需求，於六個月內就較具市場潛力之設計提出申請，可節省申請之規費[18]，而於設計專利中增訂優惠期。

　　筆者以爲前揭優惠期並不宜適用於設計，其創作內容爲外觀之式樣，一經公開，即易爲他人所仿效；需否藉技術觀摩或交流以提升其技術，亦有待商榷。現行法固有其立法意旨，惟優惠期僅予申請人六個月內申請不喪失新穎性的權益，而並未就該期間內受侵害時提供任何救濟，對設計專利申請人而言，弊多於利。

四、非出於申請人本意而洩漏者

　　民國92年修改專利法時增訂此優惠期事由。蓋以發明創作之於申請前公開，係因第三人未經申請人同意而洩漏者，倘由申請人承擔喪失新穎性之結果，顯有未公[19]；故增訂此優惠期事由，令申請人得於公開日起六個月提出申請而不致喪失新穎性。本款之適用，包括下列情事：(一) 他人違反保密約定或默契，將發明內容公開；(二) 以脅迫、詐欺或竊取等非法手段，自發明人或申請人處得知發明內容[20]。

　　筆者以爲，新穎性要件之意旨在於配合專利制度提升產業科技水準之立

17　經濟部智慧財產局89年6月20日回覆電子郵件。智慧財產權簡訊，第8卷，第13期（民國89年7月16日），http://www.cnfi.org.tw/cnfi/ipr813.htm.

18　90年專利法修正案，立法院公報，第90卷，第46期，院會紀錄，第107條修正說明一(二)（即現行專利法第122條）（民國90年10月13日）。

19　92年專利法修正案，同註7，專利法第22條修正說明五，暨第110條修正說明四(二)（按：即102年修正前專利法第122條）。前揭規定分別參考歐洲專利公利第55條、日本特許法第30條第2項、日本實用新案法第11條及日本意匠法第4條第1項。

20　專利審查基準彙編，同註16，第4.3.4點，頁2-3-24（民國102年）。

法目的，故僅賦予新穎的技術專利權益，並視申請前已公開之技術為公共財。然而，在此原則下，為兼顧其他關乎公益之重要因素的考量，而有例外規定，亦即優惠期之適用。如，實驗俾測試技術之效能並予以改良（此有助於該項技術功能的提升）、參加特定展覽會俾促進技術交流（此有助於產業水準的提升）等。反觀非出於申請人本意而洩漏者，倘因此視其喪失新穎性，對申請人固然有欠公允，惟，此僅損及申請人個人權益，無關乎公益，其重要性遠不及於新穎性原則所擬貫徹之專利制度立法目的。再者，有致申請人怠於就其技術於申請前不予公開之維護之虞。衡諸前揭事由，此規定之有欠妥適，毋庸置疑。

國家圖書館出版品預行編目資料

我國專利制度之研究／陳文吟著． — 七版．
— 臺北市：五南，2020.11
　　面；　公分
ISBN 978-986-522-244-4（平裝）

1.專利　2.中華民國

440.633　　　　　　　　　109013160

1Q37

我國專利制度之研究

作　　　者 — 陳文吟（247）

發 行 人 — 楊榮川

總 經 理 — 楊士清

總 編 輯 — 楊秀麗

副總編輯 — 劉靜芬

責任編輯 — 黃郁婷、李孝怡

封面設計 — 王麗娟

出 版 者 — 五南圖書出版股份有限公司

地　　　址：106台北市大安區和平東路二段339號4樓

電　　　話：(02)2705-5066　　傳　　　真：(02)2706-6100

網　　　址：https://www.wunan.com.tw

電子郵件：wunan@wunan.com.tw

劃撥帳號：01068953

戶　　　名：五南圖書出版股份有限公司

法律顧問　林勝安律師事務所　林勝安律師

出版日期　1995年11月初版一刷
　　　　　2001年 2 月二版一刷
　　　　　2002年10月三版一刷
　　　　　2004年 9 月四版一刷
　　　　　2010年 3 月五版一刷
　　　　　2014年 9 月六版一刷
　　　　　2020年11月七版一刷

定　　　價　新臺幣500元

經典永恆・名著常在

五十週年的獻禮 —— 經典名著文庫

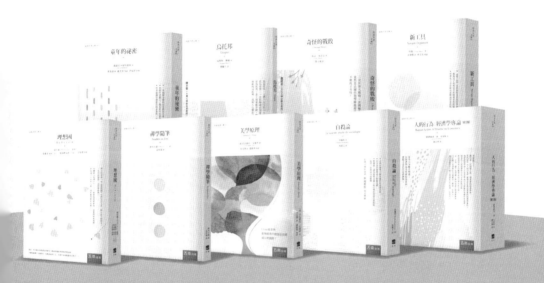

五南，五十年了，半個世紀，人生旅程的一大半，走過來了。

思索著，邁向百年的未來歷程，能為知識界、文化學術界作些什麼？

在速食文化的生態下，有什麼值得讓人雋永品味的？

歷代經典・當今名著，經過時間的洗禮，千錘百鍊，流傳至今，光芒耀人；

不僅使我們能領悟前人的智慧，同時也增深加廣我們思考的深度與視野。

我們決心投入巨資，有計畫的系統梳選，成立「經典名著文庫」，

希望收入古今中外思想性的、充滿睿智與獨見的經典、名著。

這是一項理想性的、永續性的巨大出版工程。

不在意讀者的眾寡，只考慮它的學術價值，力求完整展現先哲思想的軌跡；

為知識界開啟一片智慧之窗，營造一座百花綻放的世界文明公園，

任君遨遊、取菁吸蜜、嘉惠學子！